絵とき

貴金属利用技術
基礎のきそ

Machine Design Series

清水 進・村岸幸宏［著］
Shimizu Susumu　Muragishi Yukihiro

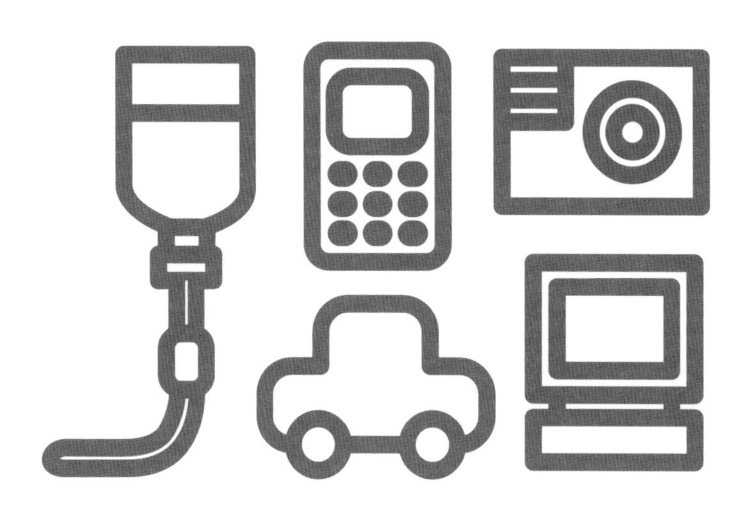

日刊工業新聞社

はじめに

“貴金属”というと、金、銀、プラチナなどを使ったきらびやかな宝飾品を思い浮かべる方も多いかも知れません。しかし貴金属にはもう一つ別の顔があります。例えば、携帯電話やパソコンなどの内部の部品として、あるいは自動車や化学プラント内部で触媒として、私たちの直接目に触れないところで工業材料として欠くことのできない重要な役割を果たしているのです。

触媒とは、自身は変わらずに、他の化学物質を変えるという離れ技をする物質です。とりわけ白金族の触媒利用は、化学工業、医薬品、食品などの製造に不可欠であり、今後も多くの可能性が期待されています。例えば燃料電池は、触媒として白金族が利用されており、2010年10月に炭素のクロスカップリング反応の研究でノーベル賞を受賞した北海道大学名誉教授の鈴木章博士ならびに米国パデュー大学特別教授根岸英一博士の成果はパラジウムを触媒とした研究です。

また従来、金は触媒活性が乏しいと思われ、触媒としての研究が皆無であったものを、首都大学東京教授の春田正毅博士が大阪工業技術試験所在籍中に研究開発の端緒を開き、実用化され、現在さらに応用分野が広がっています。

本書は、さまざまな形で貴金属を使った工業製品を開発したり、製造したりする業務につかれている方、また貴金属が持つ不思議な特性に興味を持つ学生や一般の方を対象に、貴金属とは何か、どこでどのように採れるのか、あるいはどんなところにどう使われ、どんな性質を持っているのか、そしてどのようにして加工・利用すればよいのかをわかりやすく紹介した入門書です。

とくに金や銀についてはすでに多くの図書が出版されているので、ここでは産地が限られ、資源的に希少でありながら、新しい用途がさらに拡大しつつある白金族に関してできるだけ多くのページを割きました。最近はレアメタルが注目を集めていますが、レア（希少）中のレアである貴金属を使用したり、加工したりするときは一般の金属を扱うときとは異なる配慮が必要になります。さらに興味がある方には巻末に参考文献を添付しましたので、そちらを参考にしてください。

本書の編纂にあたりましては、TANAKA ホールディングス株式会社の全面的なご協力により、資料の提供ならびに多大な便宜を図っていただきましたことに感謝の意を表します。また、本誌に掲載しました写真は、ジョンソン・マッセイ社発行の A History of Platinum and its Allied Metals (DONALD McDONALD & LESLIE B. HUNT)、ならびに Platinum 等に掲載のものを一部使用させていただきましたことに御礼申し上げます。

“貴金属”は、縁の下の力持ちとして、目に見えないところですでに非常に大きな役割を果たしていますが、まだまだ私たち人類の気づかない、未知の能力が潜んでいる材料でもあります。本書が読者の刺激となり、資源的にも希少な貴金属の有効利用に役立ち、さらには貴金属の再資源化技術の発展に向けた呼び水となれば望外の喜びです。

2016年６月　　著　者

絵とき「貴金属利用技術」基礎のきそ

目　次

第2章　貴金属の発見とその歴史

第3章　鉱石から貴金属へ

第4章　貴金属を用いた製品例

第5章　貴金属の加工

第6章　貴金属の熱処理と機械的性質

貴金属とはどんなものか

貴金属は、医療、環境、エネルギー、化学、電気・電子、ガラス工業などさまざまな分野で、あまり目には触れないところで私たちの生活を支えています。

本章では、日常生活と切り離せないほど密着した存在になっている貴金属について、その個々の用途や、物理的、化学的な性質および元素の周期表での位置づけや結晶構造などについて紹介していきます。

1-1 ● 貴金属とは

一般に“貴金属”と聞くと宝飾品のイメージが強く、中にはダイヤモンドやルビーといった宝石やレアメタル（希金属）と呼ばれるチタン、タンタル、ニオブなども含まれると思うかもしれませんが、これらは含まれていません。

貴金属と呼ばれるのは自然界に存在する金属の元素中、金（Au）、銀（Ag）に白金族である白金（Pt）、パラジウム（Pd）、ロジウム（Rh）、ルテニウム（Ru）、イリジウム（Ir）オスミウム（Os）の６種類を加えた８種類です。これらの金属元素を相互に合金、あるいはほかの金属元素を添加した合金を貴金属合金と呼んでいます。

人類がはじめに手にした金属が「金」といわれています。6000年、いや8000年以前ともいわれ、定かではありませんが古代オリエント、メソポタミアで財宝として使われ、その希少価値によって王侯貴族の富や権力の象徴として、また崇高にして煌(きら)びやかで変わらぬ美しさが装飾、財宝、宗教、美術工芸品などに愛用されてきました。

しかし近年、こうした富の象徴や審美性とは別に、金、銀および白金族それぞれが持つ固有の物理的性質、化学的性質、すなわち耐食性、耐熱性、電気伝導性、熱伝導性、磁性、化学的安定性、触媒反応などの機能、特性が工業的に重視され、最先端技術においてほかのもので代替できない材料となっています。

これからも未知の分野における重要な役割を担う可能性を秘めた希少で高価な貴金属です。限られた資源を人類が今後も使い続けられるようにするためにはどうするか、私たちに突き付けられている大きな課題でもあります。

1-2 ● 貴金属が使われている分野

貴金属は信頼性が高いことから、最先端技術のキーマテリアルとして現在、電気・電子工業、化学工業、ガラス工業、医療、環境、エネルギーなど幅広い分野（**図表1-1**）に使用され、装飾・資産用としても多くの需要があります。

しかし、特に白金族は産出地が限定され、産出量が少なく、高価であることがこの材料の持つアキレス腱で、時に投機の対象となり価格の高騰や暴落が起き、市場経済に振り回されるなどの問題もあります。

（1）金の用途

金は古くから人間にとって最も魅力ある金属材料の代表というところですが、その需要は装飾品、退蔵資産、投資用の地金、金貨や記念メダ

図表1-1　貴金属資源の利用分野

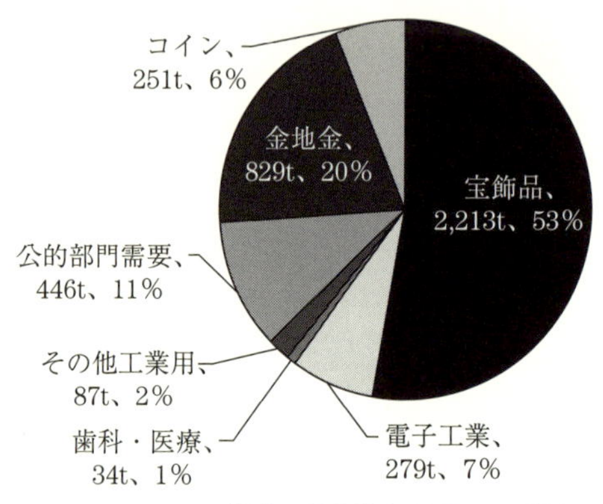

図表1-2　金の用途別使用量（2014年）

ルがほとんどで、産業分野に使われているのは全体の10%程度（**図表1-2**）です。大気中でも変色せず、電気の良導体で加工性に優れていることなどから電子工業には欠かせない材料になっています。年間使用量は全体需要の約７%ですが、パソコンや携帯電話などの中に組み込まれている集積回路内（IC、LSI、超LSIなど）には、その信頼性の高さからなくてはならない構成部品となっています。同様の理由で電気部品として重要な接触部分やコネクターなどの電気接点として多用されています。また湯流れ性や耐食性と耐熱性の良さから強度が必要な宇宙ロケットの冷却パイプの接合用金ろうなどにも使われています。変色・腐食を防止するという幅広い効果があり、錆びやすい金属はもちろん、プラスチックやセラミックスなどの材料表面の保護に利用されています。

化学工業用途でレーヨン繊維製造用の紡糸口金として金と白金の合金が使われています。また金は触媒反応があまりないといわれてきましたが、最近は金の微粒子が排ガスの浄化や化学品製造に触媒として活躍しています。そして金が赤外線・遠赤外線を反射する特性を利用して、金を薄膜状に蒸着して赤熱時に中が見えるようにした電気炉や、金コロイドをガラス中に分散させてビルの窓などにも使われています。

最近の研究で金の超微粒子であるナノコロイド粒子が、体外診断薬、高病原性鳥インフルエンザウイルスの検出、豚肉の検出検査にも応用されています。

また歯科用材料としても古くから現在に至るまで使われています。

(2) 銀の用途

銀はその全需要のうち産業用途で約56%を占めていて、金に較べればその使用量はひと桁多く、大きな違いがあります。産出量も多くて、もちろん今でも銀器、装飾品、記念メダル、銀貨などの用途にはほかの貴金属より安価な点から利用され、同時に投機対象などで退蔵もされています（**図表1-3**）。

銀の特徴の一つである高い光の反射率は太陽光の可視光線を約98%反射することから、反射鏡や鏡などに使われるほか、銀の塩化物が感光材料として非常に微妙な発色をすることで長い間、写真用などの銀塩フィルムとして多量に使われてきました。

しかし、近年電子技術の進歩によって写真のデジタル化が進みフィル

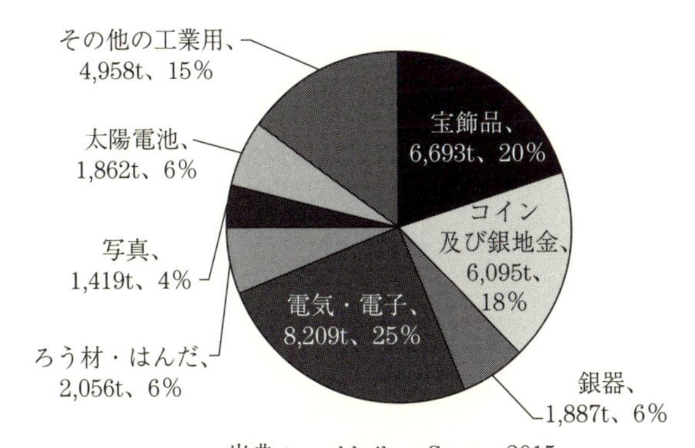

出典：world silver Survey 2015

図表1-3　銀の用途別使用量（2014年）

ム需要が激減、以前は40％近くを占めていた使用量が2014年には４％程度になっています。一方で太陽電池への応用が増えてきています。

もう一つの特徴である電気伝導性、熱伝導性は全金属中で最も高く電気産業界においては導電材料、接点材料に多量に使用されています。これらは、日常の生活基盤に欠かせない交通機関の信号機や、移動手段として使う自動車・電車・船・航空機など各種の乗り物の中にも電気・電子制御回路などの導電材料として銀合金が使われ、また、私たちの家の配電盤に収められている開閉器（遮断機）用接点、身のまわりにある家電製品の主要な部品や太陽電池などに使われています。

そして貴金属中で最も安価であることから、ほかの材料と合金して銀の持つ性質を活かした接合用材料としての銀ろうや、歯科材料としての金とパラジウムへの合金材料として多量に使用されています。

銀の今一つの特徴は抗菌性があることです。抗菌性材料として液体や粉末状の抗菌スプレー、繊維やプラスチックなどの表面に被覆した抗菌製品が使われています。

また、銀には触媒活性があるので各種の触媒としても利用されています。例えば、メタノールからホルムアルデヒドを製造する触媒として銀の網、線、粉末粒子が使われています。

銀のさらに興味深い特徴は酸素のあるところで加熱すると酸素を透過する性質があり、その特性を利用すると同時に高い電気伝導性を併せ持っていることから高温酸化物超電導材料のシースとして大いに活躍しています。

(3) 白金族の用途

①白金の用途

白金族の中で、量的に多く使われているのは白金とパラジウムです。白金は日本人が最も好んだ貴金属の一つです。1992年頃には日本人が装飾用、投資用、退蔵用などを含め全体として世界の約５割近い量を輸入

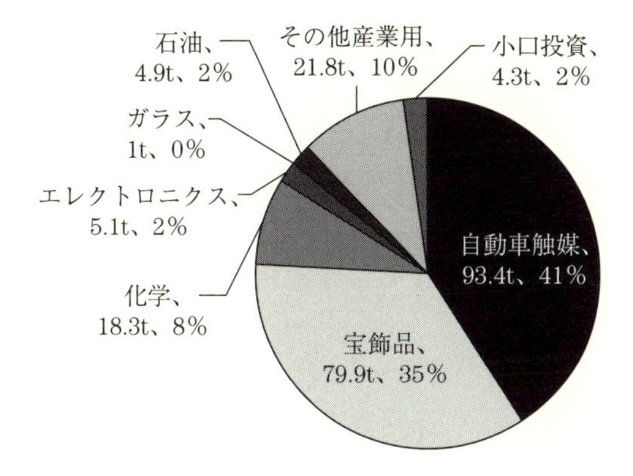

出典：GFMS Platinum & palladium Surver 2015

図表1-4　白金の用途別使用量（2014年）

していた時期があります。バブルの崩壊で約18%以下に激減していますが、現在中国が31%と大量に購入しています。

宝飾品の用途向けには35%と投資用の2%と合わせると約37%が産業用以外に使われています（**図表1-4**）。

したがって産業用途は63%になります。この中でも最も多い用途が自動車の排ガス浄化触媒で約60%近い使用量の時期もありましたが、アメリカのリーマンショック以来生産台数が減り、約41%と大幅に減少しました。

そのほかに電気・電子産業では集積回路などの部品として、またパソコンなどのハードディスクの磁性材料としてコバルト・クロムに合金して使われています。ガラス工業においては高温度に耐えて、ガラスと反応しにくい特徴からガラス溶解に唯一使うことができる材料として、高機能ガラス、光学レンズ、フラットパネル用ガラスなどの溶解用るつぼや装置に、またその耐熱性、耐食性の良さから化学実験や化学工業の器具・装置等に使われています。

一方、触媒用としては自動車の排ガス浄化以外にガソリンのハイオクタン価や、石油製品製造の精製用に、硝酸製造用のアンモニア酸化さらには脱臭・燃焼にと多岐にわたって使われています。私たち家庭内の冷蔵庫やトイレなどの脱臭材料にも使用されています。

医薬品として有名なのが抗がん剤です。日本で開発されフランスで医薬品として承認・製造販売されて十数年の歳月を掛け日本でやっと承認された大腸がんに良く効く、オキサリプラチン（商品名エルプラット）はがん患者にとっての福音です。医療用途にはこのほかペースメーカーの電極、カテーテルのマーカー、脳動脈瘤の閉栓用や補綴（ステント）材料に白金合金線などが使われています。

そのほかに各種センサー、例えば測温抵抗体や高温度測定用の熱電対、自動車のエンジン制御用に酸素センサーなどがあります。また殺菌用電極として家庭用のアルカリイオン水・酸性水用の整水器や24時間風呂などにも使われています。

白金が注目を集める理由の一つに燃料電池の電極触媒に使われていることです。現在は家庭用小型燃料電池がフィージビリティスタディを経て実用化段階にあり、燃料電池車も市場実証段階に入っています。この電極触媒にはカーボン微粒子の表面に1 nm（ナノメートル）の白金／ルテニウムの微粒子が分散されていて発電に寄与しています。これが実用化されると大量に白金が使われることになり、資源的に今後の大きな課題とされています。

最近白金合金系の金属ガラスが開発され、白金の数倍の強さがあり、結晶がないので音の響きが良く傷が付きにくい特徴があり、装身具などに使われていますが工業用には具体的な用途が見つかっていません。

②パラジウムの用途

パラジウムは需要量の約70%が自動車の排ガス浄化触媒として使われてきました。自動車が減産しているにもかかわらず白金ほど減少していません。これは白金価格が高いためにパラジウムにシフトしたことにもよります。

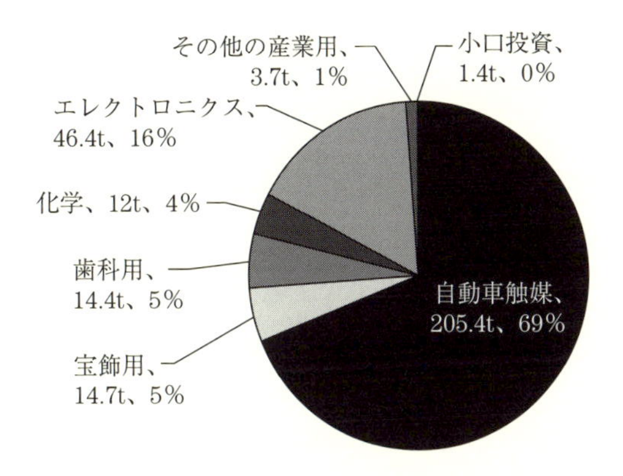

出典：GFMS Platinum & palladium Surver 2015

図表1-5　パラジウムの用途別使用量（2014年）

エレクトロニクス用が16%ですが、チップキャパシターの電極素材としてパラジウムに代わり貴金属以外の材料が使用されるようになってきています。

その次に多い用途が宝飾用の約５％で、これは白金や金に合金して装飾用として使われるものが大部分です。しかし近年、白金と金の価格が高騰したことからパラジウムを主とした装飾合金材料がヨーロッパで男性用ウエディングに使われ始めました（**図表1-5**）。イギリスでは2010年パラジウムに対してホールマークを打つことを正式に承認しました。

パラジウムは電気・電子工業用途には、電気接点や導電材料としてその耐食性や耐熱性によって単独、もしくは銀に合金して銀の硫化防止の材料としても多く使われています。これはパラジウムの持つ材料特性のほかに白金や金に比較して価格が若干安価な理由によります。

パラジウムは使用面によって、金の代替も可能な特性を有することから電気接点や半導体回路の接続を担う材料ともなっています。また厚膜ペースト材料として、電子工業用のセラミックスコンデンサーにも多く使われています。特殊な例としては金や銅の無電解めっき用導電材料として使われています。

パラジウムは触媒として非常に優れた特性があります。日本の２人の科学者、北海道大学工学部名誉教授鈴木章先生、パデュー大学特別教授根岸英一先生の発明された炭素のクロスカップリング用パラジウム触媒は多岐にわたる製造プロセスに役立っていますが、これ以外にも医薬の合成や食品などの触媒に使われています。

燃焼触媒としては特異な性質を発揮します。大気中で約400℃を超えると酸化パラジウムを生成し触媒活性が働きますが、890℃で還元して元の金属パラジウムに戻り、活性を失います。この反応をうまく利用して温度制御（テンプリミット）の燃焼触媒などに使用しています。

パラジウムの最も特異な特徴は水素を多量に吸蔵し、早く透過する性質です。この利点を活かして水素の高純度精製に利用されています。

また歯科用材料として金に匹敵する量が使われています。銀、金、その他の金属と合金して圧縮強さが求められるクラウン（歯科用）やその他ロストワックス鋳造用合金として多く使われています。この合金は耐食性、鋳造性が良く、金には適用されていない保険治療の対象として扱われるのも多用される理由の一つです。

また、宇宙開発に不可欠なロケットエンジンスカートの冷却管接合に金と合金したろう材として利用されています。

③ロジウム、イリジウム、ルテニウムの用途

ロジウムは主に白金の副産物として白金のほぼ１割強の産出でそのほとんどが自動車の排ガス浄化触媒に利用されています。そのほかの用途としてはガラス溶解用装置の白金を強化するための合金材料として、また熱電対用や抵抗体用の合金として使われています。

装飾用では、白色系装飾品の表面仕上げめっき用などに使われ、そのほかの用途は非常に限られているのが特徴です（**図表1-6**）。

イリジウムは需要が非常に少なくて、主な用途は電気化学工業用の食塩電解法による苛性ソーダ製造における不溶性電極です。この電極はチ

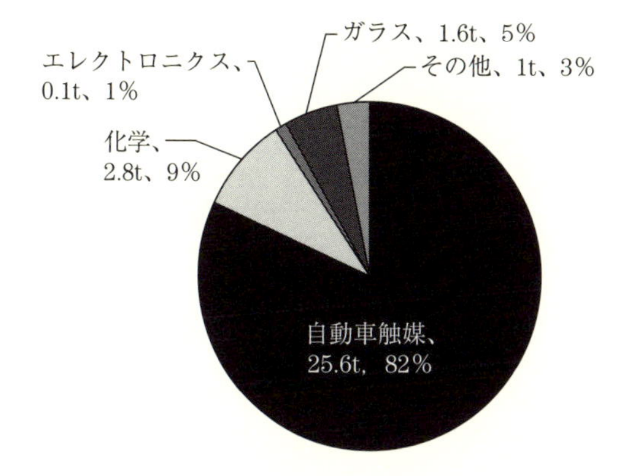

出典：GFMS Platinum & palladium Surver 2015

図表1-6　ロジウムの用途別使用量（2014年）

タン上にイリジウム酸化物やルテニウム酸化物を焼成したものです。

電気・電子産業では古くから白金―イリジウムの合金細線がダイナマイト起爆用の電気雷管の抵抗線に使われてきました。また、酸化物単結晶を製造するための引き上げ法に使われるイリジウムるつぼ、航空機や自動車のスパークプラグなど点火プラグ用に使われています。

ルテニウムは需要面で大きな変動を見せています。用途としては電子産業で古くからチップ抵抗器用に使用されてきました。また、薄型テレビのプラズマ画面にも使われています。そして一時期ハードディスク用の垂直磁気記録方式（PMR）に使われたころはルテニウムの不足が問題になりましたが、現在ではほぼ充足され引き続き生産されています。電気化学用では前述の食塩電解用焼成電極に、電気接点材料としては、硬さや耐消耗性の向上にパラジウムと合金して使用されています。また、そのほかに燃料電池の触媒に白金と共に使われています。

1-3 ● 貴金属の種類とその性質

(1) 金

金は大気中で変色しないので防食用めっきとして、また展延性に優れるため、薄い箔や極細に加工されます。そして緑色の可視光線の波長から高い反射率を持ち赤以上の赤外線、遠赤外線の熱線を98.4%も反射するので宇宙用装置機器などの表面に防御膜として使われています。

英名：Gold　元素記号：Au
原子番号：79（陽子数）　原子量：196.967
融点：1064.18℃　沸点：2856℃
密度：19.302 g・cm^{-3}（25℃）
電気比抵抗：2.01×10^{-8}Ω・cm（0℃）
熱伝導率：317 W/(m・K)
線膨張率：14.16×10^{-6}/℃
硬さ：25～27 HV（焼鈍後）

(2) 銀

金同様の展延性があり、電気や熱の伝導度が金属中最も高く、電気の良導体として、リレーや開閉器などの電気接点材料に使われています。銀化合物の感光特性が写真用フィルムに利用され、また高い反射率を利用して鏡などの反射材料として使われています。

英名：Silver　元素記号：Ag
原子番号：47（陽子数）　原子量：107.868
融点：961.78℃　沸点：2162℃

密度：10.49 g･cm^{-3}（20℃）
電気比抵抗：1.59×10^{-8}Ω･cm（0℃）
熱伝導率：429 W/(m･K)
線膨張率：19.68×10^{-6}/℃
硬さ：25～30 HV（焼鈍後）

(3) 白金

最も多く使われるのが自動車の排ガス浄化触媒で、そのほか化学品の合成にも触媒として使われています。高温の耐熱性がありガラスを汚染しないためガラスの溶解装置や発熱体などに使われています。また、抗がん剤としても使われ、未知の新しい用途が期待される材料でもあります。

英名：Platinum　元素記号：Pt
原子番号：78（陽子数）　原子量：195.09
融点：1768.2℃　沸点：3825℃
密度：21.45 g･cm^{-3}（20℃）
電気比抵抗：9.85×10^{-8}Ω･cm（0℃）
熱伝導率：71.6 W/(m･K)
線膨張率：9.1×10^{-6}/℃
硬さ：37～42 HV（焼鈍後）

(4) パラジウム

水素吸蔵量が非常に高く、透過性が高いことから、水素精製装置として利用されています。歯科材料として幅広く使われるとともに、自動車の排ガス浄化触媒として白金とともに用いられています。電子材料としてコネクターやセラミックスコンデンサーに多く使用されています。

英名：Palladium　元素記号：Pd
原子番号：46（陽子数）　原子量：106.42
融点：1554.8℃　沸点：2964℃
密度：12.02 g·cm^{-3}（20℃）
電気比抵抗：9.93×10^{-8}Ω·cm（0℃）
熱伝導率：71.8 W/(m·K)
線膨張率：11.1×10^{-6}/℃
硬さ：37〜44 HV（焼鈍後）

(5)ロジウム

ロジウムは硬く、耐食性、耐摩耗性に優れかつ白色で反射特性が良く反射鏡、表面装飾に使われます。自動車の排ガス浄化触媒では還元触媒として欠かせない材料です。白金に合金し耐熱、耐揮発性が向上します。水銀にぬれにくいためリードリレー用スイッチにも使われています。

英名：Rhodium　元素記号：Rh
原子番号：45（陽子数）　原子量：102.90550
融点：1963℃　沸点：3695℃
密度：12.41 g·cm^{-3}（20℃）
電気比抵抗：4.33×10^{-8}Ω·cm（0℃）
熱伝導率：150 W/(m·K)
線膨張率：8.3×10^{-6}/℃
硬さ：120〜140 HV（焼鈍後）

(6) イリジウム

硬くて加工性は悪いのですが、高温に耐えられるため単結晶製造の引き上げ法のるつぼや、自動車などのスパークプラグ材として使われています。白金やパラジウムに合金すると少量で硬さが増し結晶が微細化するため、電気雷管の抵抗線や歯科用材料などに利用されています。

英名：Iridium　元素記号：Ir
原子番号：77（陽子数）　原子量：192.217
融点：2466℃　沸点：4428℃
密度：22.56 $g \cdot cm^{-3}$（20℃）
電気比抵抗：$4.71 \times 10^{-8} \Omega \cdot cm$（0℃）
熱伝導率：147 W/(m·K)
線膨張率：6.8×10^{-6}/℃
硬さ：200～240 HV（焼鈍後）

(7) ルテニウム

耐食性は良いが、硬くて常温では加工が困難です。燃料電池の電極触媒の寿命向上用として白金に添加して使われています。電気接点や垂直磁気記録としてハードディスクの記憶容量の向上に役立っています。今後、水から水素を発生させる光触媒として将来の期待を担っています。

英名：Ruthenium　元素記号：Ru
原子番号：44（陽子数）　原子量：101.07
融点：2234℃　沸点：4150℃
密度：12.45 $g \cdot cm^{-3}$（20℃）
電気比抵抗：$6.8 \times 10^{-8} \Omega \cdot cm$（0℃）
熱伝導率：117 W/(m·K)

線膨張率：9.1×10^{-6}/℃
硬さ：200～350 HV（焼鈍後）

(8) オスミウム

酸化しやすく、固体単独で使用されるケースはなく、硬く耐摩耗性が必要な万年筆の先端や羅針盤のピボットに合金として使われていました。触媒、指紋検出、脂肪性組織の染色剤としても使われます。過熱すると急激に酸化、有毒ガスを放出して、においが強いのが特徴です。

英名：Osmium　　元素記号：Os
原子番号：76（陽子数）　　原子量：190.23
融点：3033℃　　沸点：5012℃
密度：22.59 g・cm^{-3}（20℃）
電気比抵抗：8.12×10^{-8}Ω・cm（0℃）
熱伝導率：87.6 W/(m・K)
線膨張率：6.1×10^{-6}/℃
硬さ：300～670 HV（焼鈍後）

1-4 ● 各貴金属の性質比較

(1) 機械的性質

貴金属の機械的性質として引張り試験による破断強さと伸び、ビッカース硬さを比較すると金、銀はその性質が似ています。焼鈍状態では軟らかく、ビッカース硬さが25～30 HV、引張り強さは約13 kgf/mm^2、伸

	ビッカース硬さ（HV）	伸び率（%）	引張り強さ（kgf/mm^2）
金	25-27	39-45	13-14
銀	25-30	43-50	13-19
白金	37-42	30-40	13-17
パラジウム	37-44	29-34	15-23
ロジウム	120-140	30-35	74-91
ルテニウム	200-350	—	—
イリジウム	200-240	20-22	113-127
オスミウム	300-670	—	—

図表1-7　貴金属の機械的性質

び率が40～50%あって展延性が非常に大きいことがわかります。したがって板や線に延ばしたり、0.1 μm（マイクロメートル）の箔にすることも可能で塑性加工が容易です。被削性も非常に良くて精密な加工もしやすく、表面仕上げも綺麗にできます。

白金とパラジウムも機械的性質が似ていますが、金や銀に較べると少し硬くなります（**図表1-7**）。文献上は40 HV 前後ですが、実用材料を実測すると材料純度などの影響により50 HV 程度でやや硬く、伸び率が30～40%でやや小さくなっています。白金やパラジウムも塑性加工性に富み、圧延・伸線・プレス成形など金、銀に劣らず展延性があり、薄い箔に加工できますが、工具との摩擦が高くなって焼き付きが発生しやすく、潤滑油の選択が重要になります。また切削加工では刃物が焼き付き、加工が困難になる場合があります。パラジウムは水素を吸蔵すると非常に脆くなります。この脆さを利用して表面にのみ水素を含ませて工具との摩擦抵抗を減らすことができます。

一方ロジウムは焼鈍状態でも硬さが120～140 HV と高く、引張り強さも74～91 kgf/mm^2、伸び率が30～35%となり、前述の4種類、金・銀・白金・パラジウムに比較すると非常に硬い材料です。しかし冷間加工が難しく、熱間による板や線の加工、絞りなども可能です。ところがこの材料も熱間加工後に薄く、細くしたときには冷間加工が可能になります。

イリジウムは焼鈍状態でも200 HVで、引張り強さは113～127 kgf/mm^2、伸び率が20%程度で、ロジウムよりさらに硬い材料です。常温での加工は大変難しく、わずかな曲げ加工などはできますが、通常は熱間で加工しています。冷間での切削は難しく、刃物がすぐに摩耗するため、研削することになります。

ルテニウムはイリジウム以上に加工が困難です。ビッカース硬さは低く表示されていますが、冷間では硬くて加工できず、熱間でも1500℃以上の温度でやっと変形させられる程度で、成形するにはさらに高温にしなければならず、工具や温度の維持が難しくなり、加工は困難を極めます。製品形状に成形するには研削か放電などに頼るか、粉末冶金法によるニヤネットシェープの加工をすることになります。

(2) 電気伝導率と熱伝導率

金属は多数の原子が集まってできていて、それぞれの外殻の電子軌道が重なり合っています。この外殻電子の埋まり方（後述）が満杯の場合と空きの多いものでは電子の動きが異なります。すなわち電子は空いた部分を自由に移動でき、これを自由電子と呼んでいます。自由電子の数とイオンの種類と並び方が金属の電気伝導性に関係しますが、イオンは電子運動の障害になります。

電気伝導率は通常IACS（International Annealed Copper Standard、国際標準銅線）で表わされています。この単位は国際的に採択された焼鈍標準軟銅の電気比抵抗（または電気伝導率）の基準として、その体積抵抗率を1.7241×10^{-2}μΩ·mと規定されて、この伝導率を100% IACSとして用いています。

金属中で電気伝導率、熱伝導率ともに最も高いのは銀です。銀のIACS

は106で、銅の100よりも高い値になります。金のIACSは73.4で、銀に次いで良好な伝導率を示します。イリジウム36.6とロジウムの39.8はほぼ近い値ですが、金の半分以下、銀の1／3になります。その次に低いのがルテニウムの25.7で、銀の1／4程度です。またオスミウムは21.2で、これに白金の17.5、パラジウムの17.4と続きます。熱伝導率も同様の傾向を示します。

（3）融点

融点は金が1064.18℃で銀が961.78℃です。貴金属中では融点が低く、溶解するには都合が良いのですが、耐熱性に関しては問題があることです。白金族は金、銀に較べて融点が高いことが特徴で、パラジウムは1554.8℃で白金は1768.2℃、ロジウムは1963℃と高くなります。現状ではこの温度範囲までが溶解るつぼとしてセラミックスが使える限界です。

ルテニウムは2234℃で、イリジウムは2466℃、オスミウムは3033℃です。これらの高融点材料を溶かすための耐火物が見当たらないために水冷式の銅鋳型が使われています。これらは大気中では酸化しやすい材料で、特にルテニウムとオスミウムは酸化物になると低温で蒸発する性質があります。オスミウム酸化物は融点が40.25℃で沸点は130℃です。ルテニウム酸化物は融点が25.4℃で沸点が40℃と金属状態のときに較べ非常に低い温度で溶融し、蒸発しますので、この特徴を応用した分離や精製が行われています。

（4）熱膨張率

熱による線膨張率は金・銀と白金族では大きく差異があります。銀は線膨張率が最も高く、温度によって19.6（100℃）〜22.4（900℃）〔10^{-6}/℃〕と高い値で、金はそれに次いで14.2（100℃）〜16.7（900℃）〔10^{-6}/℃〕です。これに較べて逆に最も低いのがイリジウムの6.8

(100℃)~7.8（1000℃)〔10^{-6}/℃〕です。

その間にロジウム8.5（100℃）~10.8（1000℃）〔10^{-6}/℃〕と白金9.1（100℃）~10.2（1000℃）〔10^{-6}/℃〕があり、この両者はほぼ近い値です。パラジウムはそれより少し高く11.1（100℃）~13.6（1000℃）〔10^{-6}/℃〕です。白金の熱膨張率はソーダガラスの熱膨張率に近似しています。昔、白熱電球に白金線が使われステムにガラスと一緒に封入されていました。

(5) 密度

密度は最も低い銀の10.45 g/cm^{3}を始めとしてパラジウム12.02 g/cm^3、ロジウム12.41 g/cm^3、ルテニウム12.45 g/cm^{3}でこれらの４元素は、比較的近似した密度を持っています。これに較べて金19.3 g/cm^{3}は、銀に較べて２倍近い密度になり、白金21.45 g/cm^{3}は２倍以上の密度です。さらにイリジウム22.56 g/cm^{3}とオスミウム22.59 g/cm^{3}はそれ以上の密度です。

1-5 ● 元素周期表と結晶構造

(1) 元素周期表

元素周期表は原子の電子構造に基づいて元素を配列したものです（**図表1-8**)。現在一般に使われている周期表は長周期表で、横軸方向に「族」、縦軸方向に「周期」をとり、左上から原子番号順に１の水素（H）から始まって、右方向に元素を２のヘリウム（He）と並べています（横方向には電子配置の軌道を重ねている)。

貴金属は横軸の族でみると、鉄（8）族、コバルト（9）族、ニッケル（10）族、銅（11）族の４つの族と縦軸の周期５と６で囲まれた範囲

族／周期	1 (1A)	2 (2A)	3 (3A)	4 (4A)	5 (5A)	6 (6A)	7 (7A)	8 (8)	9 (8)	10 (8)	11 (1B)	12 (2B)	13 (3B)	14 (4B)	15 (5B)	16 (6B)	17 (7B)	18 (0)
1	1 H 水素	金属											半金属 半導体		非金属			2 He ヘリウム
2	3 Li リチウム	4 Be ベリリウム	元素番号 元素記号 元素名						貴金属				5 B ホウ素	6 C 炭素	7 N 窒素	8 O 酸素	9 F フッ素	10 Ne ネオン
3	11 Na ナトリウム	12 Mg マグネシウム					金属						13 Al アルミニウム	14 Si ケイ素	15 P リン	16 S 硫黄	17 Cl 塩素	18 Ar アルゴン
4	19 K カリウム	20 Ca カルシウム	21 Sc スカンジウム	22 Ti チタン	23 V バナジウム	24 Cr クロム	25 Mn マンガン	26 Fe 鉄	27 Co コバルト	28 Ni ニッケル	29 Cu 銅	30 Zn 亜鉛	31 Ga ガリウム	32 Ge ゲルマニウム	33 As ヒ素	34 Se セレン	35 Br 臭素	36 Kr クリプトン
5	37 Rb ルビジウム	38 Sr ストロンチウム	39 Y イットリウム	40 Zr ジルコニウム	41 Nb ニオブ	42 Mb モリブデン	43 Tc テクネチウム	44 Ru ルテニウム	45 Rh ロジウム	46 Pd パラジウム	47 Ag 銀	48 Cd カドミウム	49 In インジウム	50 Sn スズ	51 Sb アンチモン	52 Te テルル	53 I ヨウ素	54 Xe キセノン
6	55 Cs セシウム	56 Ba バリウム	57〜71 ランタノイド	72 Hf ハフニウム	73 Ta タンタル	74 W タングステン	75 Re レニウム	76 Os オスミウム	77 Ir イリジウム	78 Pt 白金	79 Au 金	80 Hg 水銀	81 Tl タリウム	82 Pb 鉛	83 Bi ビスマス	84 Po ポロニウム	85 At アスタチン	86 Rn ラドン
7	87 Fr フランジウム	88 Ra ラジウム	89〜103 アクチノイド	104 Rf ラザホージウム	105 Db ドブニウム	106 Sg シーボーギウム	107 Bh ボーリウム	108 Hs ハッシウム	109 Mt マイトネリウム	110 Ds ダルムスタチウム	111 Uuu ウンウンウニウム	112 Uub ウンウンビウム	113	114 Uuq ウンウンクワジウム	115	116 Uuh ウンウンヘキジウム	117	118

ランタノイド	57 La ランタン	58 Ce セリウム	59 Pr プラセジウム	60 Nd ネオジム	61 Pm プロメチウム	62 Sm サマリウム	63 Eu ユウロビウム	64 Gd ガドリニウム	65 Tb テルビウム	66 Dy ジスプロシウム	67 Ho ホルミイム	68 Er エルビウム	69 Tm ツリウム	70 Yb イッテルビウム	71 Lu ルテナウム
アクチノイド	89 Ac アクチニウム	90 Th トリウム	91 Sg プロトアクチニウム	92 U ウラン	93 Np ネプツニウム	94 Pu プルトニウム	95 Am アメリシウム	96 Cm キュリウム	97 Bk バークリウム	98 Cf カリホルニウム	99 Es アインスタイニウム	100 Fm フェルミウム	101 Md メンデレビウム	102 No ノーベリウム	103 Lr ローレンシウム

図表1-8　元素周期表

の８元素で、周期表の中ほどに位置します。

すなわち周期５の原子番号44ルテニウム、45ロジウム、46パラジウム、47銀の遷移金属と周期６の、76オスミウム、77イリジウム、78白金、79金の遷移金属中の８元素です。周期表の同じ族に含まれる元素は化学的に似たような性質を持っています。

この並び方から見てわかるように、同じ鉄（８）族であるルテニウムとオスミウムは性質が似ています。融点が高く、酸化しやすく、酸化物になると融点が下がって容易に蒸発し、しかも稠密六方格子の結晶構造であって、加工が非常に困難な元素です。次のコバルト（９）族のコバルトは２～４価になります。２価と３価は非常に多数の錯化合物を作る性質があります。ロジウムとイリジウムは面心立方格子ですが硬くて耐食性が良く、王水（濃塩酸と濃硝酸とを３：１の体積比で混合した液体）でも容易に溶けません。イリジウムは酸化状態が安定で、最高６価の原子価を持ち、非常に多彩な錯化合物を作ることが知られています。コバルトは酸に簡単に侵されますが、ロジウムとイリジウムは酸に対して耐食性があり簡単に侵食されないのが特徴です。この族の元素は硬くて、冷間加工が困難で熱間加工されています。

ニッケル（10）族の元素は主に２価の原子価状態をとり、この族の中では、ニッケルよりパラジウムが、さらに白金が不活性になるとともに、高い価数の酸化状態の安定性が増します。白金では最高６価までの原子価状態になります。

パラジウムと白金は機械的にも非常に似た性質で、軟らかさが適度にあって展延性があります。

また銅（11）族の場合は最外殻に１個の電子を持っていますが、１～３の価数をとります。

銀の耐食性は銅より優れていますが、硫化に対しては銀の方が劣ります。金は化学的に安定で単酸には侵されませんが、王水には溶けます。

なお、新しく発見された原子番号113、115、117、118の元素には2016年６月現在それぞれにニホニウム（Nh）、モスコビウム（Mc）、テネシン（Ts）、オガネソン（Og）の命名案があがっています。

(2) 結晶構造

ほとんどの金属は、規則正しい対称性のある結晶構造を持っています。結晶構造の種類には面心立方格子、体心立方格子、稠密六方格子などがあり、この構造の違いにより性質も変わります。中には鉄のように構造自体が変化する金属もあります。

貴金属の結晶は金、銀、白金、パラジウム、ロジウム、イリジウムが面心立方格子でルテニウムとオスミウムが稠密六方格子です。

面心立方格子の構造を持った金属は一般に加工性が良いものが多く、

＊稠密六方格子「Ru, Os」、＊面心立方格子「Rh, Pd, Ag, Ir, Pt, Au」

周期 ⬇	族 ➡	8 (8)	9 (8)	10 (8)	11 (1B)
5	原子番号 元素名 原子量 結晶構造	44 Ru ルテニウム 101.1	45 Rh ロジウム 102.9	46 Pd パラジウム 106.4	47 Ag 銀 107.9
6	原子番号 元素名 原子量 結晶構造	76 Os オスミウム 190.2	77 Ir イリジウム 192.2	78 Pt 白金 195.1	79 Au 金 197.0

図表1-9　貴金属の結晶構造

金、銀、白金、パラジウムなどは展延性に富み冷間で薄い板にも細い線にも容易に加工できます。しかしロジウムとイリジウムは同じ面心立方格子でありながら、ほかと較べて融点が非常に高く、冷間での加工はできず1000℃以上に加熱した状態での熱間加工が必要です。

面心立方格子はすべり面が12ありますが、稠密六方格子のルテニウムとオスミウムはすべり面が３つと少なく異方性があるため変形し難く、塑性加工が困難です。各貴金属の結晶構造のモデルを**図表1-9**に掲げます。

（3）状態図

金属が温度によって受ける状態変化は通常固体、液体、気体の３つがあり、「物質の三態」と呼ばれています。

水でいうと氷（固体）、水（液体）、水蒸気（気体）です。水と水蒸気が平衡を保っている「系」の成分は１つで、この「相」は水と水蒸気の２つとなります。物質の化学的、物理的に均一な部分を「相」といい、「系」とは同一の成分で生じる合金、化合物、混合物などで、２成分であれば2元系、3成分であれば3元系です。そして同じ物質や成分の「系」が複数の異なる「相」となり、これらの相の間が平衡状態になることを「相平衡」といいます。

こうした変化はギブスによって提唱された相律と呼ばれる一つの法則によって支配されています。一つの平衡体系の平衡を破らない範囲において、温度や圧力などの外部因子をどれだけ変えられるかを示すもので、次の式で表されます。

$$F = n - r + 2$$

ここで、F：自由度（平行範囲内で変えることのできる因子の数）

n：成分の数

r：体系中に存在する相の数

金属は固体から温度を上げていくと融解して液体に変化し、さらに蒸発します。この融点を調べるのは金属学の基本で、溶融状態からゆっくりと放冷した時の時間と温度の関係を示す冷却曲線（**図表1−10**）から求めます。図に示すように純金属「A」ではT_1が融点で、冷却曲線では水平で一定の温度になります。

この融点で結晶の「核」が発生し始めて、時間が経過しても一定の温

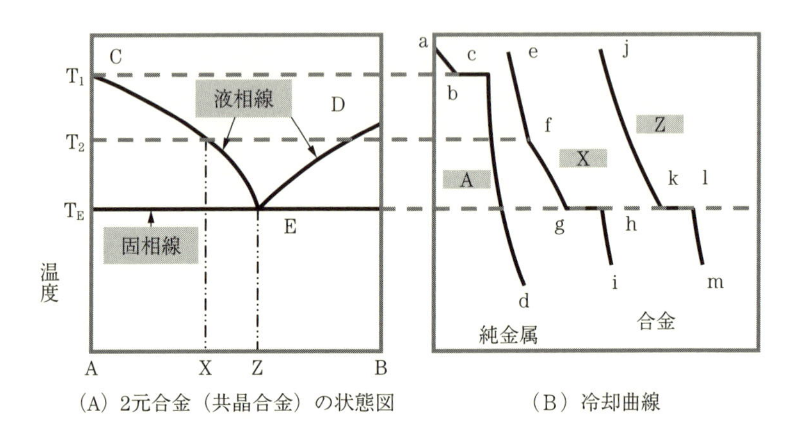

図1−10　純金属と合金の温度と時間の関係（冷却曲線）

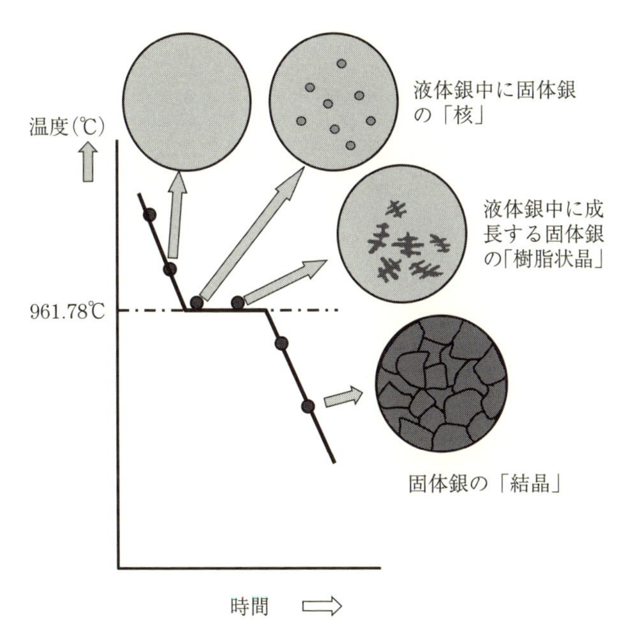

図1-11　銀（純金属）の例

度で「核」の成長が続きます。そして結晶化が終了すると温度は再び下がり始めます。**図表1-11**は銀の例です。

純金属をギブスの相律に当てはめてみると、成分の数はn＝１です。液体から固体になる場合は相が２つでr＝２ですから、F＝１－２＋２＝１となります。すなわち圧力が大気圧で一定とすると融点１点で固まることを意味します。

温度と合金の関係を表した図が状態図で物質や相との熱力学的な関係でもあるので相図とも呼ばれます。

合金状態図は、一般に温度と組成の関係で表されています。２元系以上の多成分系では融解は固相線と液相線で囲まれた温度領域で起こり、固相と液相が平衡状態になっています。ここで固相線とはすべてが固体になる温度で、液相線とは液体から固体が出現し始める温度のことで

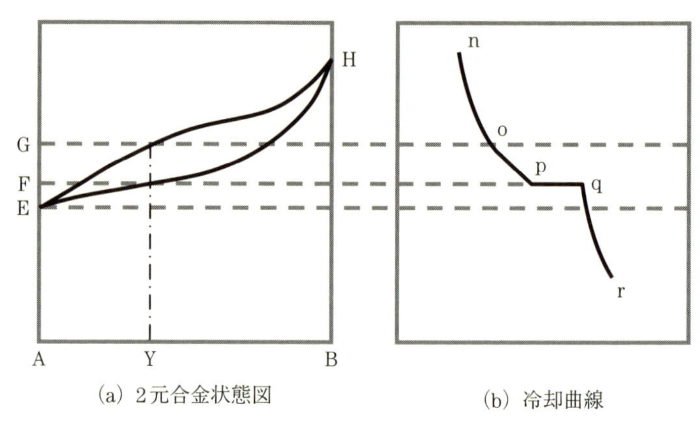

図1-12　2元合金（全率固溶体）の状態図

す。

図表1-10の「X」合金で示す点では液相線より上の領域では合金の溶融状態で、温度が低くなるに従い、まず液相線で核が生成して固相が析出し、次いで固相と液相の共存領域に入ると濃度が拡散して固相が成長し、固相線上の「T_E」点で一定温度の経過後すべてが固体となった後温度が下がります。

また図表1-10の「Z」で示す合金の冷却曲線では、「T_E」点で水平になって一点で凝固し固体になります。このような2元合金を共晶合金と呼んでいます。この例は銀—銅合金に見られます。

また、**図表1-12**に示すように2元系状態図における全率固容体は、固相でも液相でも完全に混じり合い、金—銀合金や白金—パラジウム合金がこれに該当します。

貴金属の発見とその歴史

本章では古くから使われてきた金・銀・白金族がどこでどのように産出され、使われてきたか、その発見の歴史を紹介します。

金・銀に較べれば、白金族の発見は非常に日が浅く、ヨーロッパで白金と認識され本格的な研究が始まったのはほんの250年ほど前です。白金族の仲間には、白金以外に5元素あることが確認されていますが、これらの各種工業用白金族の利用に至る経緯を紹介します。

2-1 ● 金の発見とその歴史

金は今から8000年もの昔から使われていたといわれていますが、現存する最も古い金の財宝は、1970年代、現在のブルガリアの黒海沿岸にあるバルナ（Varna、紀元前4500～4000年）で発見された総量6 kgの黄金製品といわれています。

世界最古の文明を残したシュメール族は紀元前6000年から5000年頃には、すでに金製品を用いていたといわれていました。古代のヨーロッパ人や中近東の人々はヨーロッパ、地中海、エジプト、中東そしてアメリカ大陸へ金鉱床を探すために出かけて行き、そこで採取された金を時の権力者である国王や富豪のための武器、宝飾品、工芸品や宗教具などに使っていました。こうした金の溶解・鋳造、そして細工の優れた加工技術がすでに紀元前4000年に確立されていたことになります。

漂砂鉱床の自然金をエジプトではナイル川の砂の中から砂金として採取し、溶解・鍛造して使用していたようです。約4800年前のエジプト第4王朝の古文書に、砂金の洗い取りのことが記載されています。紀元前2300年の遺跡の壁には金の秤量、精錬、溶解した金の注ぎ、金板の打延ばしが浮き彫りされています。

中でも有名なのはツタンカーメン王の墓から発見された棺で、約7.5 kgを超す黄金で作られ、中の遺体やミイラは黄金のマスクで覆われているものでした。この当時はすでに貴金属を塩と反応させ、金中の不純物である銀成分を塩化銀にして取り除く精製法を知っていたと考えられます。

中南米で新鉱山が発見されるまでの10～16世紀にヨーロッパでは主にアルプス、シベリア、西アフリカからの金を入手し、東洋から購入する香辛料や絹の支払いに使っていたのです。スペイン人はメキシコ、ボリビア、ペルーで銀と共に金を採取し、ヨーロッパに送っていた記録が残

Column

黄金のマスク

王家の谷にあるツタンカーメン王（紀元前1367–1349）の墓は、1922年11月４日に考古学者ハワード・カーターにより発見、発掘されました。

ツタンカーメンが即位した時点では、まだ年端のいかない19歳の少年であったことがわかっています。アメン信仰の復活や、王の死についてさまざまな推測が語られ、歴史のミステリーとされています。遺体は厚さ約2 mm、重さが約110 kg（243ポンド）の金の棺に納められ、ミイラの顔は金箔のマスクで覆われていました。

ツタンカーメンの墓は王墓としては極めて珍しいことに3000年以上の歴史を経てほとんど盗掘を受けなかった（実際には宝石の一部などが抜き取られていたが、副葬品自体は無事だった）ことです。

ツタンカーメン王の黄金のマスク

されています。

19世紀に入り、金の採掘の黄金期が始まり、ロシアではウラル山脈から黒海や地中海に至る川の中から多くの砂金が採取され、1847年までは世界の新産金の3/5を供給するまでになっていました。が、1848年にア

1848年にアメリカのゴールドラッシュが起きる

メリカのカルフォルニア、1851年にオーストラリアに始まったゴールドラッシュによって、その地位を譲ることになりました。

南アフリカではダイヤモンドで資産を作った資本家の手によって1886年鉱石１トン中に30～60ｇもの金を含有する礫岩の露頭が偶然発見されました。この鉱脈は地下深く走っている巨大な鉱床でした。一般の鉱脈では約３～5ｇ/トンの含有量なので、この鉱脈は驚くべき多さの含有量といえます。

1896年カナダ北部のユコン（Yukon）川の支流、ドウソン（Dawson）で金を発見したことが噂になり多くの人々が集まりましたが、３年間でこの地のゴールドラッシュは終了し、合計75トンが採掘され、産金操業は1966年に終焉しました。

こうした各地での金産出の歴史を経て現在は中国を筆頭にオーストラリア、南アフリカ、アメリカ、ロシアなど世界の多くの国で産出されています。

10年ほど前までは毎年のように産出量が増加しましたが2004年以降停滞し、特に2008年はリーマンショックの影響で大幅にダウンしました。しかし2009年には再び増加に転じました。産出国で顕著なのは中国の躍進です。これまで長い間、南アフリカが最大産出量を誇ってきましたが、最近は中国がこれに取って代わり、オーストラリア、ロシアなども台頭してきました。

日本では749年に陸奥、現在の宮城県涌谷町黄金沢の黄金山神社付近

Column

奈良の大仏様は金の装い

奈良の大仏（東大寺盧舎那仏像）は、銅とすずの合金を鋳造するのに3年かかり、表面の金めっきが終了するまでに10年の歳月がかかりました。大仏開眼供養の752年（天平勝宝４年）４月９日、未だ完成できずに顔だけのめっきで開眼され、最後のめっきが終わったのは、757年（天平勝宝９年）です。

このときのめっきは水銀３に対し、金を１化合させて金アマルガムを作り、これを表面に塗り、350℃ぐらいに熱し、水銀を蒸発させて金めっきをしました。このとき発生する有毒ガスによって、作業は大変困難を極めて、当時は多くの水銀中毒があったと思われます。なおこのとき使用された金は、陸奥（宮城県涌谷町）の国司・百済王敬福（くだらおうけいふく）（百済滅亡時に渡来した百済王一族）から献上された440 kg で何とか間に合わせ、そして、水銀は2.5トンも使用されたといわれています。

天皇（すめろぎ）の　御代（みよ）栄えむと　東（あづま）なる　陸奥（みちのく）山に　金（くがね）花咲く

万葉集　18-4097　大伴宿弥家持

172 kg の金が使われた奈良の大仏

ではじめての産金があったことが、続日本紀に記録されています。それ以前の500年頃に作られたと推定される鉄剣に自然金を美しく象嵌（ぞうがん）したものが埼玉県の稲荷山古墳から発見されています。これらの技術は中国大陸、朝鮮半島から渡来した多くの技術者によって、伝えられたものと推定されています。

聖武天皇が奈良の東大寺に大仏建立のため表面の装飾めっき用の金約172 kgの調達に困っていた時期に陸奥での産金があり、供出した報償としてこの地、小田郡は永世税の免除がなされました。

現在にその姿を残す中尊寺は奥州の藤原氏が豊富な砂金を基に領地拡大と栄耀栄華を極めた時代の名残ですが、経堂に収める一切経を宋から1.7トンの金と交換で輸入したことなどが伝えられています。

このように金の歴史は装飾と権力誇示の役割を担ってきました。近代に入り、急速な産業の発展に伴い、耐食性を始めとする金の優れた特性を活かして、各種の錆びやすい金属の腐食防止、歯科材を代表とした医療用材料、電気の良導体であることから電気接触子、コネクター、プリント配線板、ボンディングワイヤーなどに多用されてきました。最近では金の超微粒子（ナノテクノロジー）が触媒やウィルス検査などに利用されています。

2-2 ● 銀の発見とその歴史

銀は紀元前4000年頃、金や銅の発見より遅れて塊状の天然銀として発見されました。紀元前3000年頃メソポタミアのウルク文化やエジプトのゲルゼール文化の出土品の中に銀製の装飾品が見つかっています。エジプトでは銀の産出が少なく、銀は金よりも貴重な時代がありました。

銀は鉱石中に硫化銀として存在し、石器時代、ヨーロッパや小アジアで採取された銀も硫化鉛と共に含有されている方鉛鉱から抽出されていました。

当時は自分の庭で鉱石を焼くとか、故意に山火事を起こし山中の鉱石を焼いて方鉛鉱から銀を取り出したといわれ、これが銀精錬法の一つ「灰吹き法」の走りとされています。

銀鉱業は小アジアから東方のアルメニア、バクトリア、西方のエーゲ海、ギリシャへと広がり、紀元前500年当時に開山されたラウリウム（Laurium）鉱山が紀元１世紀まで続きギリシャの繁栄を支えました。

スペインの銀鉱山は最初にカルタゴ人により開発されて、ローマ人に受けつがれました。しかし、８～15世紀の間、この銀鉱山はムーア人の侵入により採鉱が中断されました。これにより1520年、南米でスペイン人が銀を発見するまでヨーロッパは銀不足の時代が続くことになります。

銀を鋳造貨幣の形で取引手段として一般化したのはギリシャ人です。ローマ帝国時代スペインでは鋳造した銀貨を通貨として使用し、インドからの木綿、象牙、翡翠などの購入の対価としてスペイン鉱山から銀貨を送付しました。西ローマ帝国が崩壊して中断され、その後復活しますが東ローマ帝国がトルコに敗北したことで終焉しました。インドが今でも莫大な銀を保有していることはこの時代の名残といわれています。

山火事を起こし、銀を取り出した

銀は通貨として利用されるほかに、中世ヨーロッパの晩餐会で皿や盃として使い要人の毒殺を防いでいたといわれています。当時の毒物は主に硫砒鉄鉱で、これに含まれる硫黄分が銀と反応して黒く変色するので毒物の有無の判断にされたようです。

16世紀になって、中南米のメキシコ、ボリビア、ペルーにおいて、ヨーロッパから来たスペイン人によって、銀含有量の高い鉱山が発見され、世界の一大銀生産地になりました。その後1859年アメリカのネバダでも大きな銀鉱床が発見され、1900年までの間、世界最大の産銀国となったのです。

近年は中南米のペルー、メキシコを筆頭にペルー、中国、オーストラリアなど世界各地で産出されています。銀生産量は金とは違い、産業用の用途が多く、多様化されていることなどから産出量は年々増加してきています。

日本では1526年に石見銀山が発見されましたが、当時日本には銀を精製する技術がなかったため、銀鉱石を朝鮮半島に輸出し、精製されたものを逆輸入していました。

石見銀山は、当時としては良質な銀鉱山であり、16～17世紀にかけて産出量は世界の1/3を担ったほどでした。当時の国内取引の相場は金1：銀5に対して、国際的には銀15の割合で取引されていたため大量の銀の海外流出がありました。

灰吹き法の技術が朝鮮半島から導入されて以降、銀だけでなく金の生産量も増加していきました。この当時の日本は群雄割拠の戦国時代を迎え、武田信玄は金銀鉱探索に力を入れ甲州流の採鉱技術を極めようとしました。豊臣秀吉は大判を通貨としてではなく、論功行賞用として利用し、天下統一後、金銀は要職を得るために、権勢のある人への贈呈や権力と富の誇示という役割を担うようになり、豊臣秀吉、徳川家康は莫大な金銀を蓄積することに腐心しました。

銀の鉱石は主に輝銀鉱（Ag_2S）、角銀鉱（AgCl）、エレクトラムという金と銀の合金です。こうした鉱石からの精製は灰吹き法のほかに水銀を使った混汞法（こんこうほう）が用いられました。この方法は金、銀を含む鉱石を粉砕したものに水銀を混ぜ、アマルガムと呼ばれる合金を作り、これを木綿の袋に入れて余分な水銀を絞り出してから加熱すると水銀が蒸発して、金と銀が残るというものです。

江戸時代初期、金銀の増産に尽力した大久保長安は採鉱、交通、治山治水、新田開発など多岐にわたる技術に精通していたことから、徳川家康に石見銀山奉行を命じられ灰吹き法を知り、佐渡金山奉行を兼務するなど大いにその力を発揮し金銀の増産に貢献しました。そのときに水銀を使う混汞法も行ったという記録があります。実際には日本では鎖国など輸入制限によって水銀が入手できなくなり、この方法は終わりました。今もこの方法を使っている国がありますが、そういったところでは水銀公害の問題が発生しています。

1886年にイギリスで青化法が開発されました。金銀の鉱石をシアン化合物と共に細かく粉砕し、シアン化金カルシウム、シアン化銀カルシウムとします。次にこれを溶液と残渣物に分離し、ろ液に亜鉛粉末を入れると亜鉛が溶融し金、銀が沈澱します。この沈殿物には亜鉛が含まれています。この沈殿物を溶融して酸化させると亜鉛が取り除かれ、96％程度の純度の金と銀の合金が得られます。

産業の発展によって、銀はその特徴である最良の熱と電気の伝導性を持つことから伝導材料にたくさん使用されています。また、銀の化合物は光に反応し微妙に色を出す特性を有することから感光フィルムや印画紙として戦後の復興期以降多量に使われ、一時期は銀の需要量の約40％を占めたこともあります。平成年代に入りデジタルカメラの普及に押されて、フィルム用の銀使用量は当時に比べ大幅に縮小しました。

Column

灰吹き法

溶融した鉛の中に金や銀の鉱石を入れると鉱石中の金や銀が容易に鉛に溶け込み合金となります。この金銀が溶け込んだ鉛をキューペル（骨灰やポルトランドセメント、酸化マグネシウムの粉末などで作ったるつぼ）の中に入れ、大気中で800～850℃に加熱すると、鉛は空気中の酸素と反応して酸化鉛になり、キューペルに吸収され、金と銀の合金が粒状になってキューペルの上に残ります。液体の金属は表面張力が大きいため多孔質のキューペルの上でも液滴の形状を保っていますが、溶融した酸化鉛は表面張力が小さく、毛管現象によってキューペルに吸い込まれます。また銅、鉄、亜鉛といった卑金属の不純物は酸化して酸化鉛と混合、スラグと呼ばれる残渣物になります。

残った液滴として貴金属合金粒子から金と銀を分離するには、硝酸で銀を溶解するか、電気分解で分離します。この方法は現在も金や銀の化学定量分析にも利用されており、一般に普及している機器分析に比べて基本的に精度の高い分析方法です。

2-3 ● 白金族の発見とその歴史

人類が白金と関係を持つようになった明確な時期の記録はありませんが、紀元前720年頃に作られたといわれる金銀製の「テーベの小箱」の側面に帯状の白金が使われ、そこに象形文字が記されています。現物はフランスのルーブル博物館に保存されています。また、古代ギリシャやローマ時代の文芸作品中に白金族金属の性質を示す記述が見られますが、それが白金族かそのほかの白色金属かは明らかではありません。コロンブスによってアメリカ新大陸が発見（1492年）される数百年前にエクアドルのエスメラルダ地方の原住民であるインディオたちが鍛造して

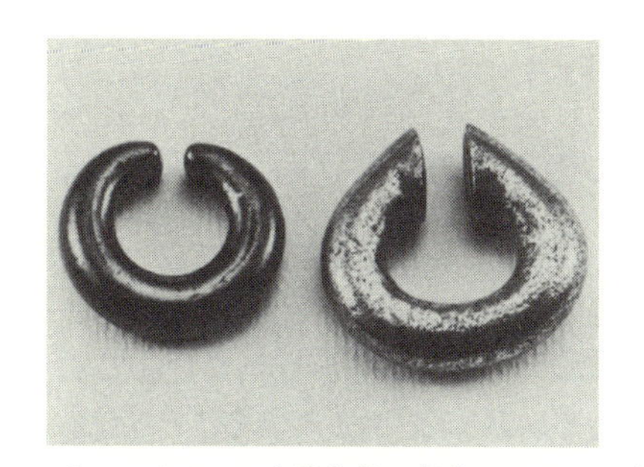

コロンビア・ボゴタの金博物館に保管されている鼻輪

図表2-1　コロンビアのインディオが作った鼻飾り

作ったと思われる白金合金の首飾りなどがデンマークのコペンハーゲン国立博物館やコロンビア・ボゴタの金博物館に保存されています（**図表2-1**）。

新大陸発見後、16世紀中頃、南アメリカにスペイン人が侵入しコロンビア、エクアドルを征服して金を採取しようとしました。当時は無価値であるといわれた白金が混じっていて、これが金の採掘の邪魔者として扱われていました。1735年コロンビアのニューグラナダを流れるピント川で、銀に似た白い金属が見つかっています。原住民たちはこの金属を「プラチナ・デル・ピント（ピント川の卑小な銀）」と呼んで、まだ金に成長する前の未熟な金であると考えていました。いつの世にも悪知恵の働く者はいるもので、この金属が金と同じように重いため、これを金で包み込み、金の量目をごまかすために悪用しました。これに怒ったスペイン政府は白金の採取を禁止、鉱山を放棄したという話が残されています。

この「プラチナ（白金）」の名前を広めたのは、スペイン海軍の若い士官であったアントニオ・デ・ウロアです。当時地球はニュートンが予測したような回転楕円体であるかどうか、天文学者の間で論争になっていて、1735年これを確かめるため、パリの科学アカデミーが主催する地

Column

インディオたちのプラチナ宝飾品

アメリカ大陸が発見される数百年も前にエクアドルやコロンビアでは白金合金の宝飾品が作られていました。天然の銅—鉄—プラチナに少量のオスミリジウム（イリドスミン）を含む合金です（図表2-1）。これは、プラチナの粒子が金と溶け合っていることが観察されていることから、焼結が行われたと推測されています。

エクアドルがスペインの植民地支配から独立した19世紀になってわかったことですが、独立を果たした大統領ガリブリエル・モレノが自国の開発のため多くの科学者、教師の協力で鉱物資源を調査し、そこでエクアドルの海岸地域にあるエスメラルダ地方のラガートと呼ばれる場所で、金や白金の小さな飾り物を発見しました。これらは原住民が埋葬された小塚から潮の流れで流出したもののようです。この白金の小物を分析したところ、白金84.95%、パラジウム、ロジウム、イリジウム３元素合わせて4.64%、鉄が6.94%、銅が１%強含有されていました。

旧ラガート・インディオは冶金技術を自分たちで行う、インカ人にも劣らない優れた人種であったとドイツ人科学者テオドール・ウォルフは彼の旅行記（1879年発行）に書いています。

球観測の調査隊が編成され、ウロアは19歳のときにこれに同行しました。

1748年に彼はその遠征記録を出版、それが数カ国語に翻訳されイギリス王立協会に送られました。この中に白金族金属に関する記載があり、これがヨーロッパにおける白金の研究に大きな影響を及ぼすことになりました。

ヨーロッパに実物の白金サンプルをはじめて持ち帰ったのはチャールズ・ウッドです。彼はジャマイカで分析技師をしていたとき、密輸業者が持ち込んだと思われる天然白金を入手し、自分の研究室で実験しましたが、どんなに高温にしても溶けないので銅を合金して溶かしました。また、溶融した金に混じることも発見しました。硝酸を使った薬液溶解を試みましたが、これでは溶かすことができませんでした。また、密度が金より大きいことを発見し、1941年にイギリスにこれらの実験結果とサンプルを持ち帰りました。

このサンプルは実験結果と共に友人のウィリアム・ブラウンリックを通じ、ワトソンに報告書とあわせて渡されました。1750年の暮にワトソンはウロアの遠征記録の内容と共に王立協会で発表、これが白金研究を加速させる発端となったようです。

白金が金、銀、銅など、これまでに知られている金属とはまったく別な金属であるかどうかを調べるために、溶解方法や加工方法、薬品に対する耐食性などさまざまな研究が始まりました。18世紀後半から19世紀のはじめにかけて白金が金に似た性質を持った貴金属であることがわかったのですが、金のように簡単に溶かすことは難しいものでした。白金に大量の砒素を混合し注意深く加熱することで白金の塊を作ることに成功したのは、フランス人金細工師のマール・エチェンヌ・ジャネティです。その白金の塊からるつぼ、砂糖壺、コーヒーポットなどを製作しました。

白金族元素の研究は意外なことから転機を迎えることになります。フランスの科学アカデミーの提案によるメートル原器の製造です。1790年にフランス科学アカデミーのギトン・ド・モルヴォーが国会にメートル法の導入とプラチナ製のメートル原器を定めるように勧告しました。この原器を作るには大量の白金が必要でしたが、当時の技術では溶解るつぼ用の耐火物がなかったため溶解法では溶かすことができず、ジャネティが砒素法によって約50 kg の塊とし、メートル原器とキログラム原器（**図表2-2**）をそれぞれ4個作りました。このうちの一組が今もフランス古文書館に収められています。

その後、キログラム・メートル原器は1869年国際メートル法委員会が

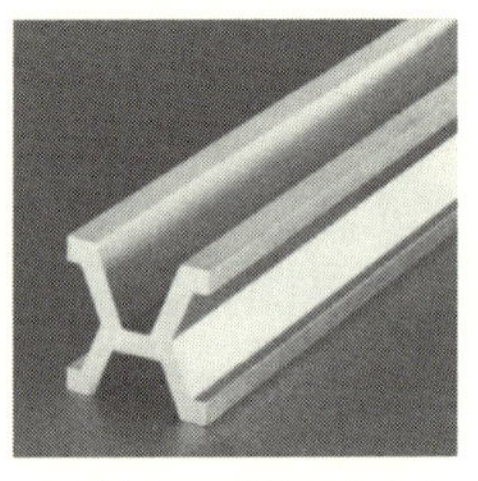

左図は最大の剛性がえられるアンリ・トレスカが考案したプラチナ―イリジウム10%合金製の開放型X断面を持つメートル原器。ただし、これは引抜きダイスからの汚染があり後日廃止された
右図はキログラム原器

図表2-2　メートル原器とキログラム原器（ジャネティ）

設立され、国際基準として正確性を期し、純度向上および軟かい白金の角部摩耗の防止を目的として、より硬い白金―イリジウム10%合金で作られました。1882年にX型メートル原器30個とキログラム原器40個が、イギリスのジョージ・マッセイによって作られ、この精製・加工技術がその後の産業に大きく寄与することになりました。

展延性のある白金を商業的に作る努力がされていた18世紀末から19世紀はじめに、イギリスのウラストンとテナントは白金の純度を上げると展延性が高まることを知り、共同で白金の純度を上げるために化学分析に取り組みました。

王水で溶かした溶液中の成分をウラストンが受け持ち、残渣物に残された物質をテナントが担当して研究しました。1802年にウラストンは王水溶液にアンモニアを加えるときにできる沈殿物が、テナントが調べている残渣物でもない物質で、まったく別な金属であるとの結論を得て、「パラジウム」と名付けました。

その２年後、テナントは1804年に黒い残渣物中にある２種類の金属を発見しました。その一つは酸化し、蒸留すると油状に凝集し、半透明の塊になり、その過程で著しいにおいを発することから「オスミウム」と

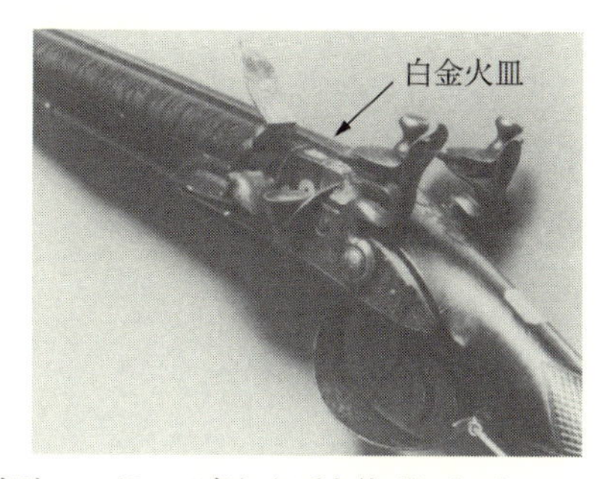

当時ロンドンで売り上げを伸ばしたプラチナの中でも最大のものは、硬さと融点の高さを売りにしたプラチナ製点火孔と火皿のついた火打ち式ピストルと猟銃でした。

図表2-3　1810年頃の二連式猟銃白金火打ち石

名付けました。そして、もう一つの金属を「イリジウム」と名付けました。この発見を1804年６月に論文で発表しましたが、さらにその３日後に「ロジウム」を発見しました。

こうして白金の純度が向上したことから、ウラストンらは1800年のはじめ頃南アメリカのコロンビアから砂粒状の粗白金を多量に輸入し、精製、加工して分析用るつぼ、火打ち石式のピストル（**図表2-3**）、猟銃の点火孔や火皿に、そのほか硫酸ボイラーなどを産業用に使用しました。

こうしたヨーロッパでの研究はロシアにも及び、1819年にウラル地方の金鉱山で重い白色の金属が発見され、これが白金族金属であることが確認されました。ペテルスブルグの研究室で分析した結果、イリジウム60%、オスミウム30%、白金２%でコロンビアのオスミリジウムと同じものと結論付けました。こうした研究が進む中、ロシアの大蔵大臣、鉱業大臣を兼務していたイゴール・フランチェビッチ・カンクリンは国民経済の発展に、この金属をコインとして利用することを考え、白金ルーブルコインを発行しました。このコインには18年間で約15トンの白金が使われました。ロシアではそれに見合う精製法や加工技術が確立されていたことがわかります。

このコインの製造中、1844年白金の残渣物から天然白金の中に新しい金属があることをカール・カーロビッチ・クラウスが発見し「ルテニウム」と名付けました。これによって6種類すべての白金族金属が出そろったことになります。

驚くのは、この当時の白金の産業利用の研究によって、今話題の燃料電池の原型が1839年にイギリスのウィリアム・グローヴによって作られていることです。この燃料電池は、電極に白金を使用し、電解質に希硫酸を用いて、水素と酸素から電力を取り出し、この電力を用いて水を電気分解するものでした。

ロシア革命と第一次世界大戦でロシア国内からの白金の輸出が禁止され混乱しましたが、需要の拡大により世界中で白金鉱山の探索が行われ、カナダでは白金族金属を含む銅・ニッケル鉱山を発見、生産されるようになりました。そしてアラスカでも1933年に白金族金属が発見されました。

ロシアはウラル山脈での白金鉱山に加えてシベリアにおけるノリルスク銅・ニッケル鉱山の鉱石中に白金族金属が含まれることを確認して、白金族金属の精錬所操業を1940年に開始しました。

ロシアの輸出禁止により白金の供給が止まっていた時期1920年代に南アフリカで白金族金属が発見されたとのうわさが広まり、ヨハネスブルグの地質学者のハンス・メレンスキーが調査を行い、世界最大の白金族金属の鉱脈を発見しました。この鉱脈は発見者の名前を付けメレンスキーリーフと称されました。南アフリカのこの地域はいまも世界最大の白金族金属産出地となっています。

現在白金族金属の産出地は金、銀とは異なり、かなり限られた地域、大部分が南アフリカとロシアを中心とし、そのほかではカナダ、米国、ジンバブエなどで少し産出されています。

わが国では白金族金属は1890年頃北海道の夕張川や雨竜川の流域で砂

金に混じって白色の重い金属が採れました。当時、南アメリカと同様に邪魔者扱いされ、捨てられていたのですが、北海道道庁の地質調査により、イリジウムとオスミウムを主成分とするイリドスミンであることがわかりました。このイリドスミンは、あまりにも硬くて融点も高く、当時の日本では使い道がなく、海外に輸出される程度でした。ところが筆記用具としての便利さから万年筆が注目されるようになり、高級品として金ペンの出現と共にイリドスミンの耐食性と耐摩耗性をペン先に活かした需要が増大しました。

日本では白金はほとんど産出されませんが、大正時代になると白金装飾品が好まれるようになり、多量に使われるようになりました。

産業用には、火薬原料となる塩素酸カリ原料の製造用電極、白金とイリジウムの合金注射針、人造繊維用口金に金と白金の合金、化学工業用の硝酸製造に使われる触媒として白金とロジウムの合金網などが製造されるようになりました。

さらに戦後は日本の経済成長を支える、化学工業、電気・電子工業の発達と共に白金族金属の用途が拡大し各種触媒、光学ガラス用溶解るつぼ、通信機用接点、各種センサー、自動車排ガス浄化の触媒、燃料電池用電極触媒および医薬品原料・医療器具などに使われるようになりました。

Column

触媒作用の発見（白金はクールに燃えさせる）

白金の触媒能力は偶然に発見されました。19世紀初頭、産業革命の最中、イングランド北部で悲惨な炭鉱爆発が多発し、その原因は照明用の裸火から坑内の爆発性ガスへの引火でした。こうした事故を防止するため英王立研究所のハンフリー・デーヴィーが引火しない安全灯の開発を依頼され、それがきっかけで「炎の研究」と「鉱夫の安全灯」すなわち、金網の中の炎は、外の可燃性ガスに引火しないことを発見し灯油式のデーヴィー安全灯という有名な発明につながりました。

彼は実験の中で石炭ガスと空気の混合物の爆発（燃焼）限界が温度と共に伸びる実験をしていて、たまたま細い白金線と接していた酸素と石炭ガスが、炎がなくても白金線が発熱、燃焼が続く現象を見つけました。類似の可燃混合ガスで実験したところ、同様に白金線は長時間白熱を続け、消えたときには可燃物はなくなっていたので、彼はさらに同じ混合ガスを用いて、各種の金属でこの現象の再現を試みましたが、成功したのは白金とパラジウムのみで、金、銀、銅、鉄、亜鉛では起きませんでした。

「触媒とは、大まかにいえば、反応の前後ではそれ自身は変化せずにほかの物質間の化学反応の速度に影響を与え、新しい反応を生み出す物質です」。デーヴィーが発見した18年後にスウェーデンの科学者ベルゼリウスがこの反応を「触媒作用」と名付けたといわれています。触媒の研究が進むに従って、白金族金属に限らずほかの金属やその化合物、たんぱく質の酵素なども触媒作用であることがわかり、酒やビールなどアルコールの発酵も酵素の触媒反応とわかりました。

鉱石から貴金属へ

地球の地殻中に存在する金属元素の中でも貴金属は資源的に非常に少ない金属です。特に白金族は、金、銀が少量ながらあらゆる国で産出されるのに較べ、非常に限られた国でしか産出できません。その最大の産出国は南アフリカで、次いでロシア、その他の数カ国と続きます。鉱石１トン中の含有が３～６g、100万分の３～６しか産出できないこれら白金族元素の選鉱・精錬を紹介します。

3-1 ● 鉱石から金と銀へ

金、銀の原料となる鉱石は、南アフリカなどの鉱山に見られる珪岩中に存在する微粒子状鉱脈の自然金（山砂、砂金）と、それに随伴する銀化合物です。

もう一つは主に銅や亜鉛の原料である砒化鉱、アンチモン鉱、テルル鉱などを含む硫化鉱の中に共存する化合物になっている金や銀です。これらは精錬時の電解精製で銅や鉛のスライムとして濃縮されたものです。ここで採取される銅や鉛などのベースメタルの副産物として生産されていますが、銀の含有量の比率は高いといわれています。

金と銀の鉱石中の含有量や埋蔵量は地域や鉱山によって異なり、また鉱床の状況によって採掘や選鉱の仕方も違います。一般に採掘は鉱石1トン中に金が5g含まれていると採算が合うといわれています。

硫化鉱床から採掘後、脈石と分離除去するために鉱石を一次粉砕した後、手選などによって選鉱していました。大量に処理する場合には、ガンマ線による放射化分析によって自動的に選別しているところもあります。次の段階ではさらにボールミルやロッドミルなどを用いた二次粉砕によって細かく砕いたものを、重力選鉱後、浮遊選鉱にかけて、濃度を高めていきます。

そのあとの精錬に混汞法（水銀アマルガム法）が使われていました。金や銀は水銀と接するとアマルガムという合金を作ります。粉砕、濃縮された金や銀を含む鉱石に水銀を合金し、密閉した蒸留機で加熱して水銀を蒸発させると純度の高い金、銀が得られます。しかし、このときに使われる水銀が環境汚染や人体にも影響を及ぼし問題になりました。
この方法とは別に、濃度の薄いシアン化カルシウムと一緒に粉砕して、金・銀を溶出させ、それをろ過し精製する青化法が開発されました。**図表3-1**にその反応式を示します。

$$4\,Au + 4\,Ca(CN)_2 + 2\,H_2O + O_2 \Rightarrow 2\,Ca[Au(CN)_2] + 2\,Ca(OH)_2$$
$$2\,Ag_2S + 5\,Ca(CN)_2 + H_2O + O_2 \Rightarrow 2\,Ca[Ag(CN)_2] + Ca(CNS)_2 + 2\,Ca(OH)_2$$

$$Ca[Au(CN)_2]_2 + Zn \Rightarrow 2\,Au\downarrow + Ca[Zn(CN)_4]$$
$$Ca[Ag(CN)_2]_2 + Zn \Rightarrow 2\,Ag\downarrow + Ca[Zn(CN)_4]$$

図表3-1　青化法による金・銀の反応

ここで使用される青化剤のシアン化カルシウムの濃度は金鉱の場合、0.02～0.04%で、銀の回収も考慮すると0.05～0.1%の濃度です。このようにしてできた浸出液と残渣物は加圧ろ過機などを用いて固体と液体に分離します。次に亜鉛粉をエマルジョン（一方が小滴となって他方に分散している液体）にした液を加えて、金と銀を置換して沈澱させます。沈澱した金と銀はフィルタープレスによって液から分離し乾燥されます。この中には沈澱剤として加えられた亜鉛が5～40%ほど含まれるので、ソーダ灰やケイ砂などのフラックスを用いて、加熱溶融し、亜鉛を酸化させたスラグを除去します。こうして得られた青金と呼ばれる金と銀の合金純度は96%以上になり、実質的な収率は、金が95%、銀は80%以上となっています。

この青金を次に金と銀に分離し精製する工程としては、酸による溶解分離法と電解による分離法がありますが、電解法が主流を占めています。電解分銀法は、青金を陽極として、この陽極から銀だけを溶かし、陰極に純銀として析出させ、金および不純物はスライム化します。このときの電解液は40～50 g/lの硝酸銀溶液に10 g/lの遊離硝酸を加えた液で、この電解浴の電圧は1.3～1.5 V、電流密度は2～4 A/dm^{2}で、99.95～99.98%の純銀を析出させることができます。

スライムとしてほかの不純物と一緒に残された金は、熱濃硫酸で不純物を除去した後、溶解鋳造して金の電極にします。この金電極を陽極にして電解します。電解条件は、液が金40～80 g/lに遊離塩酸30～60 g/l

を加えた塩化金酸溶液で、温度60～70℃、浴電圧は1.3V～1.5V、電流密度3A/dm^{2}です。こうして電解すると99.97～99.99%の純金が陰極に析出します。

このほかに、溶解浸出液から金を活性炭の表面に吸着させ、浮遊選鉱によって分離回収して、焙焼するカーボンインパルプ（Carbon-In-Pulp）法やジメチル型などの塩基性樹脂を用いたイオン交換樹脂による精製も行われています。

これ以外に金、銀はイオン化傾向が貴なために銅、ニッケル、鉛、亜鉛の精錬過程で副生されるセレン、テルルなどの硫化物化合物と共に電解スライムとなります。このスライムは金0.2～0.5%、銀10～15%、鉛10～30%、ビスマス2～20%、セレン3～10%、硫黄2～10%、テルル1～2%を含有しています。このスライムから銅は浸出除去、硫化物は浮遊除去などによる前処理をして、小型反射炉などによって溶解し、セレンを酸化させて揮発徐去した後に、溶解還元して鉛—金—銀合金にします。

この合金を回転炉などに入れて、ソーダ灰や硝石などと共に溶かし空気によって、鉛を始めそのほかの不純物を酸化させスラグの中に取り込み（灰吹き法）金と銀の合金を得ます。その後の精製は前述の通りです。

3-2 ● 金の供給と用途

金は中国、オーストラリア、ロシア、ペルー、南アフリカなどを始めとして、現在では多くの国々で産出されています。**図表3-2**に産出量上位20カ国を示しました。これまでは南アフリカが最大の産出国でしたが、最近は中国が台頭し世界で最も多く産出しています。

世界の産出量は1974年には1200トン程度でしたが、世界経済の発展に伴い年々増加の一途をたどり、**図表3-3**に示すように2001年の2646トン

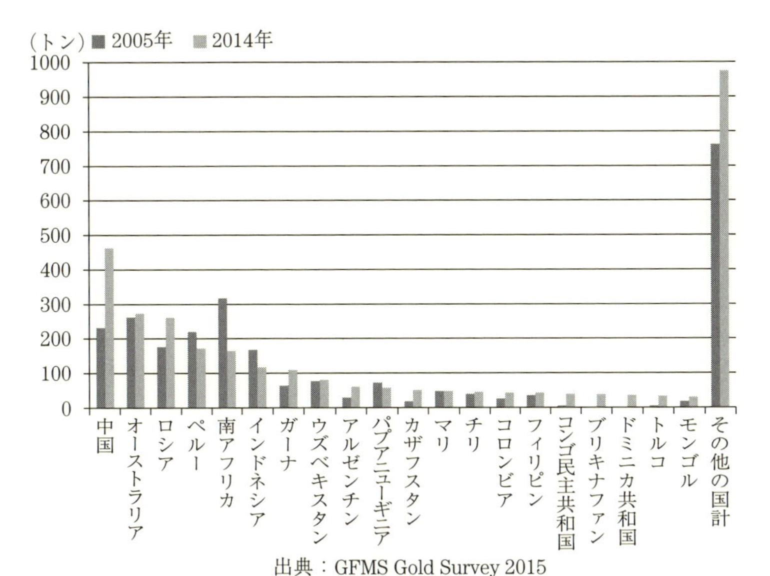

図表3-2　金産出国と産出量

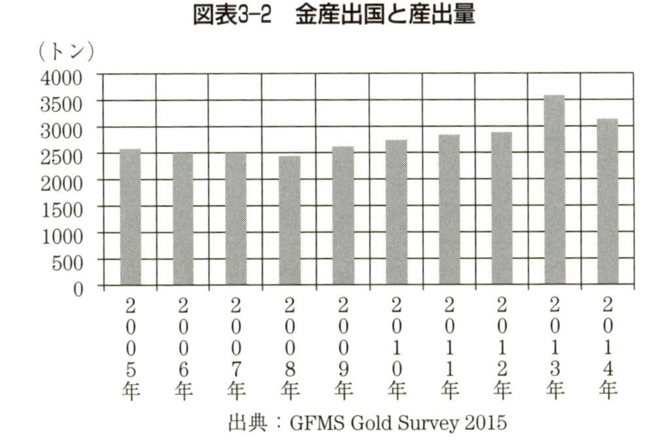

図表3-3　金の年別鉱山産出量

をピークにその後減少し、2008年には2409トンとなりました。しかし2009年には2572トンと復調の兆しが見えてきました。これは中国とインドネシアの産出が著しく増加、ロシア、ガーナなどを含む各国が全般に産出量を増やしたことによります。このような増産や減産は、金全体の90％近くが工業的利用以外の装飾品や金貨、投資などを占めているので、金の価値への不変的な信頼と共に価格は常にその時代の経済状況に敏感に反応し乱高下することが背景になっています。特にリーマンショックのあった近年では最低の産出量となっていますが、その後上昇してきています。

日本は上位20カ国の金産出国には入っていませんが、九州の菱刈金山（住友金属鉱山）で年間7.5トンほど産出され、今は日本で唯一の産出地となっています。この鉱山の埋蔵量は未だ150トン以上残されているといわれ、良質の金鉱石が産出されています。

3-3 ● 銀の供給と用途

銀の産出国は主に中南米が群を抜いています。**図表3-4**に示すように、

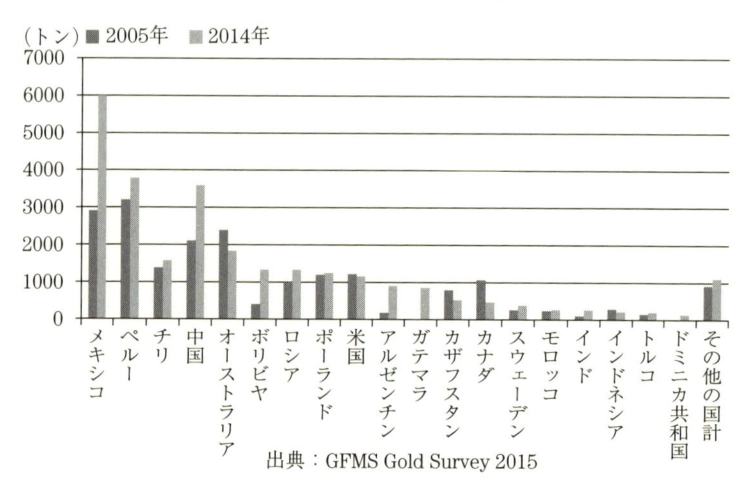

図表3-4　銀産出国と産出量

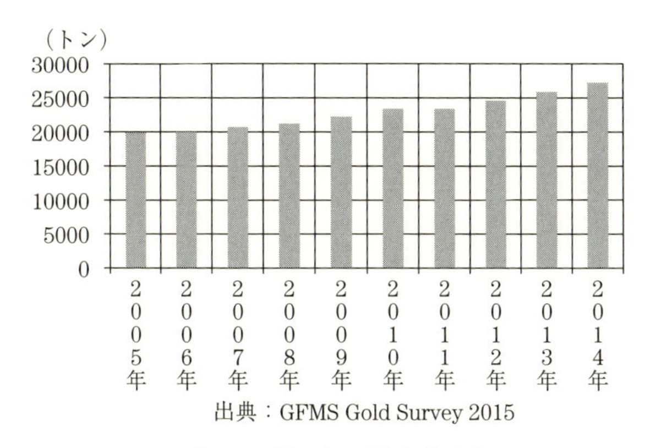

図表3-5　銀の年別鉱山産出量

メキシコを筆頭に、次いでペルーが２番目、そして中国、オーストラリア、チリなど、産出量の多い20カ国中に６カ国も名前を連ねています。最近は金同様に中国が毎年産出量を増やし続けていることも特筆する必要があります。メキシコはこの10年間で２倍の産出量になっています。

2014年の銀の用途は産業用に56％、宝飾用はコインと合わせて38％、写真用は４％となっています。以前は写真用の需要が全体の４割近くを占めた時代がありましたが、近年のデジタル化で電子媒体への記録が普及し、写真などの感光用フィルムの需要が激減しました。しかし金に較べれば銀の用途は産業用が多いこと、また投機的な要因はあるものの金ほどではないことから、全体の産出量は金鉱山や鉛、亜鉛の鉱山からの副産物として産出が若干増加の傾向にあり、世界のGDPの成長に合わせて年々増加の傾向にあります（**図表3-5**）。

銀の持つ優れた性質の一つである可視光線（白色光）を98％ほど反射する特性から反射材料として使われたり、電気伝導性、熱伝導性が良いことから、電気、電子産業界で、また抗菌性を活かし、各種材料に被覆して抗菌性を付与したり、と非常に広範囲に産業用に用いられています。

3-4 ● 鉱石から白金族へ

白金族は過去には自然白金、自然パラジウムなどの元素鉱物や自然合金として産出されていました。それ以外に硫化物や砒素化合物としても産出されます。元素鉱物は長塩基性岩石中に分散して含有されている鉱物粒が風化作用によって二次的に集積し、川床に砂状に堆積、砂白金として河川の下流域で産出されるものです。そのほかにクロム鉄鉱、かんらん石、磁鉄鉱などと混在して産出する場合もあります。

南アフリカにある鉱山のブッシュベルト火成複合岩体、メレンスキーリーフは白金鉱石がはじめて見つかった歴史的な地です。ウエスタンブッシュベルトの表層に白金族が濃厚に存在していた当時のメレンスキー鉱石は露天掘りで大半が採取されたために、UG 2リーフに採掘の主力が移りました。この UG 2リーフはメレンスキーリーフの表層に較べて白金族の含有量がやや少なく、パラジウム、ルテニウムの含有量および埋蔵量の多いのが特徴です。採掘現場も順次地下深く掘り下げられ、現在は1000 m 以上もの深い地底から白金族鉱石を採取しているところもあります。

メレンスキーリーフや UG 2リーフから産出される白金族は、ブッシュベルト火成複合岩体の塩基性かんらん輝石鉱床の中にあって、クロム鉄鉱、銅・ニッケル硫化鉱に隣接して、細粒状に濃縮した状態で産出されます。この地の白金族は白金が50～60%、パラジウムが20～25%とその他の成分で構成され、白金は鉱石１トン中から3.5～6 g ほどが採取されます。

粗鉱は粉砕して重力選鉱、浮遊選鉱によって、白金鉱と白金族を含む硫化鉱に分けて採取されます。白金鉱や白金族を含む鉱石は塩酸や塩素による溶解によって白金族を液中に浸出させ、濾過・分離して、溶出しやすい金属の順に分離精製していきます。まずはじめに銀を、そして溶媒抽出によって金、パラジウム、ルテニウム、白金の順に抽出し、イリジウム、ロジウムを分離していきます。

鉱石から貴金属を取り出す工程を、ジョンソンマッセイ社ルステンブルグ精錬会社のプロセスを例に**図表3-6**に示します。

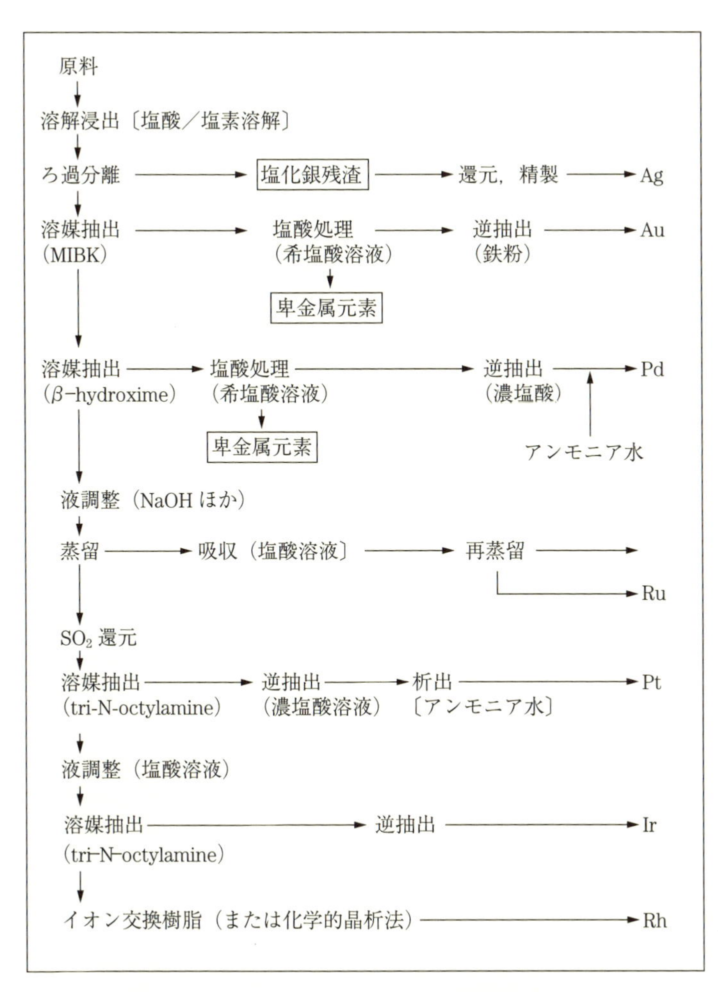

図表3-6　マッセイルステンブルグ精錬会社の工程

（1）ニッケルや銅の硫化鉱に随伴する白金族の抽出

もう一つの重要な供給源として、白金族はニッケルや銅の硫化鉱に随伴した副産物として産出されています。カナダ、ロシア、アメリカの鉱山がこれに該当します。こうした鉱山ではニッケルや銅の副産物として白金族を産出しています。

白金族はニッケルと銅の溶解精錬工程中に生じるマットの中に濃縮されます。このマットを銅とニッケルのそれぞれ２相に分けて、電解槽中で電解によりそれぞれの陰極に析出させて採取しています。反対側の陽極に析出し、底に堆積した泥状沈殿物中に白金族が濃縮されています。

このような濃縮された白金族を含む泥状の沈殿物は、まず王水で溶解して、金を析出させます。残った溶液から白金を析出させて、次にパラジウムを析出していきます。この段階ではまだ取り切れていない貴金属が存在するので、この溶液に亜鉛を入れて還元し、そこに鉛を入れて合金にします。その合金から硝酸分金によって鉛を取り出し再び王水で溶解した白金、パラジウム、金の含有溶液をはじめの王水溶解に戻して、金、次に白金、パラジウムを析出させる工程を繰り返します。

そのときの残渣物は、過酸化物融解によって酸性化し、蒸留してルテニウムとオスミウムが取り出されます。オスミウム酸化物（OsO_4）は融点が40.25℃、沸点が130℃、ルテニウム酸化物（RuO_4）は融点が25.4℃、沸点が40℃と非常に低く、しかも両者には差があります。この差を利用して、酸化蒸留する温度の調整により分離します。次にイリジウムを析出させてから最後にロジウムを析出するような工程で精製しています。こうしたニッケルや銅との副産物として産出される白金族の中で、パラジウムが最も多く産出されるのがロシアです。中でもノリルスク・ニッケルの精錬は大規模で、鉱石の種類によってまず２箇所の濃縮化プラントで選鉱した後、３箇所の冶金プラントで精錬、卑金属の精錬、白金族残留物の精製によって処理されています。**図表3-7**にそのプロセスを示します。

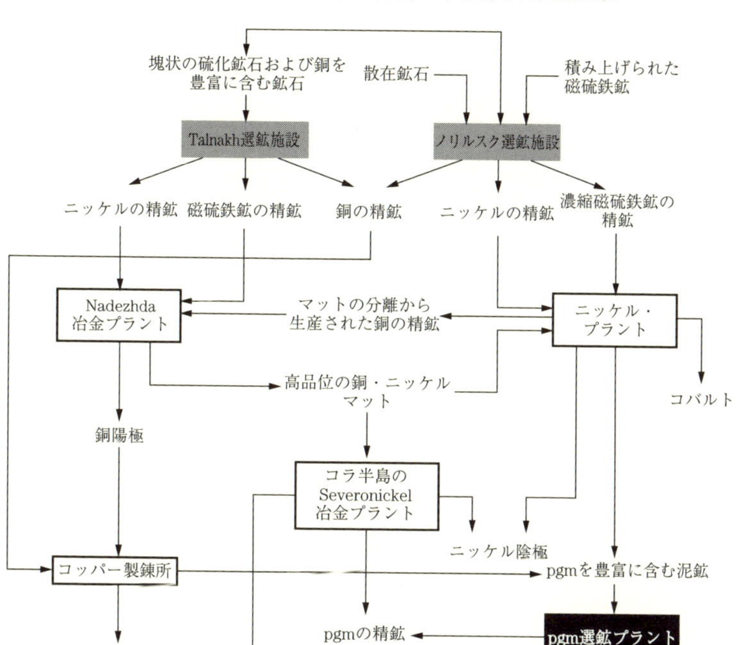

図表3-7　ロシア・シベリアのノリルスク・ニッケル精錬工程

3-5 ● 白金族の供給と用途

金や銀とは異なり白金族は産出量が非常に少なく、産出地域も限定されています。世界中で最大の産出国は南アフリカですが、近年ストライキなどにより産出量は減少しています（**図表3-8**）。白金族の推定埋蔵量

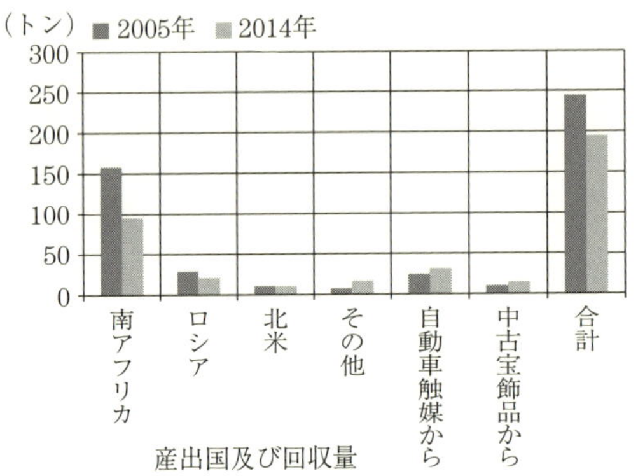

図表3-8　白金の産出国及び回収量

は世界中で約7万1000トン程度とされていますが、そのうち南アフリカが90%を超えるといわれています。

この地域のブッシュベルト複合岩体は層状塩基性岩および花崗岩質岩からなっています。その分布規模は東西480 km、南北240 kmに及び、層状の塩基性から超塩基性岩体としては世界最大級のもので、白金族元素を多量に含有しているため数多くの鉱山会社が操業しています。南アフリカのブッシュベルト火成複合岩体にはメレンスキーリーフのほかにUG 2リーフ、プラットリーフを合わせて埋蔵量は6万3000トンがあると推定されています。

南アフリカに次いで多いのがロシアのノリルスク鉱山ですが、埋蔵量は約6200トン、アメリカのスチルウォータが900トン、カナダのサドバリー310トン、その他の国で800トンの埋蔵量があると推定されています。

(1) 白金の供給と用途

図表3-9は白金産出量の推移を示します。2006年をピークに減少に転じています。

白金の主な用途は自動車の排ガス浄化触媒で、2006年までは毎年、上

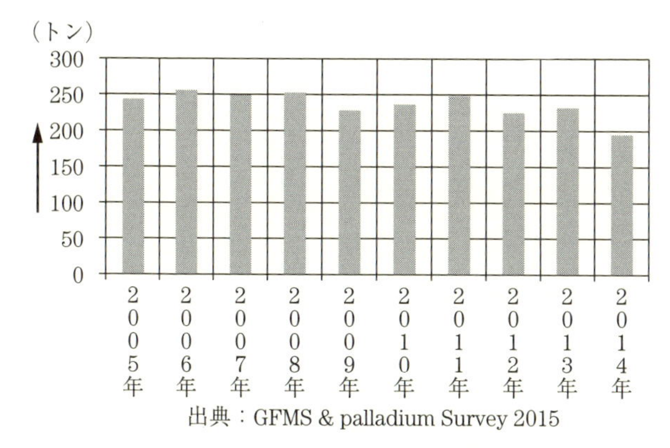

出典：GFMS & palladium Survey 2015

図表3-9　白金の年別合計供給量

昇を続けてきて60％近くを占めていましたが、その後減少して40％程度になっています。その他、装飾品として35％使われています。これまで白金の使用量は全体的に急増してきましたが、2008年秋のリーマンショックを契機に、エネルギー問題や環境に配慮する社会的背景によって新車の販売量が激減、大型車から小型車への移行、そのほかハイブリッド車、電気自動車など、環境に配慮した車の開発が進み、ガソリン車、ディーゼル車の需要の減退に影響され、排ガス浄化触媒としての白金使用量が減りました。また、白金の価格はパラジウムに較べて高いことから、ガソリン車、ディーゼル車共に白金からパラジウムへの切り替えが一段と進み白金の使用量が減少するという結果になっています。

しかし中国を始めとしてアジア諸国での需要は逆に増加の一途をたどっています。インドやそのほかの発展途上にある国々では、これからまだまだガソリン、ディーゼルを使用した車の普及は広がることが推測され、環境保全上の排ガス対策として触媒の需要は予断が許されない状況です。

装飾品や産業関係の用途向けも、リーマンショックを反映して全体的に減少、一方で中国の購買意欲が高くなり、この地域では大幅に増加しましたが、現在は沈静化に向かっています。

(2) パラジウムの供給と用途

パラジウムはロシアが最大の産出国で33%を占め、次に南アフリカが23%で、この2カ国で2009年の世界の産出量の56%以上を占めています(**図表3-10**)。最大の産出地であるロシアのノリルスクは、北極圏内に位置し冬は厳寒の地ですが、ここに銅・ニッケルのノリルスク・タルナク(Norilisk–Talnakh)鉱山があり、ニッケル1.8%、銅3%を産出しています。この粉砕鉱石中には白金族が1トン中10~11g含有していると推定されています。この含有量は南アフリカの白金族含有量の約2倍になります。この鉱床は火成貫入層に伴って生成された大規模な岩床、あるいは葉巻型鉱体です。南アフリカで採掘されている狭い連続鉱脈と比べ、はるかに広く、品位や成分構成も多様です。この鉱床で採掘される塊状の硫化鉱石は厚さが1~40mのレンズ型鉱床でニッケルが最も多く含まれ、白金族もこの中に、多いものは1トン中100gも含有しているものがあります。パラジウムと白金が平均的に1トン中12~14g含まれています。その比率はパラジウム3~4に対して白金が1の割合です。このほかに塊状の硫化鉱石を産出するレンズ型鉱床を取り囲むように形成している鉱床があります。この鉱床は銅を多く含み、ニッケルは

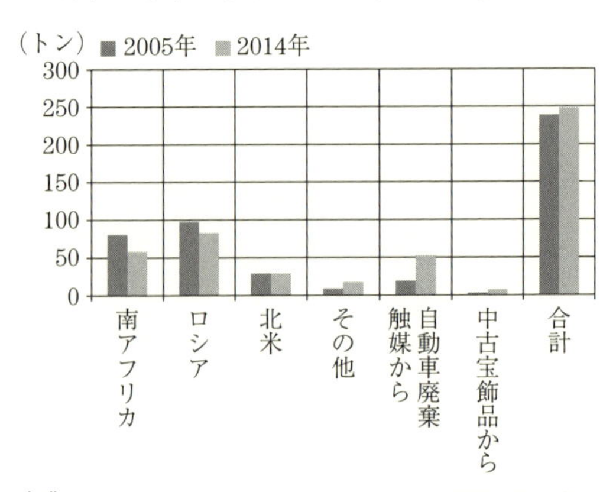

出典:GFMS PLATINUM & PALLADIUM SURVER 2015

図表3-10 パラジウムの産出国及び回収量

少なく、白金やパラジウムがレンズ型鉱床と同様に含まれています。それ以外に散在鉱石の産出層が広くあって、厚さが40〜50ｍの貫入鉱床に伴って形成されています。ここには鉱石１トン中５〜15ｇ含まれているといわれています。

ロシアでは、冷戦が続いた旧ソ連時代、産出状況は機密にされ、自由諸国ではその内容を知ることができませんでしたが、現在では徐々に明らかになってきました。

パラジウムの用途として最も多いのは自動車の排ガス浄化触媒用で全需要の69％を占め、その他にエレクトロニクス16％、装飾用に５％、歯科用に５％などとなっています。自動車は前述の白金と同様で、大きく減少しています。

イギリスがパラジウムに宝飾品としてのホールマーク刻印制度を導入した結果、欧州などでは男性用のブライダル市場でパラジウム需要が確立したことは特筆に値します。

(3) ロジウムの供給と用途

ロジウムは白金の約10分の１と全体に産出量が少なく、産出地も限られ、全体の86％を南アフリカが、次いでロシアが、この２カ国でほとん

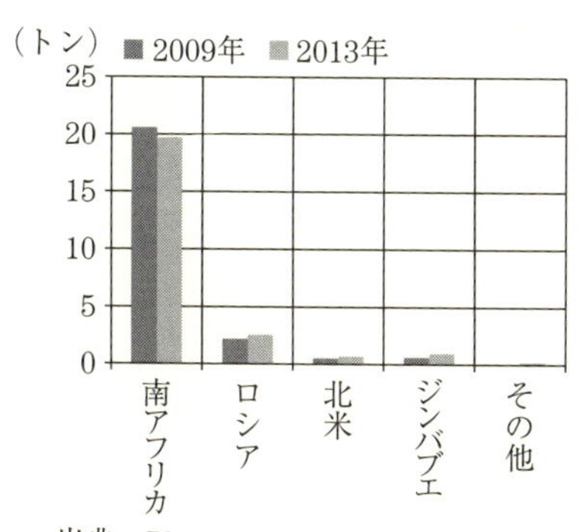

出典：Platinum 2013 Johnson Matthey

図表3-11　ロジウムの鉱山産出量

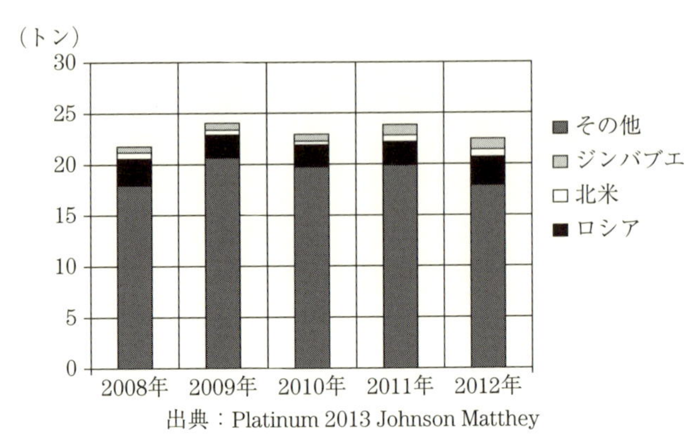

図表3-12　ロジウムの年別・国別供給量

どを占めます（**図表3-11**）。

ロジウムは82%が自動車の排ガス浄化触媒に利用されています。その他の用途としてはガラス溶解用装置の白金を強化するための合金材料として、また白色系装飾品の表面仕上げめっき用に使われるなどで非常に限られているのが特徴です。

しかし実は、ロジウムの鉱山からの産出量はこの自動車の排ガス浄化用触媒として使う量を賄うことができないほど少ないことが大問題です。実際の自動車に使用される量は、平均すると白金80%に対して20%程度です。ところが産出されるロジウム量は、ロシアの鉱石では11%、南アフリカの鉱石では12%前後です。ここ十数年間の実績からみても、産出量より需要量が多くなっています。それを補っているのが使用済みの自動車触媒からの回収ロジウムです。この廃車からの回収率は2005年から2009年を平均すると産出量の約22.5%になります。

ですが、2009年から2014年では約30%と増え、年々上昇していることがうかがえます。**図表3-12**にここ５年間での産出国と産出量の推移を掲げます。

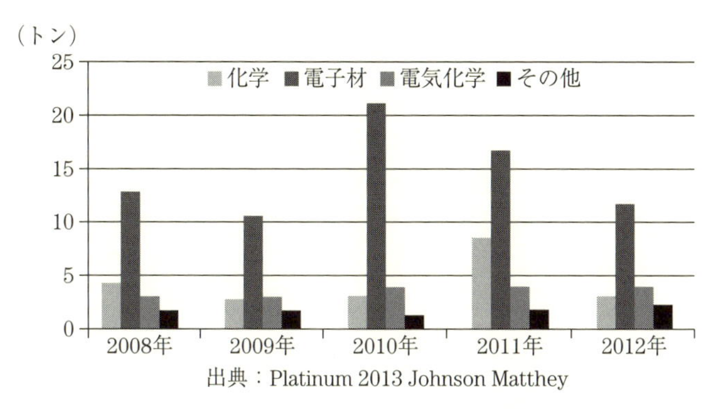

図表3-13　イリジウムの年別・用途別需要量

(4) イリジウムの供給と用途

電気化学工業の需要がやや増加したものの、苛性ソーダの生産設備がほとんどなくなったことや自動車用などスパークプラグの需要が停滞したため、イリジウム全体は2009年まで僅かずつ減少していました。しかし、電子産業におけるイリジウムるつぼの使用量が急増したことにより、2010年と2011年には**図表3-13**に示すように電子材の需要が大幅に増加しました。

しかし、中国では環境に配慮し、従来の水銀電解槽を使用したソーダ電解装置の電極法からイリジウムとルテニウムを電極にしたイオン交換膜電解法への転換を進められていますので、今後の需要拡大が期待されます。

(5) ルテニウムの供給と用途

電子産業でのチップ抵抗器用ルテニウム使用量が製品の減産と業界内の在庫削減、部品の小型化などを背景に減少、薄型テレビ市場では、プラズマ画面が液晶画面に市場を奪われ、プラズマ画面でのルテニウム使用量が落ち込みました。

2009年のはじめからルテニウムを使用する垂直磁気記録方式（PMR）

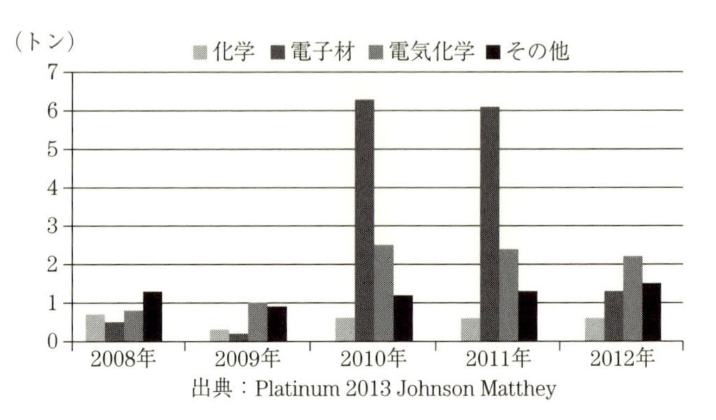

図表3-14　ルテニウムの年別・用途別需要量

のハードディスクに採用され、2010年と2011年には**図表3-14**に示すように電子材としてスパッタリングターゲットに大量に使用されましたが2012年には大幅に減少しています。ハードディスクの生産量は2010年に生産のピークを迎えましたが、その後は年々減少の傾向にあります。またルテニウムの供給は使用済み材料リサイクルによって新たな供給は少なくなり、新規投入分がわずかに増加した程度です。

化学工業用途では生産設備の新設が少なく、稼働率も低く、補充用触媒の需要量も減少しました。電気化学用の電極としての使用量もイリジウム同様、中国のイオン交換膜電解槽の技術的な改良が決まり、わずかに新規需要が生まれたにとどまっています。

第4章

貴金属を用いた製品例

本章では、なぜ貴金属が使われなければならないのか、そして用途、目的に合った機能・特性をどのように作り上げているかを具体的な製品の例で紹介します。

そして貴金属が私たちの生活の必需品であり、なくてはならない縁の下の力持ちになっていることなど実例をあげて解説します。

4-1●電気接点

電気接点は回路のインダクタンス、電圧、電流などの電気条件と、機器の構造、すなわち開閉機能を持つもの、摺動を続けるもの、静止しているものなど機械的な条件が組み合わされて、さらに電気的負荷すなわち大電流・高電圧から、微小電流・低電圧の負荷領域にわたってさまざまな使い方がされています。このような幅広い用途の中で、重負荷領域の電気接点材料には、遮断や摺動の用途に向いた材料として優れた電気伝導性以外に、主に融点が高く耐熱性があり、溶着しにくい特性を持っているタングステンやタングステンカーバイド、カーボン、モリブデンなどに銀を20～80%加えて、粉末焼結した材料が使われています（アメリカのASTM規格ではB 631-93、B 662-94、B 663-94、B 664-90、B 667-92に定められています）。

貴金属を使う電気接点は、中負荷から下の軽負荷、微小負荷の領域で多く使用されます（**図表4-1**）。

電気接点に求められる基本機能は、常に安定した接触と、確実な機械的開閉です。実使用では高電圧での放電や電弧（アーク）の発生による溶着・消耗・移転、使用環境からの汚染、酸化・硫化などの皮膜、これらによってもたらされる接触抵抗の増大による障害に耐える材料が必要になります。しかしながら微小負荷では表面が変質しにくい金などの材質で保護しますが、この場合には、粘着が生じることがあります。

一方で電気・電子製品がますます小型化するにつれ、接点材料にも微小で信頼性が高く、かつ長寿命化が求められています。こうした要求に対応して、これまでに各種の接点材料が開発されてきています。

(1) 銀系接点

銀は金属の中で最も電気伝導性や熱伝導性が良く、価格的にも最も安

名称	組成 (%)	融点 (℃)	硬さ (HV)	電気伝導率 IACS (%)	密度 (g/cm³)	用途
Au 系合金	Au-Ag 10	1055	30	25.4	17.9	低電流負荷用小型リレー スイッチ 整流子
	Au-Ag 20	1045	33	18.1	16.6	
	Au-Ag 40	1005	40	15.6	14.5	
	Au-Ag 90	970	29	48	11.0	
	Au-Ag 25-Pt 6	1100	60	11	16.1	
	Au-Pd 40	1460	100	5.2	15.6	通信用リレー
	Au-Ni 5	1020	140	12.9	18.3	通信用スイッチ・リレー
	Au 70-Pt 5-Ag 10-Cu-Ni	955	240	13.0	15.9	マイクロモーター用ブラシ スリップリング ポテンショメーター用摺動子
	Au-Ag 29-Cu 8.5	1014	260	13.8	14.4	
	Au 10-Pt 10-Pd 35-Ag 30-Cu-Zn	1019	270	5.5	11.9	
Pt 系合金	Pt-Ir 10	1780	120	7.0	21.6	マイクロモーター用ガバナー接点 自動車用フラッシャースイッチ
	Pt-Ir 20	1815	200	5.7	21.7	
Pd 系合金	Pd-Cu 15	1380	100	4.6	11.2	ポテンショメーター モーター用ブラシ
	Pd-Cu 40	1223	120	4.9	10.4	
	Pd-Ru 10	1580	180	4.0	12.0	フラッシャー用リレー
	Pd-Ag 30-Cu 30	1066	200	5.0	10.6	モーター用ブラシ
Ag 系合金	Ag-Pd 30	1225	60	11.5	10.9	低電流負荷用小型リレー マイクロモーター用ブラシ スイッチ
	Ag-Pd 40	1290	65	8.2	11.1	
	Ag-Pd 50	1350	75	5.7	11.2	
	Ag-Pd 60	1395	80	4.3	11.4	
	Ag-Cu 10	778	62	86	10.3	マイクロモーター用コミュテーター ロータリースイッチ　摺動スイッチ
	Ag-Cu 90	778	60	80	9.1	
	Ag-Cu 6-Cd 2	880	65	43	10.4	マイクロモーター用コミュテーター スイッチ
	Ag-Cu 24.5-Ni 0.5	810	135	68	—	
Ag 系粉末焼結	Ag-Ni 10	960	65	91	10.3	リレー 電磁開閉器、サーモスタット
	Ag-Ni 20	960	80	83	10.2	
	Ag グラファイト2	960	30	86	9.7	信号用スイッチ、NFB 遮断器、起動器
	Ag-W 65	960	120	52	14.9	
Ag 系内部酸化粉末焼結	Ag-NiO-MgO	960	130	92	10.5	中電流負荷用リレー スイッチ、ロータリースイッチなど 小型遮断器
	Ag-CdO 10～17	960	65～75	82～70	10.2～9.9	
Ag 系 Cd フリー内部酸化粉末焼結	Ag-ZnO 9.5	960	95	76	9.75	各種スイッチ 中電流負荷用リレー 小型遮断器
	Ag-SnO_2 11.7	960	110	70	9.9	
	Ag-SnO_2+In_2O_3 10.1～14.5	960	90～105	70～75	9.9～10.0	
	Ag-SnO_2+$Sn_2Bi_2O_7$ 012.6	960	105	73	9.95	

出典：貴金属の科学応用編、田中貴金属工業(株)

図表4-1　主な貴金属接点材料（中電流負荷以下）

いことから電気接点材料として単体または合金の形で多用されています。しかし融点および再結晶温度が低くて機械的に弱いこと、化学的には硫化しやすいことなどが短所です。機械的性質を改善する方法としてニッケルやマグネシウムを0.2～0.5％程度添加して内部酸化（銀は酸素を良く透過するため酸素中で加熱すると内部の酸化しやすい成分だけが酸化）することによって銀の電気伝導性を損なうことなく再結晶温度を高くし、強さを増し、放電による消耗を防ぐのでスイッチなどの接点に使われています。

また、銀に銅を7.5～25％合金して硬さと摺動性を高めると同時に、価格の低減を図りマイクロモーターのコミュテーターなどに使用されています。銀にニッケルを10～30％入れて粉末焼結した材料は接触抵抗が低くて耐消耗性に優れているのでリレーや開閉器用接点に使われています。さらに耐溶着性と摺動性を改良した銀―グラファイト系の焼結材料は信頼性が必要な交通信号機用の接点に使われています。

銀の融点と再結晶温度の低さにより生じる欠点を補うために、アーク放電などで起きる移転や溶着・消耗に強いカドミウムを８～17％含ませてこれを内部酸化または粉末焼結した材料が使われてきました。ところが、カドミウムが人体に有害なことからこれを含まない材料に置き換わってきました。現在では、すず、インジウム、亜鉛などの酸化物、またはこれらを組み合わせた材料にさらに適量のニッケル、ビスマスなどの酸化物を微細に分散して均質な組織にした材料が中電流以下の負荷で電磁開閉器（**図表4-2**）、リレー（**図表4-3**）、各種スイッチに使われています。リベット接点の外観例を**図表4-4**に、クラッドされている状態を**図表4-5**に示します。中でも銀―酸化すず―酸化インジウム-α（微量のその他酸化物）は微細な酸化物粒子を銀中に均一に分散させることによって、非常に細かい組織が得られています。

銀の弱点である硫化の改善には、金やパラジウムを50原子％以上合金することが有効です。しかし、小型リレーなどでは、表面の硫化防止、

図表4-2　電磁開閉器

図表4-3　リレー

図表4-4　リベット型接点

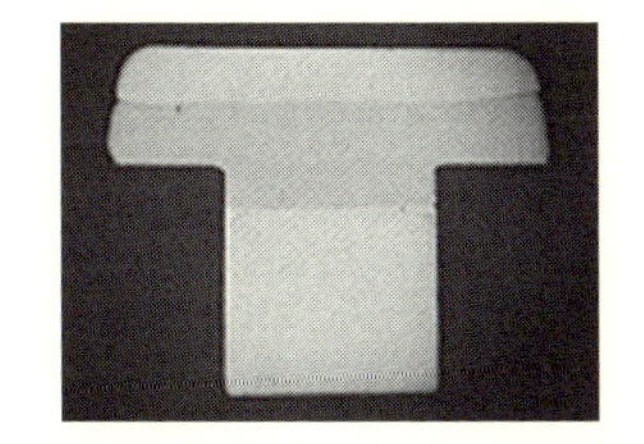

図表4-5　リベット接点の断面

初期の接触安定性、使用時の損耗の防止などで長寿命化が図られ、大気中で酸化しにくく接触安定性に優れている金または金―銀10%合金を表面に薄くクラッドして、その下層部に銀、あるいは銀―酸化物系材料、銀―パラジウム30～50%合金を1層あるいは複数層を積層し、損耗や移転に耐える工夫がなされています。

(2) 金系接点

最近では電子機器の小型化に伴って、低負荷の微小電流領域で高信頼性と長寿命化が求められ、微細で極薄の電気接点が必要とされています。こうした用途には、金系の接点が適しています。銀に較べて高価ですが、銀のように硫化しないことや酸化しにくく、電気的な負荷が小さく、接触信頼性を重視する小型リレー、コネクター、ポテンショメーターなどには、めっき・スパッター・クラッドなどで薄膜を形成して使われています。

しかし、使用環境によって、窒素酸化物や亜硫酸ガス、硫化水素などのある場所では数 ppm の雰囲気でも、接触抵抗を高める硫酸アンモニウムが生成して障害が発生する場合があります。そして純度が高いと金は粘着により解離不能障害が起きることがあります。こうした問題は金に銀、白金、パラジウム、ニッケルなどを適量合金して、その割合を調整することによって解決できます。

コバルトやニッケルを微量添加した金めっきは、接触安定性を保ち、粘着を防ぎ、かつ潤滑性を活かして機械的な強さを高めた通信機器用の各種リレーやコネクターなどに用いられています。

(3) 白金族系接点

白金族は、融点が高く、耐食性にも優れていることから非常に優れた接点材料で、宇宙、航空、自動車、船舶、電車などの安全性が重視される過酷な使用環境において本来の接点機能のほかに、広範囲の温度領域や高速移動による振動などの条件下で使用に耐えることが必要な箇所には適材です。

白金やパラジウムにイリジウム、ルテニウム、ニッケルなどを合金して、機械的性質を向上させ溶着や消耗に耐えて移転が起きにくい材料として使われています。例えば自動車のフラッシャーランプのように、点滅を繰り返す必要があるところでは溶着、損耗が発生しやすく、これに耐える必要があります。こうした箇所には、パラジウムにルテニウムを合金して融点が高く、硬くて接触の安定性が良い材料として使われています。

白金族系材料は摺り（摺動）接点として使用すると摩耗や雑音の発生原因になります。湿度があって有機ガスが存在する雰囲気下では白金族の持つ触媒作用によって黒色や褐色のポリマーを生成し、それが接触障

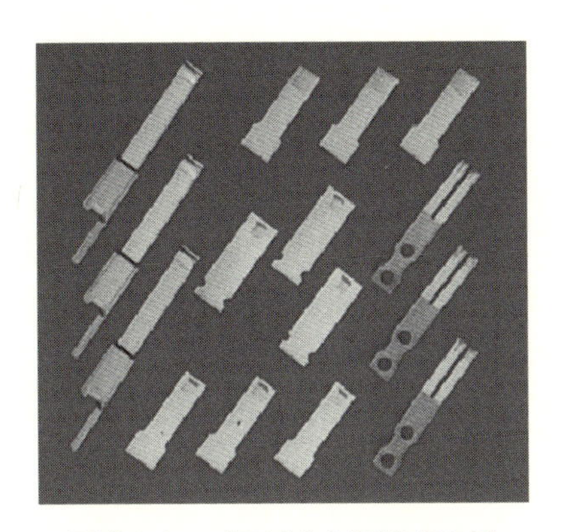

図表4-6　パラジウム系接点の例

害の原因になる場合があります。

用途例としては、純パラジウム、パラジウム－ルテニウム10％合金、パラジウム―銅15～40％合金、白金―イリジウム10～20％合金が自動車用フラッシャー、ポテンショメーター用ブラシ、マイクロモーター用ブラシなどの接点として使われています。

回路基板搭載型の低電流用小型リレー用接点、マイクロモーター用ブラシ、小型スイッチの接点（**図表4-6**）にはパラジウム―銀40～70％合金が使われています。

（4）電気接点の使用例

①マイクロモーター用接点

マイクロモーターは自動車1台当たりに数十個が搭載されており、パソコンや家電製品を始め各種機器の電動部分に大量に使用されています。

磁石のＮ極からＳ極に向かっている磁界を横切るように銅線が巻かれ、そこに電流を流すと機械的な力が発生する原理を利用した構造になっています（**図表4-7**）。

マイクロモーターは定められた回転数で一定の出力を均一に維持し続

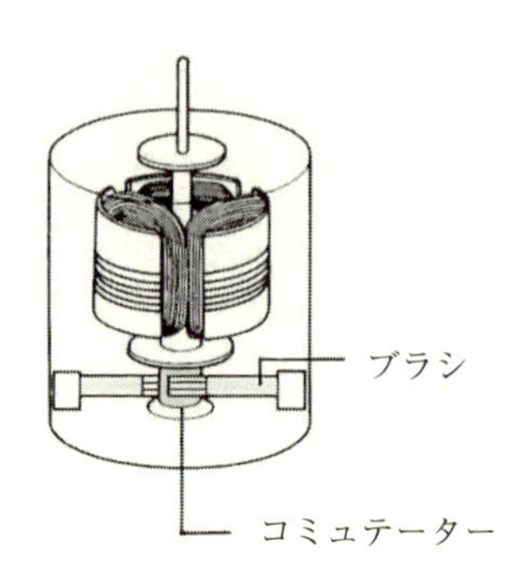

図表4-7　マイクロモーターの模式図

けることが命です。そのために各部品は厳選された材料で精度良く作られています。中でも最も過酷な条件を強いられる部品がコミュテーターとブラシです（**図表4-8**）。３回路に分割されたコミュテーターは回転するローター部分に接続され、瞬時にON/OFFする機能でコイルに流す電流を一定に保ち精度良く高速回転を維持し続けます。同時に長時間運転が求められ、そこに電流を供給するブラシ状の接触子と安定した接触を保ち続ける必要があります。

一般のモーターではブラシとして主に機械的摺動性に優れたカーボンが、コミュテーターには電気伝導性が良い銅とが組み合わされていますが、高性能マイクロモーターには貴金属が使われています。

この接触子としてのブラシはバネ性のあることが必須で、これには貴金属合金と非鉄金属バネ材料との組み合わせによるクラッド（複合）材料が使われています。以前はコイルバネの先端部に金―白金―パラジウム―銀合金（SP-１）、金―銀―銅合金（625 R）などがスポット溶接（抵抗溶接）されていましたが、コスト低減や生産性向上のためにクラッド材料をプレスして大量生産しています。

また、コミュテーターの材質は機械的な摺動性に優れた銀や、アーク特性（耐消耗性）の良いカドミウムが添加された銅合金でした。しかしカドミウムは有害なため使用されなくなり、現在では銅合金の台材の一

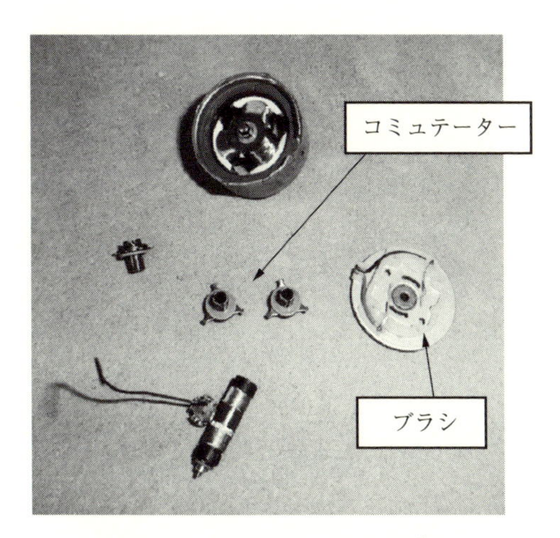

図表4-8　コミューテーターとブラシ

部分に、接触子材料として銀―銅４％―ニッケル0.5％合金などをクラッドしたものが圧延後にプレス成形されています。

またブラシは銀―パラジウム30％合金、銀―パラジウム50％合金、銀―パラジウム―銅合金、SP-1や、それを数層に積層した貴金属接触子で、バネ材料である銅―ベリリウム合金（JISC 1720：銅―ベリリウム1.9％―コバルト0.3％）に部分的にクラッドしてフープ材に圧延した後、コミューテーター同様プレスによって成形しています。

マイクロモーターの回転数制御は音響機器などに多く使われるようになった初期、昭和の復興時期にはガバナー方式と呼ばれる機械式が採用されました。このガバナー接点には貴金属のパラジウム―ルテニウム10％合金や白金―イリジウム10％合金が使われていましたが現在では電子制御になり接点が使われなくなってしまいました。

②継電器用接点

開閉器（スイッチ）は電気回路の電路を閉じたり開いたりするもので、スイッチを入れるとか切るとか、オンオフというような日常生活の中で普通に使われています。この開閉器を継電器（リレー）に組み込んで用いることにより電流を制御してさまざまな機器に利用しています。継電器は、コイルに電流を流すと磁界を発生し、いわゆる電磁石になる性質を利用しています。磁石は、鉄板などの磁性材料を引きつけますから、鉄板に開閉器を取り付けておけば、開閉器部分の接点が電流の有無に応じて閉じたり開いたりします。もともとは、有線通信における信号電流が伝送路を伝わる際に伝送路自体が持つ電気抵抗によって弱くなるのでこの弱くなった信号電流を中継する目的で発明されたものです。これがリレーという名称の由来になっています。リレーの持つ利点は電気的に独立した回路を連動させられることで、数Vの低い電圧の回路で、交流の100Vや240Vといった回路のON/OFFが可能です。

リレーは接点の構成により、メーク（電流が流れると接点が閉じる）、ブレーク（電流が流れると接点が開く）、トランスファー（電流が流れることで多数の接点が切り替わる）、ラチェット（電流が流れるたびに接点の開閉が切り替わる）、などの使い分けができます。これらの機能を利用して電気信号を送受信させ種々の機器の制御が行われます。

電気接点は電話交換機への適用で大変大きな役割を担ってきましたが、半導体の利用、さらには光通信の普及と変遷してきて通信機用に用いられる部分はどんどん減ってきました。一方で小型化されてプリント配線板への搭載が可能になり自動販売機やパチンコ台を始め自動車や家電製品など日常生活の至る所への使用が進み、発展が続いています。

接点の構成は銅—ニッケル合金のような台材に金や金—銀合金などを主とした1～数層の材料がクラッドされています（**図表4-9**）。銀を主とする合金は硫化しやすいので表層は金が主になっています。その理由は、小型化により微少な電流と低い接触圧で稼動しなければならないため、さまざまな環境にさらされても長期間安定して動作してくれる化学的に安定な性質が必要だからです。もちろん、できるだけ使用量を減らすために表層部分を湿式や乾式のめっきで覆ってしまうというような工夫も成されています（**図表4-9右**）。

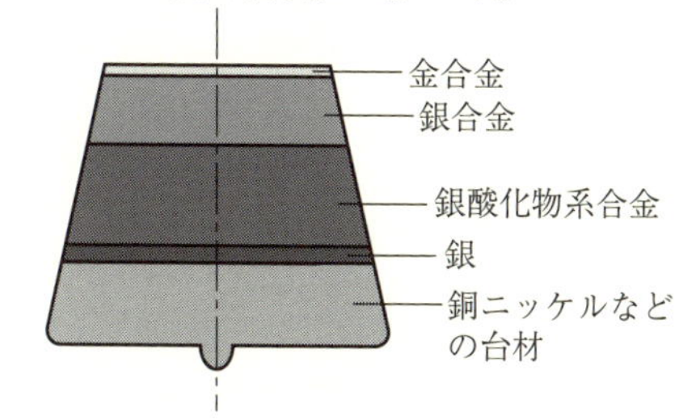

スパッタ加工例

・耐酸化
・省金化
・耐粘着性

図表4-9　接点の構造

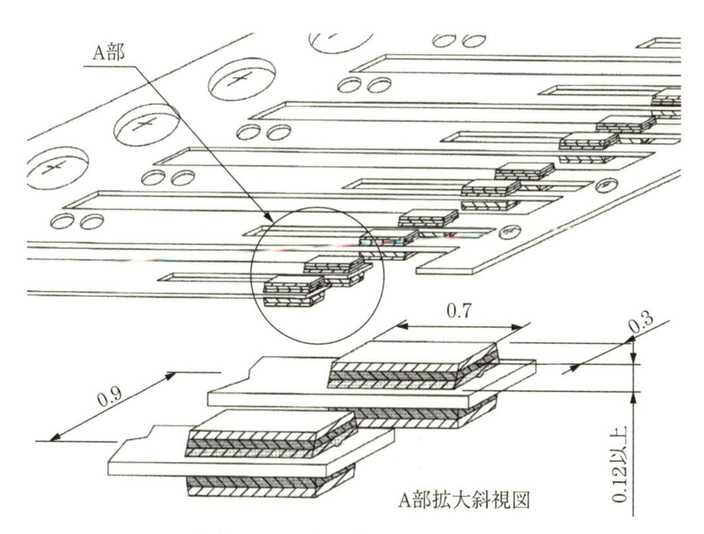

図表4-10　バネ材への接点の接合

この接点が**図表4-10**に示すようにバネ材料の所定の部分に接合されてコイルなどの他のパーツと組み込まれ電磁気力によって開閉するリレーの誕生となります。

③マルチワイヤーブラシ用接点

このタイプの摺動接点は、接触信頼性を確保できるので、各種のセンサーに多用されています。

例えば自動車のスロットルポジションセンサーに用いられています。ここで、スロットルバルブというのは絞り弁のことで、ワイヤーなどによってアクセルと連結されており、ガソリンエンジンに吸入される空気量をコントロールする役目を担います。

スロットルとはスロート（のど）にちなむ語で、喉のように空気を吸い込むことに由来しています。ガソリンの量に対応して吸入する空気の量を決めるためにバルブの絞り具合を調節して空燃比（空気と燃料の割合）をコントロールしています。絞り具合を調節するためにバルブの位置を検出するセンサーが必要で、このセンサーに接点材料が用いられています。

接点構成は、バネ材料に直径が数十μm（マイクロメートル）の極細線を並列に多数本並べて多点で接触できるように溶接したワイヤー接点タイプ（**図表4-11上**）や、バネ材料の接触部位にクラッドした板型タイプがあります。これらの接点を回路基板と対向接触させて電気信号を高い信頼度で読み取らせています（**図表4-11下**）。またこれらの接点材料自体にもバネの機能が付与されており、主に白金―金―銀―パラジウムなどの多元合金が用いられています。自動車にはスロットルセンサーとしての用途以外にもペダルセンサー、車高センサー、排気ガス再循環システム用センサーなどに数多く利用されています。

また自動車以外の用途としても、音響機器や温度調節器など電気抵抗値を任意に調節するボリューム（ポテンショメーター）や機器の内部にあって微調整に用いられる半固定抵抗（トリマー）などに利用されています。このタイプのマルチワイヤーブラシには数十本の白金―金―銀―パラジウム合金線をバネ材料の先端部に接合して接触の安定性を高めたものがあります。

④コネクター

コネクターはプリント配線板、電線ケーブルなどの電子回路において配線を機械的かつ電気的に接続するために用いられる部品のことで、通

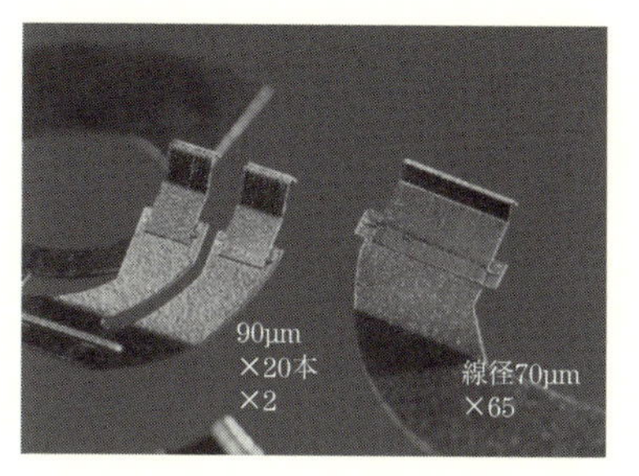

使用例

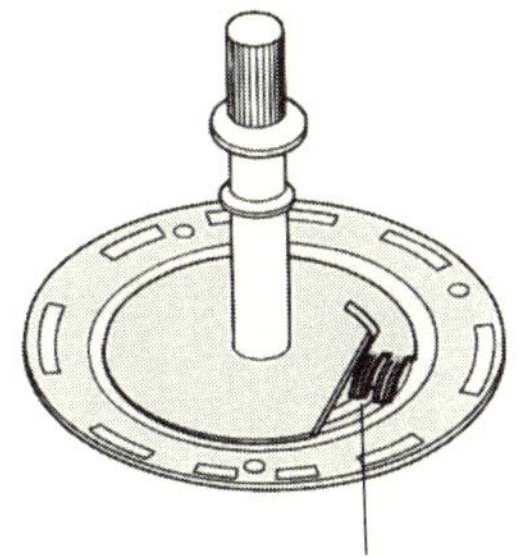

図表4-11　マルチワイヤーブラシコンタクト

常複数の信号を送受信できるように数本から数十本の端子を持った容易に着脱することができる静止接点です。

コネクターは電気電子機器を構成するうえで必要不可欠な部品であり、例えばコンピューター用のUSBケーブルやオーディオ機器で使うピンプラグを始め電子機器を相互に結ぶインターフェースとして身の回りの至る所で安定した送受信を維持するために大きな役割を担っています。今では超薄型のフレキシブルプリント回路（FPC：Flexible Printed Circuits）のように折り曲げ可能な柔軟性のあるコネクターも多く使われています。

複数の端子をすべて安定に接触させるため、しかも頻繁な着脱による摩耗やへたりに耐える特性が必要です。端子は電気信号を伝えるための金属製のコンタクトピンと、ピン同士を電気的に絶縁するための樹脂製のインシュレーターとで構成されています。コンタクトピンの材料はリン青銅やベリリウム—銅など電気伝導率の高い銅をベースにしたバネ性のある合金に金とその合金やパラジウムとその合金を複合した材料が主に用いられています。これらの材料は、長い間空気に触れていると酸素により電気的に絶縁体となる酸化皮膜で表面が覆われてしまいます。こうなると電気が流れにくくなり信号が伝わらなくなってしまいます。この酸化を防止して接触の安定性を保つ目的でコンタクトピン材料の表面を金などの貴金属でめっきするとか、あるいはクラッドするなどの処置が施されています（**図表4-12**）。

金は軟らかいため使用中に摩耗してしまう可能性が高いので、めっきの場合には金に微量のコバルトやニッケルなどを添加したハードゴールドと呼ばれる硬質めっきが有効です。

また、使用頻度が高くて摩耗の激しいような場合には貴金属を厚めにしたクラッド材料で長期の安定した信頼性が確保されます。

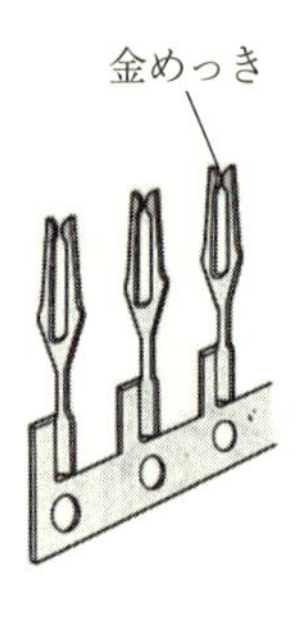

図表4-12　コネクターのピン先端に金めっき

4-2 ● 電子材料

(1) 金ボンディングワイヤー

ボンディングワイヤーはICチップ(半導体素子)上のアルミニウム電極とリードフレームの電極を電気的に接続する金属細線です。すなわち半導体素子の機能を外部に引き出す役割を担うための導線です。**図表4-13**に示すように接続しています。

この導線には金線のほかにアルミニウム線、銅線なども使われています。

電気伝導性は銀や銅が金に較べて高いにもかかわらず、これまでなぜ高価な金線がこれほどたくさん使われてきたのか、その理由は、金は耐食性が良くて変色しないこと、極細線に加工しやすいこと、溶融によってできるボールが真球性の良いこと、接合性が良いことなどが挙げられます。

銀は金よりも電気伝導性が良いにもかかわらず、硫化しやすく、エレクトロマイグレーションが発生し信頼性が低いという理由で使われてい

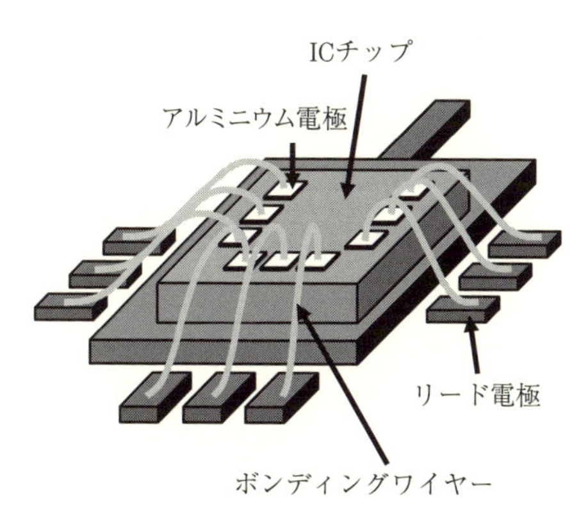

図表4-13 金線の接続模式図

ませんでした。また銅も同様に優れた電気伝導性がありますが酸化しやすく、耐食性が悪いことが問題でした。しかし、現在ボンディングワイヤーとしての銀や銅が見直され、大量に使われ始めています。その理由は、材料費が金より安くトータル的にはコストが1/3程度になること、金の電気比抵抗2.3μΩ·cmに比較して、1.8μΩ·cmと低く、機械的特性は金とほぼ同じためです。

そして、最も重要なことは高温における信頼性試験において、アルミニウム電極との金属間化合物の形成速度が遅いこと、すなわち金属間化合物の相互拡散速度が金／アルミニウム（Au/Al）よりも銅／アルミニウム（Cu/Al）の方が遅いために接合界面の電気抵抗上昇が少ないことです。

ボンディングワイヤーを接続する作業はワイヤーボンダーと呼ばれる装置を用いて行います。

この装置は高速で、速いものは１秒当たり20箇所もボンディングすることが可能です。また**図表4-14**に示すようにボビンから供給された金線をクランパーではさみ、一定長さをキャピラリー部に押し込み、ワイヤー先端部をアーク放電によって溶融し球状（**図表4-15**）に成形し、高速で接合位置に移動させ熱圧接または超音波接合します。アーク放電でのワイヤー先端溶融による真球形成時、析出物や酸化物を生成しないので、超音波や熱圧接による接合性が良好です。アルミニウム電極上に生成した酸化皮膜の破壊、接合後の引きちぎり高さ精度、接合位置で適正な高さにループを形成する機械的特性が必要です。また高速度で複雑なリバース動作によって生じるストレス、樹脂封止時における樹脂の流動抵抗による変形、破断に耐える機械的強さも併せて求められます。

ASTM（F 72-95）規格に金ワイヤーの純度は4N（Au 99.99%）以上の３種類と、金とほかの成分に規制のない特別仕様の１種類が規格化されています。

したがってワイヤーを加工するうえでは少なくとも5N(Au 99.999%)

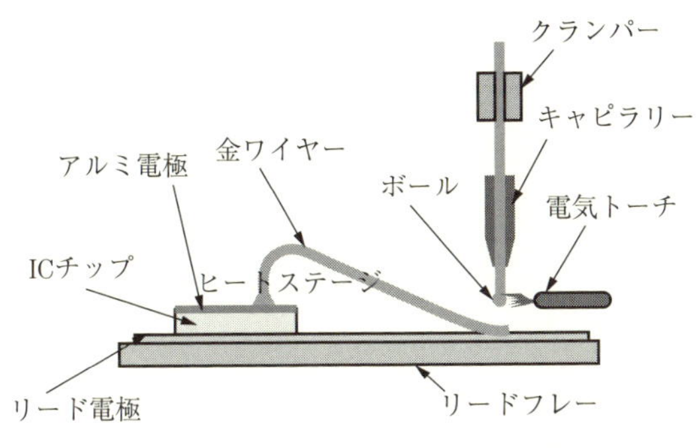

図表4-14　ワイヤーボンダーの構造

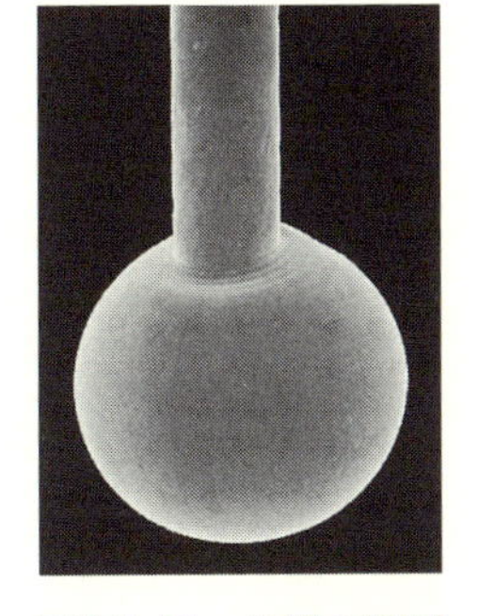

図表4-15　金線の溶融後の形状

以上に精製した原料を投入し、ボンディングワイヤーとして求められる機械的特性を出すために、原料に微量の添加物を入れかつ不可避不純物を含めて99.99%の純度を保つ必要があります。この微量な添加元素で機械的な強さを上げるには限界があり、さらに特性を高めるために、溶解、鋳造、伸線、熱処理やそれぞれの工程における加工スケジュールによって結晶粒子を制御するなどの工夫で必要とする機械的特性を出しています。

図表4-16に示すように、半導体素子との接触距離により、短ループや長ループに対応できる機能・特性を出しています。

短ループボンディング

長ループボンディング

図表4-16　ボンディングの例

金ボンディングワイヤーは使用上、曲がりがなく、所定のループ高さを維持できる機械的な特性は重要ですが、図表4-14に示すようにチップへの接合後、引張り荷重をかけて線を破断し、次の接合への準備として、電気トーチによって金線の先端部を溶融して均一なボール状（図表4-15）に成形できなければなりません。こうした均一なボールを作るための材料に仕上げる必要があります。

(2) スパッタリングターゲット

スパッタリングターゲットとはスパッタリングによって薄膜を形成するときの原料となる材料です。真空状態にしたチャンバー内にアルゴン（Ar）ガスを導入し、ターゲットとこのターゲットに対向させた基板間に電圧をかけます。するとアルゴンがイオン化され、高速でターゲットに衝突し、ターゲット材を粒子状に叩き出します。これがスパッタリング現象で、叩き出された粒子が対向基板に衝突して付着、堆積することにより膜が形成されていきます（**図表4-17**）。この方法は乾式めっき法（5-11(2) 乾式めっきの項参照）の一つで、ガラス、樹脂、セラミックスなどの対象となる基板物質を液体にさらしたりあるいは高温にさらしたりすることなく膜を形成できるという特徴があります。またターゲッ

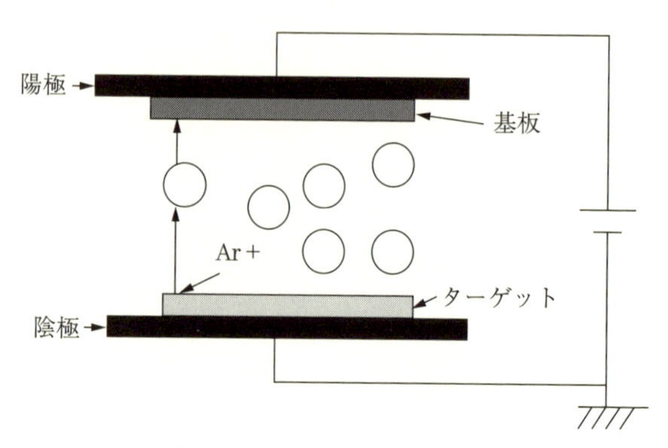

図表4-17　スパッタリング概念図

トの材質を任意に選んだり、別の種類のターゲットに交換することにより、いろいろな材質で層状に成膜することも可能です。チャンバー内に反応性のガスを導入しながらスパッターすると、例えば酸化亜鉛の膜が得られるというような反応性スパッタリングという方法もあります。

スパッタリング法は、半導体・液晶・プラズマディスプレイ・光ディスク・磁気記録ディスク・薄膜シリコン太陽電池など非常に広範囲の分野で利用されています。

ターゲット材は、金・銀・白金・パラジウム・ロジウム・イリジウム・ルテニウムおよびそれらの合金からなる通常数ミリの厚さの板でバッキングプレートにボンディングするもの（**図表4-18**）としないものがあり、プレーナー型と呼ばれる円形や矩形などの形をしていますが、そのデザインはスパッタリング装置メーカーの設計によるものですからそれぞれのメーカーや装置によって異なります。プレーナー型は平面を利用しているためその使用効率が約30％で、高価な貴金属材料の使用に当たっては大きなコスト負担となっています。この使用効率を約80％にまで向上させるターゲットが回転円筒型で、円筒を回転させることにより

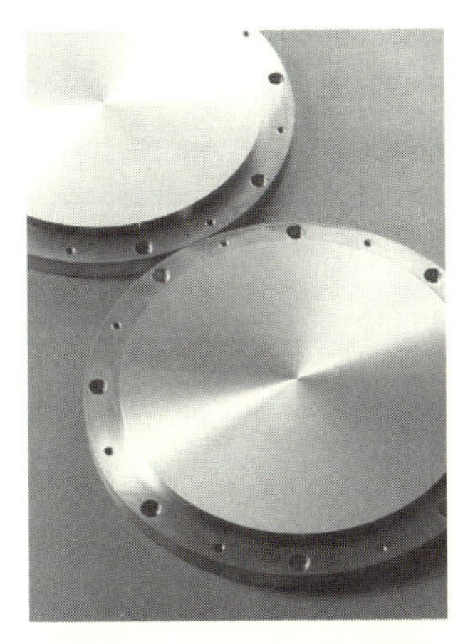

図表4-18　ターゲット材料例

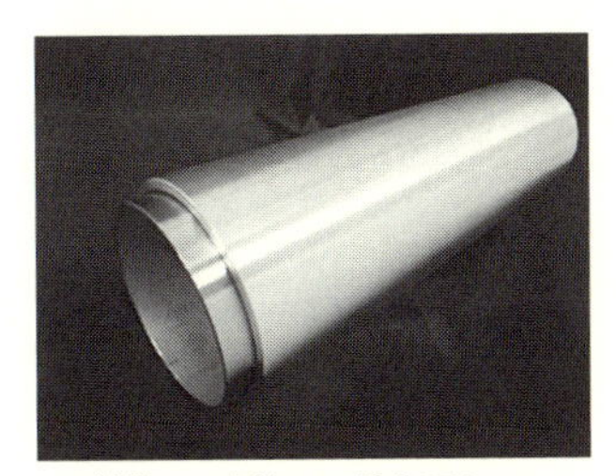

外径160×厚さ20×長さ2700mm

図表4-19　円筒型の銀ターゲット

スパッター面を常に移動できるという大きな特徴を有しています（**図表4-19**）。

薄膜として利用される貴金属は、電子材料分野において液晶、CD、DVDなどの反射膜や透過膜に、LED、電子デバイスなどの電極に、磁気記録用の媒体にとさまざまに活躍しています。このほかにちょっと想像しにくいところでは、装飾に用いられる金糸・銀糸の製造、食品関係の包装用プラスチック箔に、食品の見栄えの引き立てなどにも利用されています。

特にパーソナルコンピューターのハードディスクに記録層として形成される成分のコバルト—クロムには白金を添加した白金—コバルト—クロムが膜組成に重要な役割を担っていて垂直磁化に与える異方性に大きな効果をもたらしています。この技術はIT世界を次々に革新に導いていますので、これを成膜技術の成果の代表として説明します。メモリーの役割を担っているのはアルミニウムやガラスでできた、表面が非常に平滑な基板上にコバルトのような磁性の強い材料を主成分とした合金の薄い磁気層です。この磁気層の構成を**図表4-20**に示します。この合金成分の一つとして白金を添加すると、磁区を微細化して記憶容量を増大させると同時に熱的にも安定になります。また非磁性中間層にはルテニウムが用いられます。ハードディスク上の記憶容量は、磁気層に加える磁場の強さに依存します。したがって、白金を多く含有すれば磁気層の磁気特性が強くなり、データの記録密度を高めることができます。

実際、ハードディスクの記憶容量は1990年代半ばには250メガバイト

保護潤滑層　DLC（ダイヤモンドライクカーボン）
垂直磁性層　Pt-Co系
非磁性中間層　Ru
軟磁性層　Fe-Co系
基板　ガラス、Al

図表4-20　磁気記録層の構成

前後だったのが、今やテラバイトになっています。白金がこのような面で役立つとはかつては思いもよらなかったことですが、今ではなくてならないは存在になっています。

(3) ペースト

貴金属ペーストは電子工業用途を中心にその利用は広がっています。導電機能材料として微細で精密、かつ複雑な回路を形成するのに都合が良い材料です。セラミックスなどの基板材料の上に回路を印刷して、それを焼成炉で焼き付けると、正確、精密な回路パターンがきれいに形成できます。

ペーストは貴金属の粉末や有機金属化合物などをガラスフリット、金属酸化物などを粉砕したバインダーと樹脂などの接着剤・結合材、溶剤からできているビークルと混練し均一に分散させて一定の粒度にそろえます。セラミックスなどの耐熱性機材の上に、用途・目的に合った寸法、形状に成形するための材料です。各種の非導電性の基板材料に塗布後焼成して電子部品としての導電性や抵抗体などの回路機能を持たせたデバイスとして、また導電接着機能があるので塗布硬化により電子機器部品の組み立てやパッケージングに用いられています。

ペーストが使われている用途と材料の種類について**図表4-21**に示します。またペースト原料となる貴金属粉末の一例を**図表4-22**に示しましたが、材質の種類や製造方法に応じて粒度や形状はさまざまで、使用用途によって選択されています。

材料としてはオスミウムを除くすべての貴金属材料が使われています。金、銀、白金、ロジウム、パラジウム、イリジウム、ルテニウムの単独またはその２種か３種を複合して使用しています。この複合の仕方は微量の添加物として粉末を適量混合分散させるか、あるいは粉末の製造過程で共沈法によって擬似合金をつくるなどの方法も採られています。このような複合化は銀とニッケルなどのように金属同士では合金し

用　　途	導体材料 導体ペースト	抵抗体材料 抵抗ペースト	誘電体材料
ハイブリッドIC ・アルミナ基板 ・窒化アルミニウム 　基板	銀／パラジウム 銀／白金 銀 銅 金	ルテニウム酸化物 銀／パラジウム	クロスオーバー用 印刷多層用 N_2焼成用 オーバーコート用 ガラスペースト
抵抗器	銀 銀／パラジウム	ルテニウム酸化物 銀／パラジウム	オーバーコート用 ガラスペースト
各種センサー	白金 金	白金／パラジウム ルテニウム酸化物	オーバーコート用 ガラスペースト
積層セラミックス デバイス LTCC	銀 銀／白金 銀／パラジウム 金	ルテニウム酸化物 銀／パラジウム	オーバーコート用 ガラスペースト
タンタルコンデンサ	コート用銀 カーボン 銀接着剤	—	—
厚膜感熱 プリントヘッド	金 金／MOD	ルテニウム酸化物	オーバーコート用 ガラスペースト
パネルディスプレー	銀 金 MOD／金	—	—
ヒーター	銀／パラジウム	銀／パラジウム	オーバーコート用 ガラスペースト

図表4-21　ペーストの用途と材料の種類

ない材料や銀と炭素などのように金属と非金属とを組み合わせるのに適した方法の一つです。

厚膜ハイブリッドICや抵抗器には、導電材料として銀／パラジウムが主に使われ、銀／白金も使用されています。

銀／パラジウムは焼成により合金して全率固容体を作りますが、銀／白金は、白金の銀に対する固溶限が小さく、含有量が0.5～5％と低いので、パラジウムを10～30％含む銀／パラジウムよりも価格的には有利な点があり、民生用や自動車搭載ICには銀や銅と共に用いられています。しかし銀／パラジウムのパラジウムを減らしてコストを下げる工夫もされています。

厚膜材料の用途として、車載用部品への適用例はECU、ABSなどの

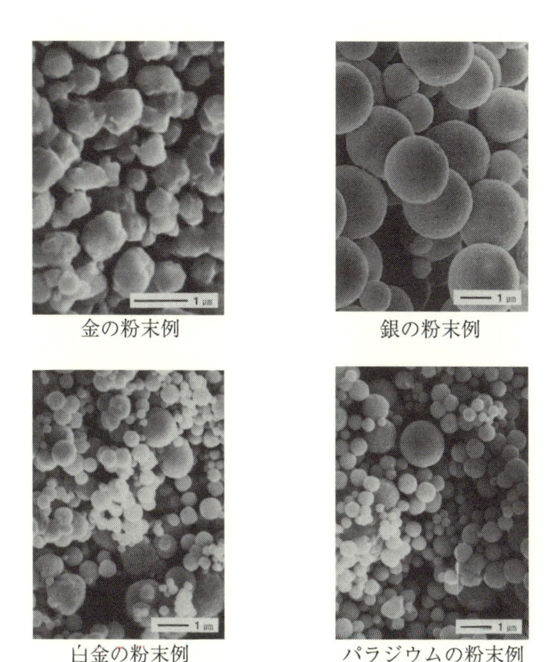

金の粉末例　銀の粉末例

白金の粉末例　パラジウムの粉末例

図表4-22　貴金属の粉末

制御回路、酸素（O_2）センサー、シートセンサー、アクチュエーター、フューエルセンダゲージ、オーディオ、通信機器の電子部品、エアバッグセンサーなどです。

携帯電話にはSAWフィルター、チップアンテナ、アンテナスイッチ、フロントエンド、パワーアンプ、チップインダクター、チップ抵抗器、チップコンデンサーなどさまざまなものが使われています。

宇宙用、軍需用、医療用など特に高い信頼性が必要な箇所には金ペーストが、その他産業用ではコンピューター用、宇宙通信用などに金／パラジウム、金／白金、銀／パラジウムなどが使われています。

抵抗材料としてルテニウム酸化物、ルテニウム酸化物／ビスマス酸化物、銀／パラジウムが使われます。積層セラミックスコンデンサーの内部電極には白金、パラジウム、銀／パラジウム、銀／白金が、外部電極には銀が使われています。高温焼成用銀ペースト及び低温硬化型銀ペーストには銀が、導電接着材として銀・金・銀／パラジウム・銀／白金が、センサーには白金・金・金／ルテニウム・金／パラジウムなどが使われます。

このようにペーストは導体、抵抗体、絶縁体、導電性接着剤などとして使用目的と用途によってそれぞれに適した使い方がされています。

抵抗器用に非常に有効な材料に酸化ルテニウムのペーストがあります。酸化ルテニウム（RuO_2）は安定な酸化物ですが電気比抵抗が3.5×10^{-5}Ω·cmと酸化パラジウム（PdO）の1Ω·cmに較べれば低く、温度係数（TCR）が小さいので、一つの抵抗器の系列で、低抵抗から高抵抗までを実現できる利点があり、幅広く使われています。

コンデンサーなどの積層セラミックスは、生乾きのグリーンシート上にペーストで内部電極となる部分を印刷し、乾燥・焼成して部品とします。

高温焼成用銀ペーストは300℃以上の焼成向けに、古くからコンデンサーやサーミスター、バリスタなどの回路素子の電極や、ガラス基板に導電回路を形成するために使われてきました。例えば、ガラス基板用には蛍光表示管やプラズマディスプレイ、調理用ヒーター、自動車用には曇り止め回路や、FMアンテナ回路など400℃～650℃で焼成されています。

低温硬化型銀ペーストは300℃以下の温度で硬化するタイプで、銀粉と樹脂剤からなっていて、導電皮膜を形成するものです。焼成しないで導電性を高めるためにフレーク状の銀粉が使われています。

導電性の接着剤として、部品と部品、部品と機能素子・能動素子の直接接着に使用されています。

センサー用には金属、金属酸化物の触媒作用や耐湿性、耐熱性、導電性などの性質を利用し、ペーストを使って薄膜化したセンサーが作られています。例えば白金の測温抵抗体、厚膜熱電対、風速センサー、風量センサーなどへの応用が行われています。

そのほかに有機金属ペースト（MODペースト）があります。これは古代から陶磁器の絵付けや装飾品などに金や白金で絵や字を書くために使われてきた古くからある技術を基に現代の電子工業用途に開発されたものです。貴金属成分が有機成分と化合し、有機溶媒中に溶解して一定の粘度と均一な焼成膜を得るために樹脂が添加されたものです。このペーストは1μm以下の緻密で均一な皮膜を作ることができるので幅20～30μmの微細配線やサーマルプリンターヘッドなどの電極や抵抗材料として金および酸化ルテニウムの有機金属（MOD）ペーストが使われています。

(4) プリント配線板

プリント配線板が使われ始めた当初は信頼性を高める目的から配線材料にはほとんど金が使われていました。金めっきは主にエポキシ樹脂基板の端子部を始めダイボンディング部、コネクターピン接続部などに多く使われてきました。しかし最近はプリント配線板も多様化しフレキシブル配線板、セラミックス配線板などのほか、電子部品の小型化と三次元的な積層により占有領域が微小化され、多層配線板では微細孔内部のスルホールやビルドアップバイヤホールなどの表面の金めっきなどに使われています（**図表4-23**）。

使用される貴金属の大部分が金であり、めっきの厚さは0.5～2.5μmで、金99.8%―コバルト合金のシアン系酸性浴を使用しためっきです。

セラミックス配線板を始めダイレクトボンディングエポキシ樹脂配線板やフレキシブルキャリアフィルムのように、ICチップが直接搭載されるめっきはICフレームと同様に、シアン系中性浴から得られる純金めっきが用いられています。

またスルホール部には、特に付き回りに優れた非シアン系の光沢純金

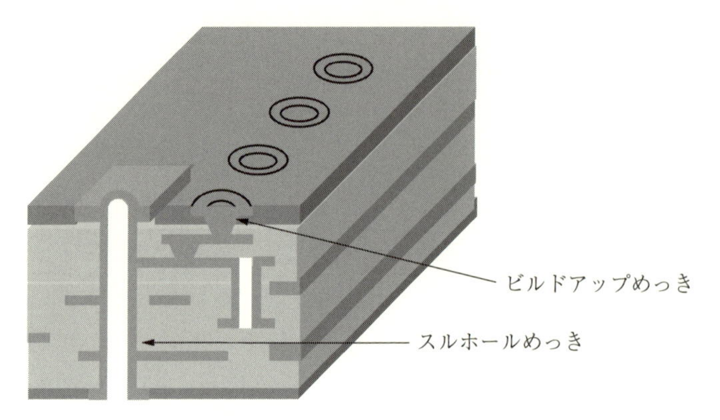

図表4-23　多層プリント配線板

めっきが有効です。

1枚の配線板内にコネクター部分・はんだ付部・ICボンディング部といくつかの要素が集合している個所には、厚さが1～2μmの金―コバルト系硬質めっきに加えて、純金めっき0.5～1.0μmを部分的に重ねた二重めっきが施されています。電流密度が高くなった弱酸性金99.9%―コバルト合金めっきを用い、従来の10～20倍となる高効率の10～15秒で1μmの高速めっきができるようになっています。しかも近年、全面に金めっきする場合は集積度の高密度化と同時に鉛フリー化に対応して、電解めっき浴よりも無電解めっき浴が使われています。また0.1μm以下の厚さにめっきする薄付けタイプと0.1～1.0μmの厚付けタイプがあります。厚付けは防錆目的よりも、ボンディング条件を向上させる目的で施されています。

(5) スパークプラグ

スパークプラグは燃料を着火する際に電気的に火花を発生させるための点火プラグのことで、**図表4-24**に示すような外観をしており、オートバイや自動車、航空機などにおけるエンジンのシリンダー内に取り付け

外　観

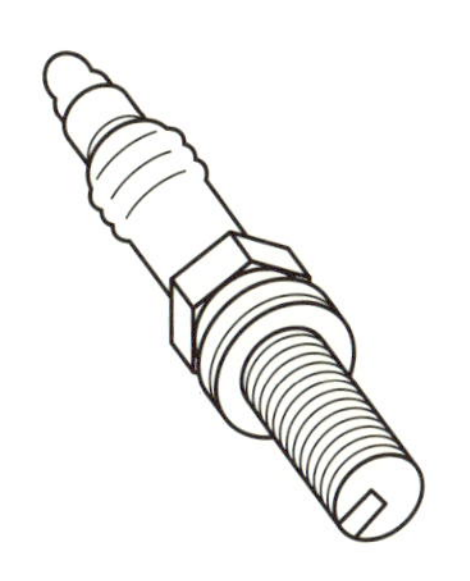

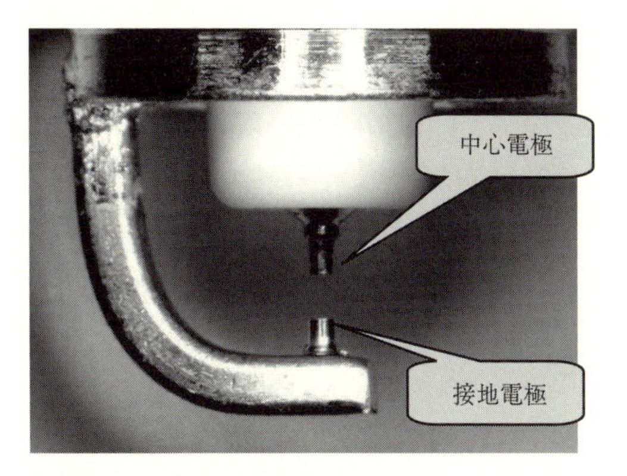

図表4-24　スパークプラグ

て、電気放電によって点火させるというのが最も身近なところにあるものです。自動車のエンジンに対しては、昨今盛んに叫ばれている環境への負荷軽減を背景に、排ガス規制への対応と共に燃費の向上が強く要求されています。

したがってスパークプラグにも単なる耐熱性や耐食性などに加えて、さらに着火性の向上や長寿命化が大きく望まれるようになってきました。エンジン内では毎分数百回から数千回の点火が行われています。この点火は通常数万ボルトの電圧がかかると適切なスパークが発生するようになっています。スパークが発生すると空気と燃料の混合気体は高温・高圧力で燃焼反応を起こし発火に至ります。こうして発火した小さな炎がシリンダー内全体の混合気体に爆発燃焼を伝播して高いエネルギーを生み出す仕組みになっています。点火の際の燃焼により発生するカーボン（煤）が電極部に付着すると電気がリークして火花が出なくなり失火（ミスファイア）の原因になります。これを防ぐにはプラグ自身を高温にしてカーボンを焼き切る自浄作用を持たせることですが、高温にしすぎると早く着火してしまったり、ひどい場合にはプラグ自体が焼損してしまうことも起きるので、熱の保持と放熱のコントロールが大切になります。この特性が熱価と呼ばれ数値や記号で示されます。

構造としては絶縁されたプラグコードが中心電極に接続され、点火プラグのシェル側に設けられた接地（側方）電極との間に高電圧（数万ボルト）がかけられて放電し、火花を発生させるようになっています。電極部分は図表4-24に示すように直径0.4～0.8 mm ほどの小さなチップ状で、材料には一般的にニッケル系が使われてきましたが、条件として放電消耗が少ないこと、熱伝導性の良いこと、高温での機械的性質に優れていることなどの特性向上が求められ、これらの条件を満たす貴金属が用いられるようになってきました。こうして登場してきたのが金―パラジウム系合金ですが、より安定した火花放電と、より低い放電消耗を求めて、さらに融点の高い材料が開発されています。電極の消耗は主に燃焼室でのプラグの温度上昇により、材料が酸化して侵食されたり、結晶粒が大きくなり粒界から脱落することによって生じます。この現象を小さくするためには、酸化しにくく融点の高い材料が有効なわけです。それが白金を主成分とする材料で、白金―ニッケル合金、白金―ロジウム合金、白金―イリジウム合金などです。現在では、走行距離が10万 km 以上、さらには廃車に至るまでメンテナンスフリーを可能にする目的で、イリジウムを主成分としてこれに少量の白金やロジウムを加えた合金材料が主流となりつつあり標準的に搭載されると共にさらなる開発も続けられています。

図表4-25に電極の火花消耗特性を示します。1 mm 間隙で対向させて150時間スパークさせたときの消耗状態です。ニッケル系は激しく消耗して大きな間隙になっていますが、白金系やイリジウム系は間隙がほとんど広がっていません。また白金系は溶融していますがイリジウム系は溶けずに残っています。

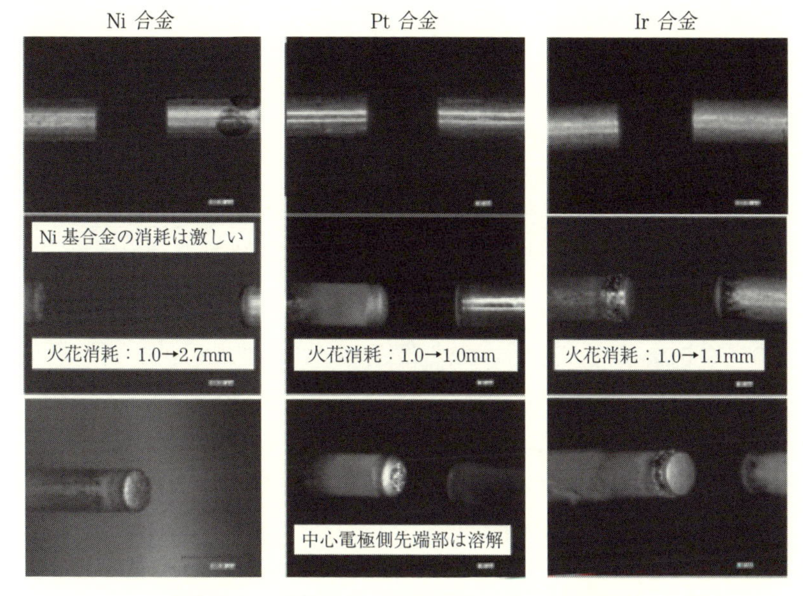

図表4-25　電極の放電消耗特性（火花消耗試験）

(6) バンプ形成

バンプは半導体チップと回路基板を電気的に接続するために、半導体チップ上に形成した高さ数～数十μmの金やはんだなどで形成された突起のことをいいます。例えばLSIチップと回路基板を電気的に接続するために、回路基板上にバンプを形成し、電極パッドと接触或は金属的に結合することに用いられます。

液晶ディスプレイ用ドライバーやメモリー、ゲートアレイ、マイコンなどに使用するICの実装時、ICの電極に金のバンプを形成し、基板やフィルムキャリヤを接続します。このバンプ形成にはシアンを含まない中性の金めっき液が使われています。これはシアンによってフォトレジストへのダメージを防ぐためで、もちろん作業環境や使用済みめっき液の処理などを考慮したものです。めっき方法には電解めっきと、無電解めっきの２通りがあります。

電解めっきではアルミニウム電極上にバリヤーメタルとして密着性が良いチタン、クロムなどを、その上に金と合金化しやすい銅、パラジウム、タングステンをつけ、さらにその上に金をスパッタリングしてレジストパターンを作り、電解めっきでバンプを形成して、その後にレジストとバリヤーメタルを除きます。

無電解めっきではまずアルミニウム電極に亜鉛を置換めっきし、無電解ニッケルめっきによるバンプを形成後、置換型無電解めっきによって0.05～0.5μm程度の厚さに金を析出させます。

高さが高くピッチが微細なバンプにするには垂直なストレートウォールバンプが必要になります。バンプは変形しやすいように軟らかく、側壁部のストレート部が垂直で均一な高さが望まれます。大きなウエハーの場合は特に全体の均一性が必要です。正確な寸法のバンプを得るには、めっき液だけではなく、めっき装置のアノードとカソードとの位置関係による電流分布のばらつき、めっき液の流れ方などに大きく影響されます。

また、金めっきバンプに代わり、**図表4-26**に示すように、新たにパラジウムめっきによるバンプが開発されています。めっきとしては金よりも難しいのですが、金よりも硬いので形が崩れにくくピッチ間を狭くで

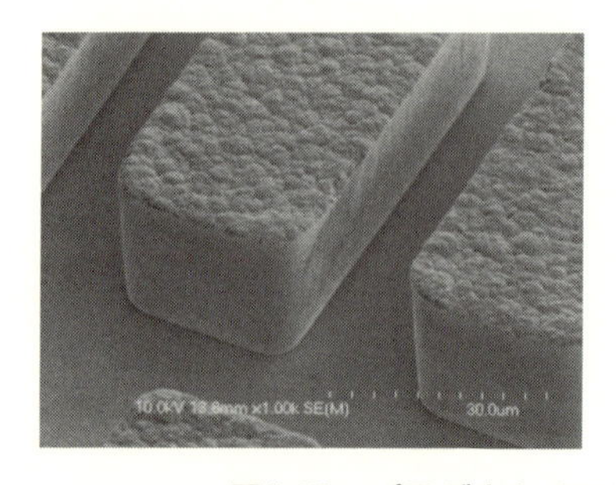

図4-26　パラジウムのストレートウォールバンプ

きるという特性と併せて価格上のメリットに大きな利点があります。

このほかに、ワイヤーボンダー（4-2(1)項参照）を利用して、金やはんだの線材から直接バンプを形成するワイヤーバンピングも行われています。

4-3 ● 温度制御材料

(1) 熱電対

異なる種類の２本の金属線を先端で接続して閉回路を作り、この一端を加熱して両端に温度差を与えると**図表4-27**に示すように回路中に電流が生じます（電流の向きは温度の大小によって変わる）。この現象は1821年にドイツの物理学者トーマス・ゼーベックによって銅とアンチモンとの間で発見され、ゼーベック効果と名付けられています。この電流を発生させる起電力を熱起電力（thermoelectromotive force、EMF）といい、直流の微少な電圧（１℃当たりで数マイクロボルト）で両端の温度差に対応した値を示します。熱起電力の大きさは、金属線の形状と長さや太さ、両端以外の部分の温度などには関係しないので、この現象を利用して一端の温度を（基準接点として）一定に保てば他端の温度を知ることができます。この原理を応用した温度センサーが熱電対と呼ばれるものです。熱電対は温度差が検出要素になるので基準接点を常に一定（原則として０℃）に保つことが大変重要です。通常の熱起電力表はこ

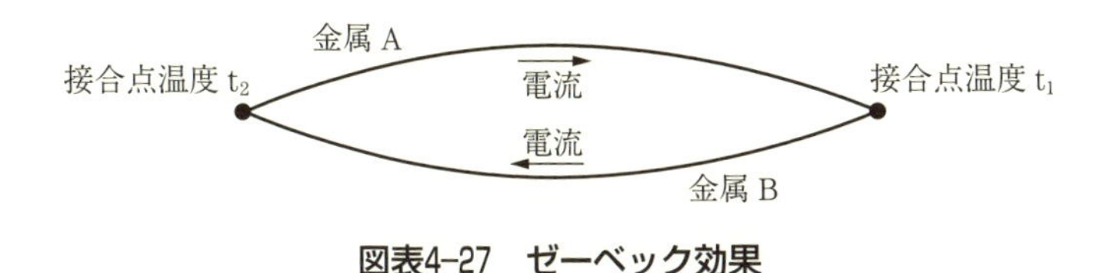

図表4-27　ゼーベック効果

れをもとにして表されています。

また熱電対には次のような３法則と呼ばれるものがあります。

①均質回路の法則

対になっている両金属が材質的に均質であれば、熱起電力は両端の温度のみによって決まり、途中の温度分布には左右されない。

②中間金属の法則

いくつかの異種金属で構成された回路での熱起電力の合計は、回路全体の温度が等しい場合は０になる。つまり中間に異種金属が入っても熱起電力には影響しない。

③中間温度の法則

両端の温度 t_1、t_2に対応する熱起電力 V_{21}、t_2、t_3に対する熱起電力 V_{32}と t_1、t_2に対する熱起電力 V_{31}の間には、$V_{21}+V_{32}=V_{31}$が成り立つ。この法則により、基準接点の温度が０℃でなくても熱起電力値が計算で求められる。

これらの法則は原理的には正しいものですが、実際には一度使うと程度の大小はあっても必らず不均質を生じます。

具体的な測定方法の例を**図表4-28、4-29**に示します。

貴金属製の熱電対は、貴金属の特性を活かして1000℃を超えるような高温域での温度測定に有用で、産業界のあらゆる分野で多用されています。

通常使用されているタイプはJIS（日本工業規格）で決められている白金／白金―ロジウム合金のS、Rですが、高温用に白金―ロジウム／白金―ロジウム合金があります。

白金―ロジウム合金が溶融してしまうような2000℃もの高温測定に対しては⊕極にイリジウムを、⊖極にイリジウム―ロジウム合金を用いて融点を高くした熱電対もあります。また、絶対零度付近の極低温測定には⊖極が金―鉄0.07％合金、⊕極がニッケル―クロム合金の熱電対があります。JIS規格で定められている熱電対以外の例を**図表4-30**に掲げま

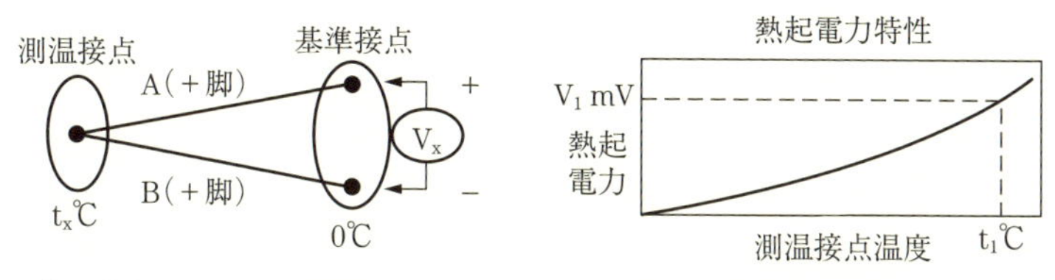

熱電対を用いた温度測定では、両端接合部の温度と熱起電力の関係が既知の金属を組合せ、接合部の一端を切り離し、その間の熱起電力を測定することにより温度を求める。なお熱起電力特性は、一般的には基準接点温度が0℃のときの測温接点温度と熱起電力の関係として表される。JISの基準熱起電力表も同様。

図表4-28　氷点式基準接点

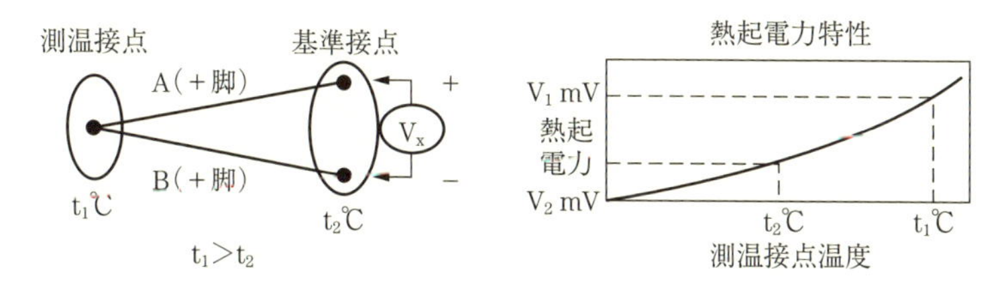

基準接点温度が0℃でない場合は、基準接点温度を別の温度計で測定し補正をする必要がある。

熱電対の発生起電力：$V_x[mV]=V_1-V_2$

基準接点を0℃とした時の起電力：$V_x+V_2=V_1 \Rightarrow t_1$℃

図表4-29　補償式基準接点

JIS規格外の熱電対

名　　称	⊕極	⊖極	使用温度範囲
金—鉄／クロメル	Ni–Cr	Au–Fe 0.07%	極低温
白金ロジウム	Pt–Rh 40%	Pt–Rh 20%	1100〜1600℃
イリジウム／ロジウム	Ir	Ir–Rh 40%	1100〜2000℃

図表4-30　熱電対の規格

す。

使用時の構造としては、磁性管で絶縁した熱電対素線を金属製や磁性の保護管に挿入してそのまま利用される標準型、金属製の鞘（シース）にアルミナやマグネシアなどの絶縁粉末を介して封入したシース型、溶鉱炉中の鉄の温度を測るためカートリッジに納められていて、溶鉄中に投入されると消耗してしまう消耗型、半導体製造時の拡散炉中の数カ所の温度を同時に測るためのプロファイル熱電対と呼ばれる多点型などさまざまな形でいろいろな場所に使われています。

測定点から熱起電力受信器までの距離が長い場合は、一般には途中からリード線に結線して高価な貴金属熱電対の使用量を節減します。このリード線は補償導線と呼ばれていて、熱電対の種類に応じて室温付近では類似の熱起電力特性を示すものが用意されています。

(2) 白金測温抵抗体

金属は温度が上がると電気抵抗値が上昇し、逆に温度が下がると低下します。これは温度が上がるにつれ金属原子が激しく熱振動して、伝導電子の散乱が大きくなり電子が移動しにくくなることによります。この現象を利用した温度センサーが測温抵抗体で、抵抗値の変化から温度を知ることができます。抵抗体として実用されているのは白金、ニッケル、銅などで、原理的にはどんな金属でも使えるのですが、特に白金は温度に対する変化率が大きく、かつ化学的に安定なため経時変化が少なく再現性に優れた特性を有しています。このため、より精度の高い温度測定ができるので、測温抵抗体としては白金がもっとも広く産業界で用いられています。ここで、t℃における電気抵抗値をR_t、0℃における電気抵抗値をR_0とすると、電気抵抗値の変化は、0℃以上の高温側における一次の近似では、

$$R_t = R_0(1 + \alpha t)$$

の式で表されます。αは電気抵抗の温度係数です。したがってこのαが

大きな材料ほど小さな温度変化で電気抵抗が大きく変わります。そしてまたこのαは金属の純度が高いほど大きくなるので、一般に流通している白金の純度99.95%に対して標準用の場合には99.999%以上が用いられています。JIS 規格にある Pt 100とは、100℃における抵抗値と0℃における抵抗値の比 R_{100}/R_0の値が1.3851になることを表しています。

一般的な工業用の白金測温抵抗体はIEC（International Electrotechnical Commission Standard）と統一された現在のJIS 規格による Pt 100です。測温抵抗体の構造は、抵抗体素子、内部導線、保護管、端子で構成されており、このうち抵抗体素子が直径数十μmの白金線をガラスやセラミック製の巻枠に巻かれたものです。

白金線の抵抗値変化は抵抗値が既知の内部導線を通じて検出されます。白金線と内部導線との結線には、2導線式、3導線式、4導線式と3つの方法がありますが、一般的なのは3導線式（**図表4-31**）でブリッジ回路を組んだ受信器との組合せにより導線抵抗の影響を無視することができるので半導体分野を始め食品業界における包装機の熱シール、プラスチックの射出成形などあらゆる産業界において最も普及しています。

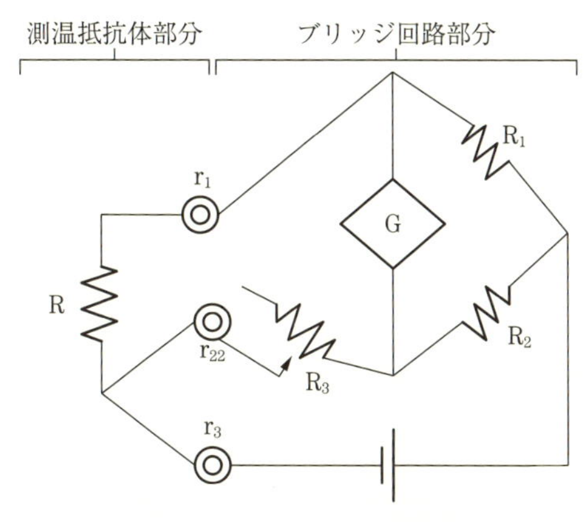

図表4-31　3導線式の結線模式図

図表4-31においてR_1とR_2を値の等しい固定抵抗とし、R_3の可変抵抗を調節して検流計Gに電流が流れないようにすると、

$$R_1(R_3+r_2)=R_2(R+r_1)$$

であるから、$r_1=r_2$ならば$R_3=R$となって測定したい抵抗値Rが求められ、温度がわかります。

一般に、白金測温抵抗体の使用温度範囲は、JIS規格では－200～500℃、国際規格では－200～850℃とされているように熱電対に較べて低温での測定に利用され精度も高くなります。しかし、表面や微小部の測定とか、応答性に速さが求められる場合には適していません。

4-4 ● 触媒材料

触媒というと一般によく知られているのは、自動車の排ガス浄化触媒、トイレや冷蔵庫のいやなにおいを取り除く脱臭触媒など私たちの身のまわりで多種多様に使われています。

産業用では火薬や肥料の原料である硝酸の製造、ハイオクタン価ガソリンの精製、各種の化学製品、食品・化粧品の合成、ストレプトマイシンなど医薬品の製造、ごく最近では、日本人がノーベル賞を受賞した炭素のクロスカップリングで有名になったパラジウム触媒など多岐に渡り使用され、触媒なしには現代生活が成り立たないほど重要ですが、ここでは身近な使用例について紹介します。

触媒とはどんな働きをするものなのか、ごく簡単に表現すると、2つの物質があって、その一方の物質ともう1つの物質を反応させて、まったく別の物質を作る場合に、反応を効率良く促進するための仲立ちの役割をするものです。このとき自分自身は反応の前後で変化せず、双方の物質間で起きる化学反応の速度に影響を及ぼして新しい物質を生み出す

もの、それが触媒です（反応速度を増加させる効果を示し、しかも反応終了後に反応前と同じ状態で存在しうる物質―化学大辞典より）。

貴金属触媒の中で最も多量に使われているのは、なんといってもガソリンやディーゼルを燃料とするレシプロエンジンの自動車の排ガスを浄化するための触媒です。

現在は主に白金、パラジウム、ロジウムの３種類が使われています。これまで自動車の生産はウナギ登りで、それに伴い触媒の使用量も増加して、白金とパラジウムはその産出量の約60％近くを使用するに至りましたが、最近の減産傾向で需要は低下しました。

中でもロジウムは産出量が少なく自動車触媒に使用される量がすでに産出量を超えている状況です。不足分はかろうじて、廃車から回収した分で賄われています。

近年は地球温暖化に対する二酸化炭素（CO_2）削減を目的に、こうした化石燃料に頼る傾向から、各種の燃料の検討や、自動車そのものの機構を考え、ハイブリッド車や電気自動車、燃料電池車などの開発も進んでおり、触媒に求められる機能もさらに多様化しています。

（1）自動車の排ガス浄化触媒

触媒はどのように排ガスをきれいにするのでしょうか。ガソリン車の場合、ガソリンを空気と混合、圧縮し、点火して起こる爆発的な燃焼エネルギーによって車を走らせていますが、燃焼後に、人や環境に有害な一酸化炭素（CO）、炭化水素（HC）、窒素酸化物（NO_x）の３種類のガスが排出されます。自動車触媒に白金族が使われるようになったのは、ロスアンジェルスでの光化学スモッグの発生がきっかけで、1970年米国上院で大気汚染防止法のマスキー法が制定されてからです。有害物質の排出規制値は今でも国や地域によってさまざまですが、自動車の車種や燃料、製作技術などを勘案して定められています。

アメリカをはじめEU、日本などの規制は年を追うごとに厳しくなっています。最近中国は世界第２位のGDP国になり、北京オリンピックの開催を契機にヨーロッパの規制値（ユーロ３の排出基準）を適用して、2010年の上海万国博覧会の実施により中国の国家第３、第４フェーズ（ユーロ３、４基準相当）の自動車排ガス規制を実施、さらに大都市においては、2017年から欧州と同等の厳しい排ガス規制を前倒しで導入する計画になっています。

自動車には触媒を装着した排ガスの浄化装置（コンバーター、**図表4-32**）が、エンジン後方、マフラーとの間に取り付けられています。触媒はパラジウム単体か、あるいは白金／パラジウム、白金／ロジウム、パラジウム／ロジウムなどの組み合わせが使われます。

コンバーターは蜂の巣状（ハニカム）構造（**図表4-33**）をしたセラミックス製またはステンレス製の担体の流路表面に、主にセラミックスと白金族の微細粒子が分散されていて、排ガスが通過するときにこの微細粒子の上で触媒反応が起きて無害化されます。

ガソリン車の場合、流路を通り抜ける排ガスは触媒作用によって、一酸化炭素は「酸化」されて二酸化炭素（CO_2）に、炭化水素（HC）は二酸化炭素（CO_2）と水（H_2O）に、窒素酸化物（NO_x）は「還元」されて窒素（N_2）になります。３種の有害物質はいずれも人体に影響のない気体と水に変化します（**図表4-34**）。ただし、二酸化炭素（CO_2）は地

図表4-32　触媒コンバーターの外観

図表4-33　セラミックス触媒担体の外観

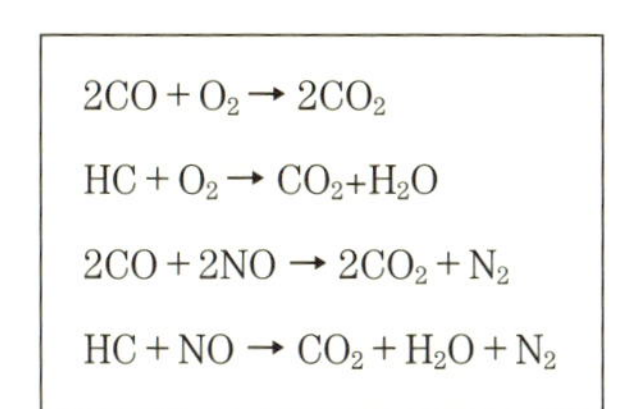

$2CO + O_2 \rightarrow 2CO_2$

$HC + O_2 \rightarrow CO_2 + H_2O$

$2CO + 2NO \rightarrow 2CO_2 + N_2$

$HC + NO \rightarrow CO_2 + H_2O + N_2$

図表4-34　自動車用触媒の基本的反応式

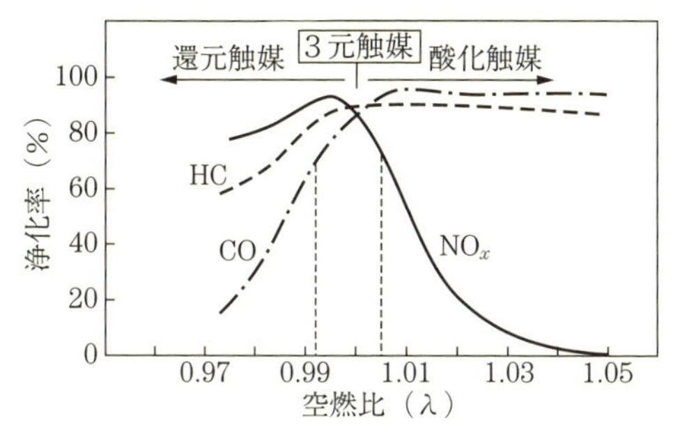

図表4-35　白金族系3元触媒の浄化特性

球温暖化への影響で問題視されています。

当初はこの酸化、還元というまったく逆の化学反応を同時に行う装置の製作は、化学関係の研究者、技術者の多くから不可能といわれていましたが自動車会社や触媒メーカーの懸命な研究努力によって実現したことは特筆すべきことです。

このように排ガス成分は酸化と還元というまったく逆の反応を同時に行って浄化する必要がありますが、単に触媒だけで反応させるのではなく、燃焼時に、空気と燃料の比率すなわち空燃比を厳密に制御する必要があります（**図表4-35**）。

排ガス中の酸素量が過剰な場合はNO_xより先に酸素が触媒表面に吸着して、NO_xの還元反応が起きにくくなります。反対に酸素が少ないとCO、HCの酸化反応が十分に起こりません。以前、CO、HCは白金パラジウム触媒で酸化させ、排ガス循環システムによって、燃焼室内の温度を下げ、NO_xを抑える方法が採用されていましたが、規制値が厳しくなり、触媒反応の効率を上げるために３つの有害物質を浄化する３元触媒が開発され、白金とロジウムが使われ始めました。白金：ロジウムの混合割合は10：１～５：１で、ロジウムの多いほうが特性的には優れていますが、2013年のロジウム産出実績では南アフリカ13%、ロシアでは

$CO + H_2O \rightarrow CO_2 + H_2$

$HC + H_2O \rightarrow CO_2 + H_2$

$2NO + 2H_2 \rightarrow 2NH_3 + 2H_2O$

図表4-36　２段式触媒システム

11％であり産出量に対する使用量の比率がこのまま続くと資源不足に陥る危険性があります。

図表4-35のように空燃比を理論相当量の値（$\lambda = 1$）に調整すると３元触媒によって、３種類の有害ガス成分を効率良く処理できる（**図表4-36**）ことがわかり、空燃比を正確に制御し、触媒の反応する範囲のウインドウ幅を広げることが重要です。そこで活躍するのが白金電極を焼き付けた酸素センサーです。

ディーゼル車の排ガスには炭化水素の含有量は少ないのですが、煤（すす）に燃料の燃え残り（SOF）や硫黄化合物（サルフェート）が吸着した粒子状物質（PM）が発生します。

ディーゼルエンジンは熱効率が高くガソリンエンジンと比較すると環境への負荷が少なくてすみます。しかし、高温の空気中に液体燃料を噴射して拡散燃焼させるため均一な燃焼が難しく、PMが発生しやすい欠点があります。ディーゼルエンジンから排出されるガス成分はNO_x、HC、COのほかにSO_2があり、さらに固体成分として微細な粒子状物質（PM）があります。この除去には、原料である軽油中に含まれる硫黄成分を減らすことも重要で、そうした対策が行われています。

高温下で高圧を利用する内燃機関の中でもディーゼルエンジンは特に高圧です。また空燃比は30：１から60：１と希薄になるので排出ガスは酸素が過多の状態になり、浄化のための３元触媒が有効に機能できません。そのために、できるだけ低温・低圧で燃焼させNO_xの発生を抑え、酸化触媒やディーゼル微粒子捕集フィルター（DPF）によってPM、

CO、HCを処理する方法が一般的に採用されています。またできるだけ高温で完全燃焼させ、CO、HCの生成を抑えて、高温で増加するNO_xは尿素（尿素水）により還元処理する尿素SCR（Selective Catalytic Reduction）システムも実用化されています。

（2）燃料電池触媒

燃料電池の原理は1839年にイギリスのウィリアム・グローヴが電極に白金を、電解質に希硫酸を用いて、水素と酸素から電力を取り出し、その電力を用いて水を電気分解したことが始まりです。その後1955年、アメリカのゼネラル・エレクトリック社（GE社）がイオン交換膜を電解質として用いた改良型燃料電池を開発し、さらに3年後、GE社が触媒である白金の使用量を減らすことに成功し、1965年アメリカの有人宇宙飛行に固体高分子型燃料電池が採用され、再び注目されるようになりました。最も印象深いのはアポロ13号が月に向かう軌道上で機械船の酸素タンクが爆発したものの無事地球に帰還することができほっとしたことです。

現在、燃料電池の種類は大きく分類すると4種類に分けられます。**図表4-37**に示すように、まだ開発中のものから一部実用化されているものまであります。このうち白金を触媒としているのは燃料が水素であるり

	PEFC 固体高分子型	PAFC りん酸型	MCFC 溶融炭酸塩型	SOFC 固体酸化物型
電解質材料	イオン交換膜	りん酸	炭酸リチウム、炭酸ナトリウム	安定化ジルコニア
使用形態	膜	マトリックスに含浸	マトリックスに含浸またはペースト	薄膜、薄板
想定発電出力	数W-数10 kW	100-数100 kW	―数100 MW	数kW－数10 MW
運転温度（℃）	80-100	190-200	600-700	800-1000
想定用途	家庭電源、自動車	定置発電	定置発電	家庭電源、定置発電

図表4-37　燃料電池の種類と特徴

ん酸型と私たちの身近に使われている固体高分子型です。

固体高分子型は、熱と電気を利用すると効率が高く、使用温度が100℃以下と低く、取り扱いやすくて小型向きであることなど、今後に大きな期待がかけられています。

すでに小型発電装置としてのフィージビリティスタディは完了し一般家庭に設置、実用的に使用されています。さらに、今後期待が持たれているのが自動車用で、化石燃料であるガソリンに代わるエネルギー源として自動車会社各社が総力を挙げて研究に取り組んでいます。現状ではハイブリッド車や電気自動車の実用化が進み、クリーンなエネルギー源として固体高分子型燃料電池への期待が高まっています。

燃料電池の原理は非常に簡単です。「水を電気分解する、つまり水に電気を流すと水素と酸素に分かれ」その反対に「酸素と水素を反応させると電気が発生」します。その反応を効率良く促進するのが白金の微粒子です。具体的には、一方から水素ガスを送り込み、内部に設置した燃料極側の電極触媒で反応を起こして水素ガスを水素イオンと電子に分離し、水素イオンだけが電極膜を通して内部の電解質に入り込みます。もう一方からは空気（酸素）が送り込まれ、空気極側の電極触媒上で反対側から来た水素イオンと反応して水になります。この反応によって、水素側の電子が導線を通して酸素側に流れ、電気が発生し電力を得ることができます（**図表4-38**）。

言葉で表すとごく単純に見えますが、この反応を効率良く、経済的に行うためにはいろいろな工夫がなされています。

まず水素と酸素を効率良く供給するためのセパレーターと呼ばれる供給部品が何枚も必要で、これまでの材質はカーボンでしたが、これを薄くして導電性と耐食性を持たせるために金属薄板のプレス品が造られ耐食性に工夫がされています。

燃料極、空気極とも多孔質のガス拡散電極白金触媒で構成されていて、固体（電極）、気体（水素・酸素）、液体または固体（電解質）の三

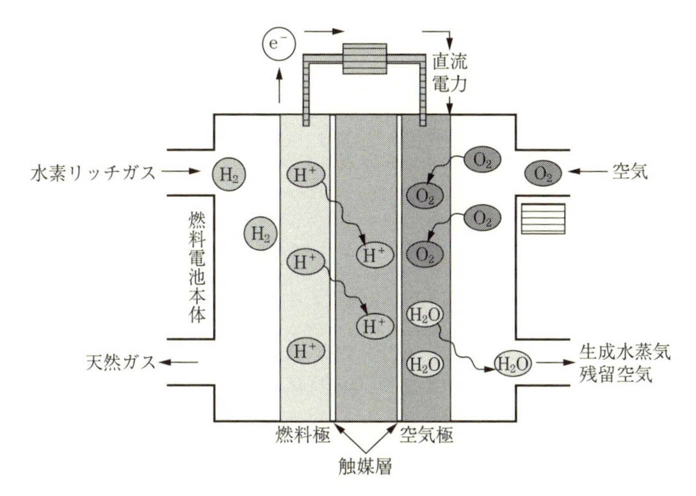

図表4-38 燃料電池の仕組み概念図

相界面で反応させる仕組みになっています。

例えば燃料極は、数g/m²の白金とルテニウムの1 nm程度の粒子を伝導性カーボン微粒子に担持し、親水と撥水性を備えた電極となっています。白金にルテニウムを加えることで、白金微粒子の凝集を防ぎ、触媒反応を劣化させずに寿命を長くすることができます。

電極は撥水性の部分と親水性の部分が混在し、ガスと水をうまく透過させる工夫がされていて、効率の良い触媒反応ができる構造になっています。

燃料電池が期待される理由は、有害な排出ガスである窒素酸化物（NO_x）、炭化水素（HC）、一酸化炭素（CO）、硫黄酸化物（SO_x）などの発生がなく、二酸化炭素（CO_2）も発生させない反応によって発電でき、電気と熱を併用すると総合効率が高いことです。

また、燃料となる水素は石油、石炭、天然ガス、メタノールなどの化石燃料のほかにも、水を電気分解するなどさまざまなものから得ることが可能です。さらにタービンなどと違い騒音や振動がほとんどないことも特徴です。

(3) アンモニア酸化触媒

無機化学工業の中で硝酸や青酸あるいは石油化学工業のナイロン用カプロラクタムの製造には触媒として白金あるいは白金ロジウム合金の網が使われています。硝酸の製造プロセスは西ドイツのカイザー社（Kaiser）により開発され、現在も世界中で応用されています。この工程は、原料となるアンモニアと空気の混合ガスを供給して、反応酸化器内において白金合金網を通過する過程で酸化反応を繰り返し、そのガスを水に吸収させて硝酸とするプロセスです。この反応を効率良く仲立ちの役割をするのが白金合金網で、アンモニアガスと空気中の酸素を均一に反応させ、ガスとの接触面積を広くして、圧力抵抗を減らすために網状にしたものです。

アンモニア反応酸化器内部は**図表4-39**のような構造で、円形の白金合金網を数枚重ねたもので、白金―ロジウム５～15％の合金網が使われています。またパラジウムを加えた３元合金の網も組み合わせて使われます。

白金―ロジウム合金は高温での機械的性質が強く耐酸化揮発性（白金に比べてロジウムは酸化揮発速度が１/19）がありますが、初期の着火

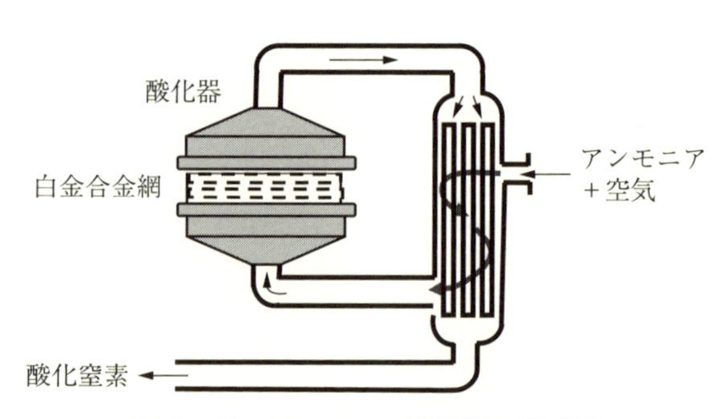

図表4-39　アンモニア酸化器の模式図

反応は純白金の方が優れているために表層の一枚目は白金網の場合もあります。

そして、反応が終了する最下層には、この反応によって酸化揮発した白金やロジウムを還元して捕集するためのパラジウム系合金（Pd–Au、Pd–Ni）網が使われ、少しでも貴金属材料を回収する工夫がなされています。それまでは主にガラス繊維などのフィルターだけでしたが、この捕集網によって回収率が著しく向上しました。

網に用いる線は直径がφ0.05〜0.08 mmで、平織りや綾織の織り網のほかに現在は反応効率の良いことからニット編みのものが使用されるようになってきました（**図表4-40**）。この理由は同一重量の白金ロジウム合金線で立体構造に編み上げると、実際の開口率は線径76 μmの平織りでは62%、ニット編みでは64.5%であまり変わりはありませんが、ガスの遮蔽率となると計算上大きく異なり、平織りでは密な17%に対してニット編みでは疎な７%となります。つまりニット編みではガスの圧力損失が少なく、立体構造の網目の内部にガスが入り反応面積が増加します。これによって触媒活性が改善されロジウムが酸化する速度を遅らせ、ガス中に含まれる触媒毒となる硫黄などの不純物や反応装置表面の酸化で生じる鉄分などの透過性が良くなり白金網への接触が減少し、触媒活性が長く維持できます。

網の外形寸法は直径φ200 mmから大きいものでは5000 mmの円形や反応器の形状により６角形のものが使われています。

アンモニアを酸化させ、硝酸にする反応は以下の通りです。

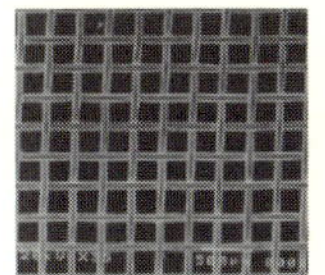

a 平織

b ニット編み

図表4-40　白金触媒網の拡大

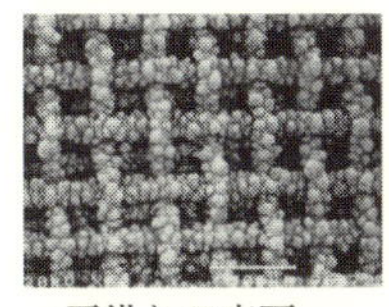

a 平織りの表面

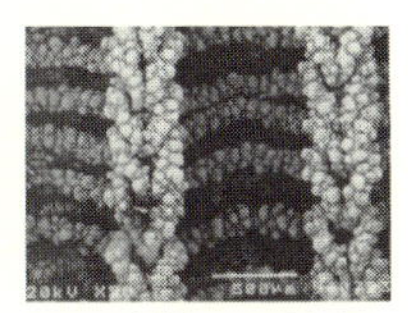

b ニット編みの表面

図表4-41　使用後の白金触媒網の拡大

$$4NH_3 + 5O_2 \Rightarrow 4NO + 6H_2O + 216.7\ kcal$$
$$2NO + O_2 \Rightarrow 2NO_2 + 26.9\ kcal$$
$$3NO_2 + H_2O \Rightarrow 2HNO_3 + NO + 32.5\ kcal$$

アンモニアを空気で酸化させる反応は一般に900℃前後の温度で行われます。この温度で、酸化しにくく、かつ触媒として反応できる材料は白金、白金―ロジウム合金に代わるものがありません。また、反応酸化器の装置によって反応圧力は、低圧（1から2 kgf/cm^2）、中圧（3～6 kgf/cm^2）、高圧（7～15 Kgf/cm^2）などさまざまです。

アンモニアと空気を高温状態にした白金網中を高速・高圧で通過させて、アンモニアを酸化させることにより硝酸が作られています。この状態で白金網は常時、高温・高圧の条件下で、通常は1カ月から6カ月使われますが、その間に図表4-41のように白金網の線表面にはカリフラワー状の微粒子が成長して、反応面積が増大し活発な反応を示します。しかし高圧下でのガスの流速によってはこのカリフラワー状の微粒子が脱落するなど機械的な劣化や空気中の不純物である鉄分や硫黄分が混入し汚染されると網自体が劣化して破れるなどの問題が発生し、使用が不可能になります。

この材料の劣化によるロスは前述の捕集網などで回収していますが、全体的なロスは使用時間にもよりますが10～30％ほど発生します。もちろん使用後の白金網は回収されて、精製され元の純度に再生されますが、ここでも精製過程でのロスが1～2％発生します。

（4）そのほかの触媒

①石油精製触媒

原油を精製して各種の石油製品が作られています。その中で貴金属触媒が使われている例として有名なのが、ガソリンを高オクタン価する工程です。オクタン価を高くするのは、エンジン内でのノッキングを起こしにくくするためです。

オクタン価の低い重質油のナフサを接触改質装置にかけて、高オクタン価のガソリンに変えるプロセスは、1949年 UPO 社が多孔質アルミナ担体に白金を高分散担持した、優れた性能を有するプラットフォーミング触媒を開発し急速に普及したものです。改質触媒反応は、白金の有する金属活性と塩素を付与した多孔質アルミナによる酸活性機能の複合によるいわゆる二元機能触媒反応として知られています。ここで使われている触媒は、シリカアルミナやハロゲンを添加したアルミナ質の固体酸性物質に0.3～1％の白金を担持した触媒でしたが、白金／レニウム触媒の開発後、さらに長寿命、高選択性が追求されてレニウムのほかにすず、ゲルマニウム、イリジウムなどの第二、第三の成分、あるいはこれらを組み合わせた高性能バイメタリック触媒が開発されています。

改質反応の温度は約500℃で、リサーチ・オクタン価（RON）として90～105、プレミアムが98-100、レギュラーが90-91ぐらいのレベルで作られています。高オクタン価のガソリンを高収率で得るには、熱力学的に低圧で高温の条件が好ましいのですが、この条件下ではコーク生成によって急速に触媒能が劣化するので、脱水素には不利な水素加圧下で運転されています。

技術革新によって高性能バイメタリック触媒が開発されて触媒能が向上し、さらに劣化の主原因であるコーキングされた触媒を再生する、連続触媒再生式（CCR）プラットフォーミング・プロセスが1971年に登場し飛躍的な発展を遂げました。触媒は反応塔から再生塔を頻繁に移動する循環に耐えるために、再生による性能の回復と併せて表面積が安定で、耐摩耗性の高い球状のセラミックス担体に白金の微粒子を細かく分散させています。

またこのほかの再生プロセスとして、従来からある固定床半再生式プロセスに、触媒活性の劣化許容限度までの運転後、反応塔内での再生方式、あるいは固定床サイクリック再生式というスゥイング・リアクターを利用した常時再生方式があります。

②燃焼触媒・脱臭触媒

燃焼触媒、脱臭触媒はともに有機物などの可燃性物質を触媒反応によって酸化分解するものです。燃焼触媒は、酸化分解によって発生した熱をエネルギーとして利用するもので、脱臭触媒は有機物そのものを分解除去することが目的です。

燃焼触媒は高エネルギー効率を得るためには高温で使用することが前提で、高温耐久性が必要です。一方の脱臭触媒は希薄なにおい成分をいかに効率良く閾値（しきいち）または規制値以下に落とすかが重要で、低温での高い触媒活性が求められます。

こうした燃焼触媒や脱臭触媒には完全な酸化反応が必要です。そのためには有機物質を炭酸ガスと水などに変化させる必要があります。触媒の酸化活性を比較する目安例として、メタンやパラフィン類の酸化反応に対する触媒活性の順位を以下に示します。

パラジウム＞白金＞酸化コバルト＞酸化クロム＞酸化マンガン＞酸化銅＞酸化セリウム＞酸化鉄＞酸化バナジウム＞酸化ニッケル＞酸化モリブデン＞酸化チタン

また、**図表4-42**に各種の担体触媒に対するn-ヘキサンの反応開始温度の例を示します。この表から有機物を完全に酸化分解するには白金が有効であることがわかります。パラジウムも同様の効果を示します。

工場の各種排ガスは大気汚染の原因として厳しく規制されていますが、その中の悪臭を処理する目的で生物的・化学的・物理的などいろいろな方法が採られています。これまでは、消・脱臭剤法・生物脱臭法・吸着法が簡易的な方法として採用されてきました。これらの方法は、高濃度の臭気や臭気成分濃度の変動に対応できないことや処理速度が遅く設備が大型化すること、処理後の活性炭や脱臭剤を処理する必要があるなどの問題から、それに代わって柔軟性があり、後処理に手間がかからない脱臭触媒が使われるようになってきました。

一般的に悪臭物質は700～800℃の高温で、0.3秒以上かけて燃焼させ

触媒	触媒層の入り口温度（℃）	
	酸化開始	完全酸化
0.5% $Pt/\gamma\text{-}Al_2O_3$	163	205
1.0% $Pt/\gamma\text{-}Al_2O_3$	151	185
10% $NiO/\gamma\text{-}Al_2O_3$	298	348
7% $V_2O_5/\gamma\text{-}Al_2O_3$	320	490
10% $Co_2O_4/\gamma\text{-}Al_2O_3$	239	340
10% $Mn_2O_3/\gamma\text{-}Al_2O_3$	215	367

図表4-42　担体触媒の活性比較

ると完全に除去できます。これは直接燃焼法として古くから現在に至るまで用いられてきています。直接燃焼法は高温が必要なため設備の規模も大きくなり、燃費などのランニングコストが高くなります。

こうしたものに較べれば触媒燃焼法は200～350℃の比較的低い予熱温度で臭気ガスが触媒層を通過する間に、触媒の強い酸化力で完全に分解する方法であり装置も小型で安価にできる利点があります。

脱臭触媒の担体は　①γーアルミナ・ジルコニアなどの球やペレット、②コージライト・ムライト・ステンレスなどのハニカム、③発泡金属または発泡セラミックスなどで、リボン状や網状にして用途に応じたタイプがあります。

これらの担体表面に白金、パラジウム、ロジウムあるいはこれらの２種以上を混合した微粒子を担持したものが触媒として使われています。一般的には貴金属は２グラム／リットル程度が担持されています。

触媒燃焼式の脱臭触媒は、処理しようとするガスをあらかじめ予熱室でバーナーによって反応開始温度まで加熱し、触媒層を通過する間に酸化分解して無臭にした後、煙突から排出しています。この方式では直接燃焼式より燃費が安価でランニングコストが低くなりますが、生物脱臭や吸着式よりも費用がかかるため、触媒の上流と下流に蓄熱体を配置して、排ガス流路を切り替え、蓄熱体が予熱と熱回収を交互に繰り返すことによって、排熱を利用した蓄熱型触媒脱臭装置も販売されています。

また、触媒部分に直接通電して加熱する方式として、電気加熱型触媒（EHC）が使われています。これはメタルハニカムに通電することによって、ハニカム表面の触媒を必要温度に加熱し、通過するガスを効率良く酸化させる方式です。この方式は直接加熱によって触媒活性の立ち上がりが早く、直径方向の温度分布が均一で、安定した触媒性能を得ることができます。またヒーター一体型になっているのでコンパクトな構造で加熱開始から100秒で浄化効率の最大値に達することができて非常に優れた特性が発揮されています（**図表4-43**）。

③金の触媒

金それ自体は触媒としての活性が乏しいものと考えられていましたが、金を遷移金属に担持して5 nmほどの超微粒子にすると優れた触媒効果があることがわかり、その触媒効果を利用した応用が広がっています（ナノ触媒、**図表4-44**）。

金触媒は白金族触媒よりも低い温度において酸化活性があり、例えばチタン酸化物や、アルファー鉄酸化物、酸化コバルトのいずれかに担持した金の微粒子は非常に反応性が良く一酸化炭素を酸化させる反応に優れています。また炭化水素に対しても完全酸化活性があるといわれてい

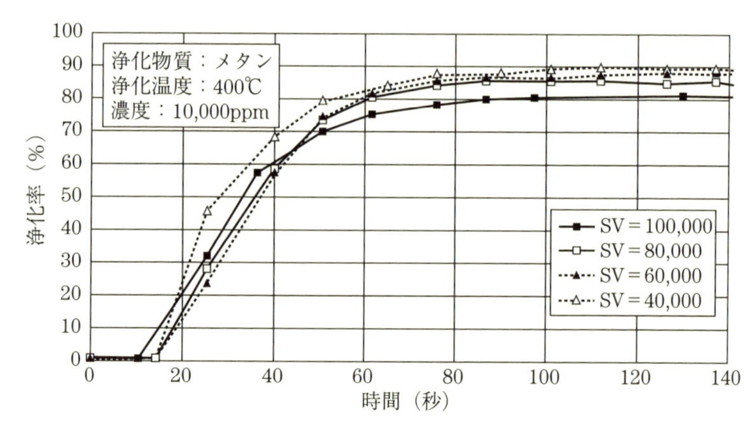

図表4-43　電気加熱型EHCの最大浄化率までの到達時間

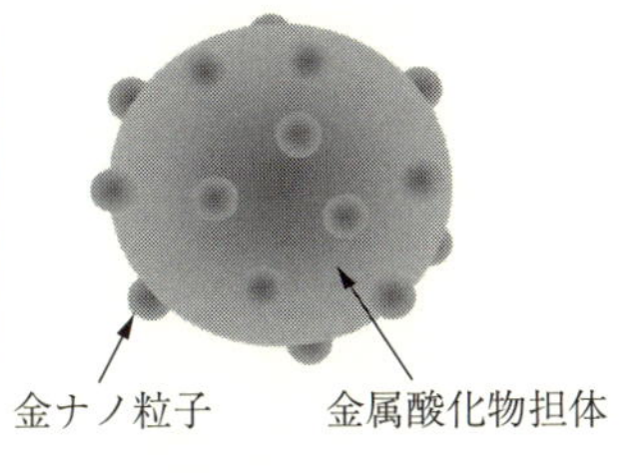

図表4-44　金のナノ触媒模式図

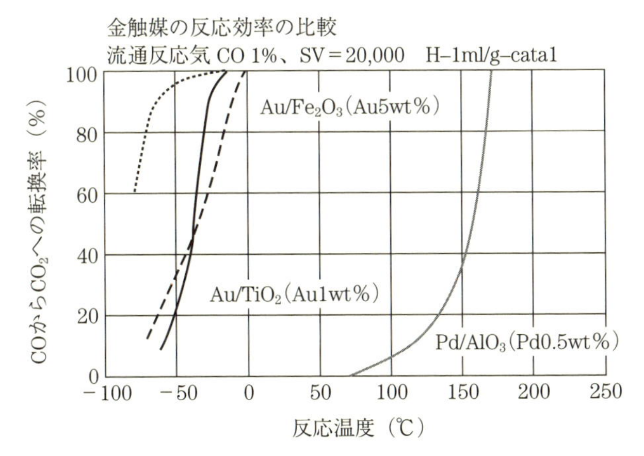

図表4-45　金触媒の反応温度と転換率

ます。**図表4-45**と併せて酸化活性の序列を以下に示します。

$Au/Co_3O_4 > Pd/Al_2O_3 > Pt/Al_2O_3$

炭化水素の選択酸化にも有効な酸化チタンに担持させた金触媒は温度が50～120℃の低温でも水素と共存している場合は、炭素数が3とか4の炭化水素を酸素気体中において選択的に部分酸化させることができるまでになっています。

4-5 ● ガラス溶解装置用材料

(1) 機能性ガラス溶解装置

ガラスは身の回りの至る所に使われていて私たちの日常生活に欠かせない存在となっています。ちょっと見回しただけでも飲み物の入ったガラスびん、食器になっているテーブルウェア、カメラのレンズ、テレビやパソコンの画面、携帯電話、また注射液のアンプル、パソコンのハードディスク、液晶テレビのバックライトなど普段は目にしない隠れたところでも大活躍しています。

実はこれらのガラスを作るうえでなくてはならない材料が白金なのです。特に機能性のガラスを製造するには不可欠な存在です。白金は、①融点が高いこと、②耐酸化性があること、③溶融ガラスと化学反応を起こしにくいことという3つの大きな性質を有しています。ガラスにはカルコゲン化物ガラス（硫化物・セレン化物・テルル化物ガラスの総称）やフッ化物ガラスのようなハロゲン化物ガラスなど特殊なガラスもありますが、ほとんどが数種類の金属酸化物を溶融凝固させた非晶質状態の物質です。目的とする機能を付与するために、さまざまな種類のガラスが作られていますが、いずれも1000℃を超える高温下で溶融する必要があります。したがって、このような高温下で溶けない融点を持ち、また酸素が存在する大気中で錆びない性質が求められます。さらに、溶融したガラスに侵食されてはなりません。こういった特性を併せ持っているのは今のところ白金以外には見あたらないのです。

ガラスの製造は古くは単純に酸化物原料を投入したるつぼを高温の電気炉に入れて溶解し、これを手作業で鋳型に流し込んで成形した後表面を研磨するという工程でした。もちろんるつぼの材質もアルミナなどの耐火物でしたが、これではアルミナが侵食されてガラス中に異物として混入してしまいます。混入後ガラス化していきますが、溶けきらない場合はストーンと呼ばれる小片としてガラス中に介在したり、完全に溶けたとしても素地ガラスに較べて粘度が高いため素地中に均一に拡散しにくく脈理（すじ）となって欠陥を生じさせます。そこで上述したような特徴を持つ白金がレンズなどの光学ガラスを溶かす容器として用いられ始めました。

装置は圧延された白金板を曲げたり、叩いたり、溶接したりと、技能を駆使したいわゆる板金加工で製作されます。耐火物製の炉の内側に設置されガラスが接触するのは白金のみとなるように設計されています。さらにガラス組成の均質化や脈理を切るための撹拌棒も当然のことながらモリブデンや耐火物を白金や白金―ロジウム合金で被覆するか、強化された白金や白金―ロジウム合金が無垢のまま使われます。

白金装置のデザインは各社各様でかつ作り直しまでの使用期間も1年以上と長く、その際にもデザインが変更されることが普通なのでこれまでは大量生産的な機械加工への設備投資が困難な分野でした。近年になって急速かつ大量に普及してきているフラットパネルディスプレイ（FPD）を用いた薄型のプラズマテレビや液晶表示のパソコン、テレビなどの登場でガラスに高い品質が要求されてきています。それに伴い白金装置に対する加工精度、その再現性、量産性が求められ加工技術向上のために精密な機械による対応が進んできています。

これらのガラスも基本的な製造プロセスは従来と同じですがその規模が拡大して大型化され、しかも液晶を駆動させる薄膜トランジスタ（TFT）がガラス面に緻密に配列されます。このためガラスの厚さは0.6mm前後ですが、面積が大きくなっても平坦度が必要です。そしてもちろんガラス中に気泡や異物があってはなりません。気泡はほとんどが酸素であるため酸素と反応する砒素やアンチモンの酸化物を入れる方法が有効ですが、これらはガラス中での反応で金属元素に還元され装置に接触すると白金中に拡散して低融点合金を形成し、溶けて装置を壊してしまうことがあるので注意が必要です。また、砒素やアンチモンは有害物質であるので環境保護の面からこれらをできるだけ用いずに気泡を抜くため装置内を減圧したり、泡を抜けやすくするためにガラスの溶融温度を1600℃より高くすることさえ珍しくなくなってきています。こうなると白金は高温に耐えられなくなりますから、今度は融点を上げる工夫が必要になります。この手段としてロジウムが白金に合金されます。ロジウムは融点を高めるだけでなく、白金と同じように耐酸化性もあるので白金―ロジウム10～20％合金が主流となっています。ただロジウムのコロイド粒子がガラス中に溶け込むとガラスに色を付けてしまうので光学ガラス用には白金しか使われていません。

図表4-46に連続装置の構造を模式図として示します。通常溶解槽、清澄槽、均質槽を通って製品が出てくる構造になっています。ガラスはこの白金装置の中を流れて行くので白金以外には触れることなく製品になって生まれてくるというわけです。このため、１つの連続装置に１トン以上の白金が使用されていることも希ではなくなっています。

また、従来のように電気炉を熱源とする方法では大量の白金が必要となるため、白金装置そのものに電流を流して発熱させる直接通電加熱を利用した工夫で白金の使用量を節減した装置が主流を成しています。材料面では、高温環境でクリープ変形しにくい強化白金材料を用い、装置

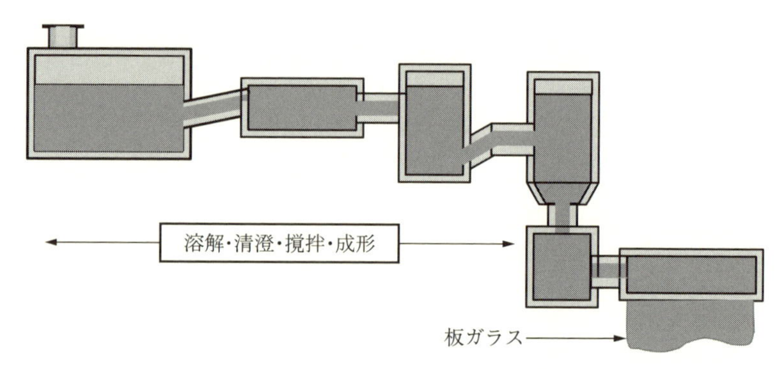

図表4-46　板ガラス溶解装置の模式図

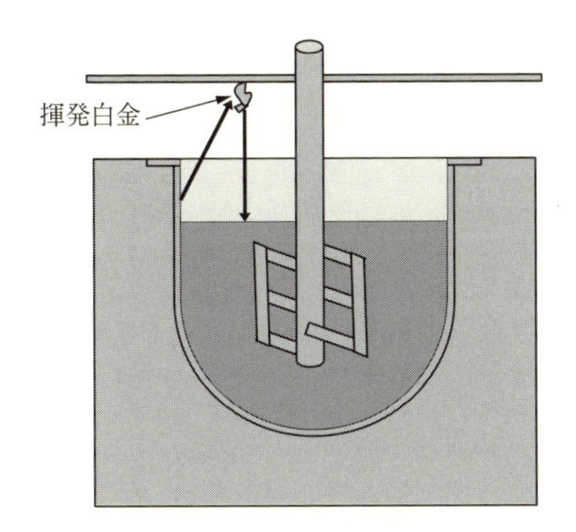

図表4-47 白金の揮発

の厚さを薄くして使用量を減らしたり、あるいは使用寿命を延ばしたりしています。このように白金はガラスの製造に大きな役割を担っているのですが、やはり万能というわけにはいかず、白金そのものがガラス中に入ってしまうという品質上唯一といってもいい欠点があります。というのは白金には750℃を超えると酸化揮発という現象があり、高温部分で揮発した白金が温度の低い部分で凝集しこれがガラス中に混入したり、ガラスが機械的に削られたり、イオン化して溶出したりしてしまうからです。これらの現象の一例として揮発の場合を**図表4-47**に示します。

白金を使用して作られているガラス製品には、フラットパネルディスプレイ画面とバックライト用の管ガラス、液晶プロジェクションのレンズ、携帯電話の表示窓やデジタルカメラのレンズなどなどさまざまで多岐にわたっています。

(2) ガラス繊維紡糸装置

ガラス繊維は大きく分けて短繊維と長繊維の２種類があり、その紡糸方法が異なります。短繊維は回転による遠心力やガスの圧力（メルトブロー法）を利用して、溶融ガラスを綿飴のように吹き飛ばして繊維化する方法と長繊維を切断する方法があります。

高い繊維径精度を必要とする長繊維は白金—ロジウム合金製のブッシングと呼ばれる装置を用いた紡糸方式が採られています。長繊維は巻き取り後、例えばプラスチックを強化する材料や、織物にしてプリント配線板のガラスクロスなど使用目的に応じてさまざまな形態に加工されます。また長繊維の生産は大量生産方式で直接溶融（ダイレクトメルト）法が、小中量生産にはポット（インダイレクト）方式が用いられています。ここでは白金合金使用量の多い長繊維について説明します。

図表4-48に示すような舟形をしたブッシングの底部の突起に直径0.7～2.5 mmの多数の孔が形成されたものをベースプレートと呼びます。長繊維は1200～1400℃に加熱されたガラスが自重で孔から吐出し高速で

多ホールブッシング

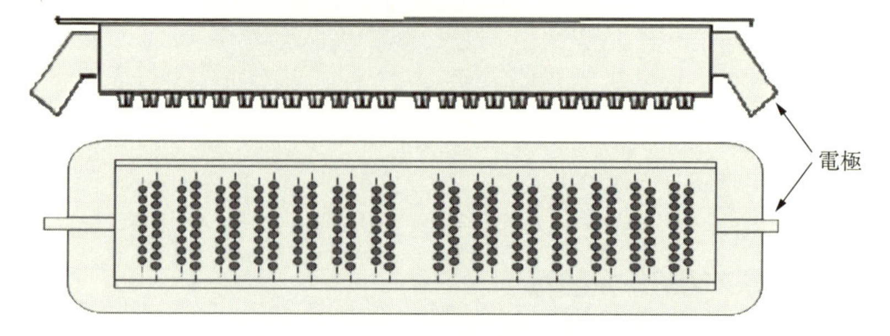

図表4-48　ガラス繊維紡糸用ブッシング例

巻取られ、繊維化されたものです。このガラスの出口がブッシングで、白金ーロジウム10%合金または微量の酸化物を分散させた白金ーロジウムの強化合金が使われています。この孔の数は少ないもので200 H、多いものでは6000 Hのものまであります。図表4-48のようにブッシングにはその両端部に電極が設けられており、そこから電流を流し、ガラスの吐出温度を制御する仕掛けになっています。吐出孔の形状は**図表4-49**に示す通りで、孔の直径はガラスの種類と繊維直径によって選択されます。

ガラスは酸化物であり、高温下でも還元されないように大気中での溶融が必要で、したがってブッシングは高温でも酸化せず、かつガラスを汚染しない、またはガラスに汚染されないことが必要で、それに適する材料は白金以外に見つかりません。しかし、純白金は高温での機械的強さが弱く、特に負荷がかかるとクリープ変形を起しやすいためロジウムを10〜20%合金して強さの向上を図っています。

しかし、この合金でもベースプレート部分の強さは不足します。白金ーロジウム合金のベースプレートには常時溶融ガラスの自重がかかり、それによって底面が変形します。この底面の変形は紡糸温度や吐出量にばらつきを生じさせるために、均質な紡糸にとって大きな障害となり、

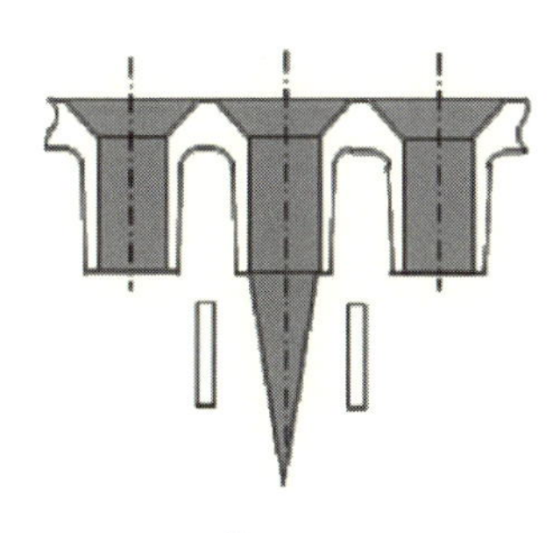

A. 銀のフィン

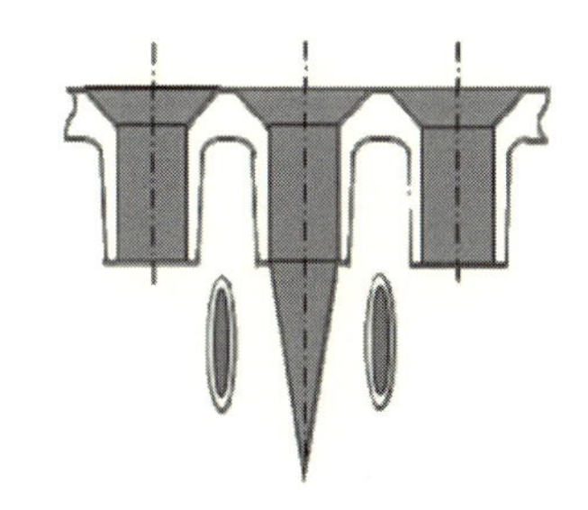

B. 水冷式

図表4-49　冷却方法の違い

同時に突起部分の変形、脱落、液漏れなどの発生要因となります。

そのためベースプレートにはさらにクリープ強さの高い材料として、ジルコニウム酸化物（ZrO_2）などの微粒子を分散させた、酸化物分散型強化白金が使用されています。

繊維の直径など品質に影響する最も重要な部分であるベースプレートには温度分布、吐出孔の寸法、形状に均一性が求められています。溶融したガラスは自重で落下し、その直下に設置された銀フィンまたは白金—パラジウム合金製水冷パイプなどにより冷却されます。さらにその下部で集束材を噴霧して高速で巻き取るシステムのため、冷却温度や巻取り速度などの制御も重要です。

作業上の問題の一つに紡糸中の繊維の断線という現象があります。溶融ガラス中には不溶解分などの異物、空気やガラスから発生するガスなどによるボイドがガラス繊維に混入して断線の原因になります。また、白金は高温で酸化揮発した後に、その酸化白金が還元されガラス中に金属微粒子として混入し、断線することもあります。

孔数の多いものになればなるほどベースプレートの温度を均一に制御することが難しいため、多数の特許に例が見られるように、ベースプレート部を分割してそれぞれを個々に電流制御する温度コントロールがなされています。最も大きな課題は操業寿命です。トラブルが生じなければ年単位で連続運転されます。高温での長期間使用は、ベースプレートや吐出孔のクリープ変形が生じるだけでなく、時に作業ミスによる部分的な破損も生じ致命的な欠陥の場合は、白金装置のすべてを交換しなければならなくなります。

(3) 酸化物単結晶育成るつぼ

タンタル酸リチウム（$LiTaO_3$、LT）やニオブ酸リチウム（$LiNbO_3$、LN）の単結晶はレーザー光線の変調用光学素子、ピエゾ素子や表面弾性波（Surface Acoustic Wave、SAW）フィルターとして電子デバイスや光デバイスの構成部品に使われています。これらの単結晶はテレビなどの映像機器や携帯電話の中でいろいろな電波の中から特定の電波を取り出すことのできる性質を持っています。

近年省電力化や長寿命化で存在感を増している発光ダイオード（LED）の生産になくてはならないサファイア基板の製造にも、白金族金属が大きな役割を果たしています。サファイアは酸化アルミニウムの結晶体ですが、この単結晶は青色や白色のLEDに有用な窒化ガリウム系半導体の薄膜をエピタキシャル成長させるのに必要とされる基板となります。エピタキシャル成長というのは基板上に不純物や欠陥のない結晶軸のそろった結晶層を成長させる方法のことです。

これらの結晶の製造法の一つに回転引き上げ法があります。この方法はチョクラルスキー法（CZ法）という名称で、1965年にはじめて直径10㎜程度の育成に成功して以来その基本的な方法は変わらないものの、SAWフィルターとしての需要が大きくなるにつれて生産規模が大幅に拡大してきました。育成方法は加熱炉内に設置されたるつぼに原料となる酸化物材料を溶かし、種結晶を原料融液面に接触させて接触面が溶けるほどに保持した後、回転させながら上方へ引き上げて高周波誘導

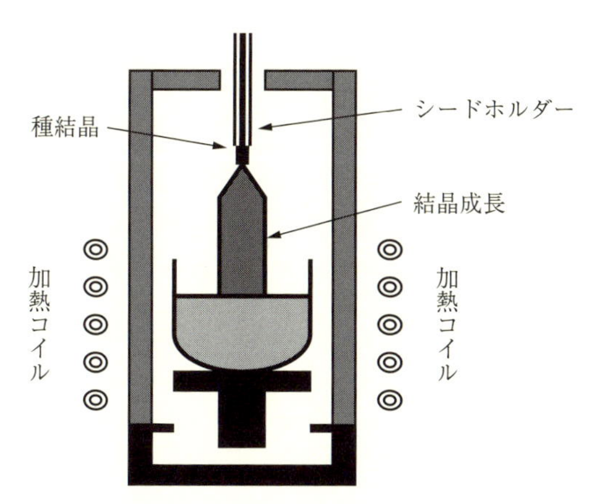

図表4-50　チョクラルスキー法による単結晶の製造模式図

加熱で溶けた融液との間に温度勾配を持たせながら徐冷しつつ結晶方位のそろった大きな単結晶を作る方法です（**図表4-50**）。融液は融点が高く、LN は1250℃、LT は1650℃、サファイアに至っては2000℃を超える温度になります。したがって、るつぼの材料としても融点の高い白金、白金―ロジウム合金、イリジウムが選ばれることになります。るつぼの寸法は実験用の直径50 mm×高さ50 mm×厚さ1.5 mm 程度のものから、量産用の直径200 mm×高さ250 mm×厚さ3.5 mm 程度のものまでさまざまです。現在は結晶の直径が４インチ（102 mm）前後が主流であり、るつぼの直径は200 mm ぐらいになっています。育成される単結晶の直径は通常るつぼ直径の６～７割程度であるため、今後単結晶の直径がさらに大きくなるとるつぼの加工、特に難加工性のイリジウムを精度良く加工する技術の開発が大きな課題となります。

イリジウムは高融点であるために、粉末冶金法もしくは溶解法でインゴットが作られますが、冷間加工が困難なため約800℃以上での熱間圧延が必要です。板にした後筒状に丸めて溶接による接合がなされますが、この場合にも溶接部が他の部分と同じ厚さと組織になるように均一にかつ欠陥なく仕上げることが非常に重要な要素になります。

原料を溶かすための加熱には高周波による誘導加熱が用いられますが、温度が高いので酸素が存在するとるつぼ材料の酸化揮発が生じます。これが結晶内に不純物として混入することを避けるため炉は気密性の高いステンレス製のチャンバーに収められ内部は窒素やアルゴンなどの不活性ガスで満たされます。

加熱方法が高周波加熱であることから温度分布を均一にするためにるつぼには均一な肉厚が要求されます。また高温下で長時間かけて使用されるため徐々に変形を生じてきます。このため定期的な作り直しが必要ですが高価で希少な材料であり、変形が生じると補修しながらの使用も稀ではありません。

4-6 ● 接合材料

宇宙、航空分野などでの大型装置を始め電気・電子工業分野で精密機器、その他医療、工芸、装飾などにわたる幅広い分野でろう付、はんだ付が行われています。特に最先端技術に使われる装置や部品、例えば半導体の分野では小型微細化、高集積化により、複雑な接合と高い信頼性が求められ、こうした接合にはろう、はんだ付の特徴が活かされています。

ろう付、はんだ付は溶接とは違い母材を溶かさないため、素材にダメージを与えることなく、精度の良い接合が可能で、半導体の微細回路の形成やパッケージングに多く使われていますが、大気中ではフラックスを使用することにより酸化の防止や湯流れ性が良くなります。フラックスによる汚染や接合後の後処理を避けたり、母材の酸化を防止する場合には真空中や不活性ガス中での作業となります。

JISやISO規格では「ろう」と「はんだ」の違いを融点450℃以上のものを硬ろう、融点450℃の以下のものを軟ろう（はんだ、Solder）と定めていますが、ろうとはんだの種類は**図表4-51**に示すように明確な定義とはいえません。

ろう付、はんだ付の特徴は薄い板や微細で精密な接合に適し、寸法精度が良くて、母材自体の溶融が少ないので歪みが抑制されるために複雑な形状や接合部に多く使われ、異種金属の接合やセラミックスと金属の接合もできます。また、炉中ろう付によって、自動的にかつ一度に大量生産ができます。

ろう付、はんだ付は金属表面の「ぬれ」の現象による接合です。固体も液体も表面エネルギーを持っていて、内部の原子が周囲の原子と結合し満たされているのに較べ表面原子のエネルギーはアンバランスで、内部より高くなっています。このエネルギーによって表面は小さくなろう

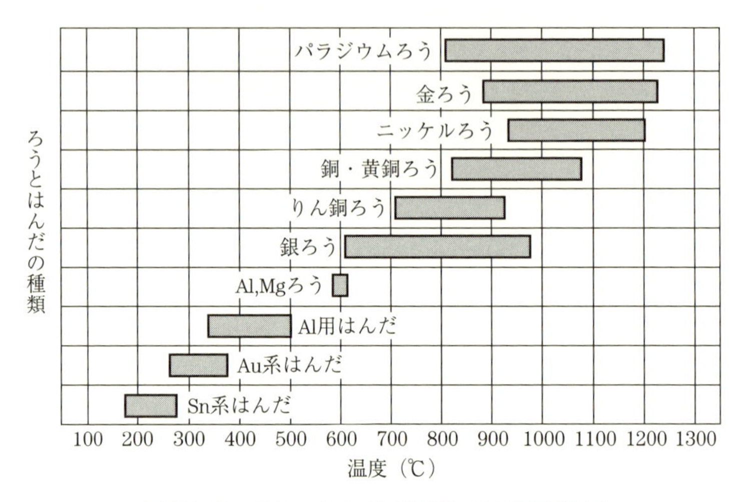

図表4-51　ろう、はんだの種類と使用温度範囲

とする性質があり、これを表面張力と呼びますが、この力がぬれや吸着などに関係しています。

図表4-52のように液体と固体とが接する点では、固体の表面の一部が液体／固体の界面で置き換えられます。その現象を「ぬれ」と呼んでいます。ぬれは材料の種類によって相性があり、接合する材料、形状、大きさ、表面状態などによって変わります。

接合後の強さは、母材の強さと同等に近いことが求められますので、板同士の付き合わせ接合などでは継手すきまを加熱時には、できるだけ0.05 mmに近づけることが好ましいとされています。T型継手につける場合などはフィレットがきれいに形成されて、負荷がかかったときでも応力が分散するような形状に仕上げる必要があります。

こうしたことから、接合しようとする相手側材料の性質、合金の種類による溶融温度（固相、液相温度）と形状および接合後の機能や使い方によって接合材料を選ぶ必要があります。ここでは貴金属合金のろうとはんだについて説明します。

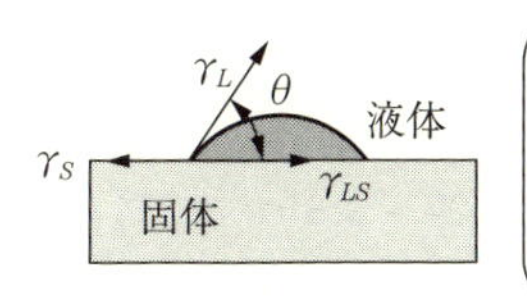

液体表面と固体/液体の界面とのなす角θを接触角（Contact angle）と称し、ぬれの程度、ぬれ性（Wettability）を表す尺度にしている。

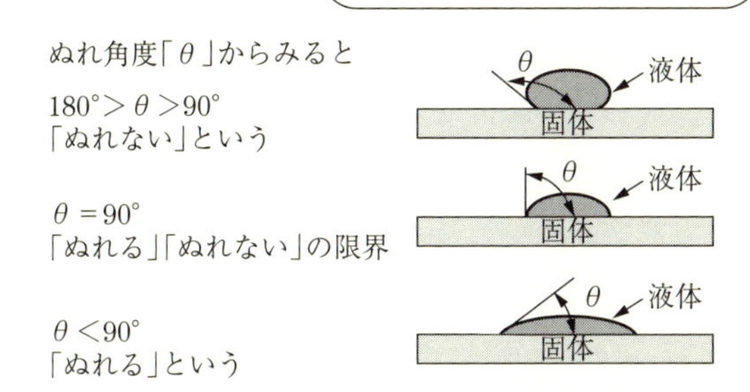

図表4-52　ぬれ性とぬれ角度

（1）銀ろう

幅広い用途に使われる代表的なろう材は銀ろうです。アルミニウム合金とマグネシウム合金を除く鉄鋼、非鉄金属、黒鉛、セラミックスなどの接合に使われています。棒や線、板、粉末、ペースト、プリフォーム、クラッドにしたものが供給されています。

ろう付作業は、大気中ではフラックスを用いてガスバーナーによるトーチろう付、レーザーろう付、高周波ろう付、抵抗ろう付、炉中での雰囲気ろう付、真空ろう付などによって接合しています。ろう材にとって必要な機能は、母材双方より低い融点を持ち、母材を劣化させずに、双方の材料に良くぬれて、毛細管現象により細部にも入り込んでいく流動性があることです。そして母材と金属間化合物を形成して脆化したり、凝固後、析出物や残渣物を残さず、異常な鋳造組織（デンドライト）、ボイド、巣などが発生しにくい材料である必要があります。さらに接合箇所で破壊が起きないように、厚さの調整や間隙寸法を0.05 mm程度にするなどのテクニックが望まれます。また接合形態によっては、角部を滑らかにして、応力が分散するようなフィレットをきれいに形成することが必要です。また、フラックス使用後は十分な洗浄が必要です。

銀ろうは、銀72%と銅28%の共晶合金（JIS、BAg-8）を基本としています。この材料は780℃で液体から固体に凝固（固相、液相が780℃。）します。しかし、合金の成分は銀が約92%の合金と、銅が約93%の合金の双方が780℃で同時に析出し凝固（共晶）することが特徴です。

この銀ろうは銀や銅に対してぬれ性が優れていますが、鉄系に対してはぬれ性が劣ります。しかし、ほかの低融点合金が含まれないので蒸気圧が低く真空中のろう付に適し、現在半導体関係のろう付に多用されています。

この合金に、亜鉛を加えると融点が下がりぬれ性がさらに改善されます。銀—銅—亜鉛の３元共晶合金、銀56%—銅20%-Zn 24%は融点が665℃ですが、亜鉛が多いと脆くなりますので、Znの含有量が24%以下の展延性のあるBAg-5、6などが使われています。この合金に対し、カドミウム、ニッケル、インジウム、すずなどを合金して、さらにぬれ性や湯流れ性の向上と機械的強さ、耐食性、溶融温度などを調整した材料が作られています。

代表的な銀ろうはJIS規格に定められていますが、このほかに各種の用途に適した合金が作られ、その数は100種類を超えています。例えば、銀—銅—亜鉛合金にカドミウムを合金すると融点が下がり、ぬれ性や湯流れ性が向上します。JIS規格の銀ろうの中で最も融点が低い620℃の銀ろうとしてカドミウム14%含有のBAg-1があり、それと同等の融点を持つ銀ろうとしてBAg-2があります。カドミウム入りろうは最も使いやすいろうとして古くから使われています。しかし、有害物質のカドミウムを含むためにRoHS規制により、それに代わる材料が求められています（カドミウムの代替がないために現在もJIS規格やISO規格に定められている）。銀—銅—亜鉛合金にニッケルを合金し、ステンレス鋼、工具鋼のろう付強度と耐食性の向上を図った材料がBAg-3、4で

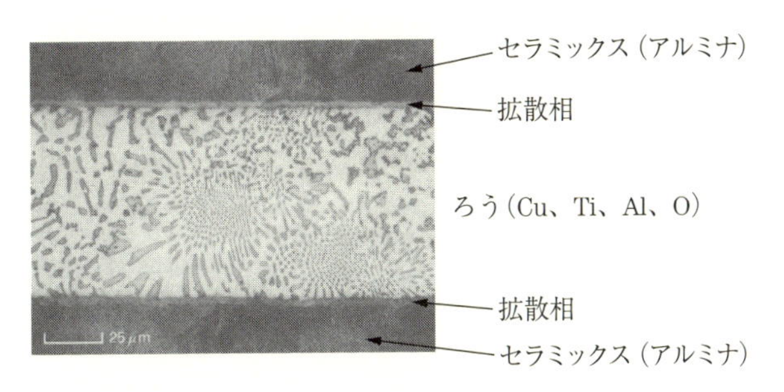

図表4-53 セラミックスとセラミックスの接合

す。

このほかに、セラミックスと金属を接合するための銀ろうとして、チタンやジルコニウムなどの活性金属元素を合金したろう材が開発されています。これにより従来はセラミックス表面にモリブデンやマンガンをメタライズする必要があったものを直接ろう付することが可能になっています。

セラミックスとの接合の断面を**図表4-53**に示します。

(2) 金ろう

金ろうは古くから装飾材料に使われてきました。現在は工業用、歯科用など幅広く使われています。これまで多く使われてきたろう材料は金—銀—銅合金を基本としてきましたが、耐食、または耐酸化用の金ろうや高真空用金ろうが開発され、さらに低温の金ろう（金はんだは後述）が電子工業用に開発されてきました（**図表4-54**）。

代表的な金ろうには金—銅合金系と金—ニッケル合金系の２種類に大別できます。金—銅合金系ろうの特徴は、狭い隙間に流れやすく、ろう付に求められるフィレット（**図表4-55**）がきれいにできる特徴があり、銅、ニッケル、コバルト、モリブデン、タンタル、ニオブ、タングステンおよびその合金などに対するぬれ性に優れています。そして母材と合金化し過ぎずに展延性に富んでいます。蒸気圧の高い材料を含まないこ

実用されている JIS 以外の金ろう

番号	化学成分（mass%）					温度（℃）（参考）	
	Au	Cu	Ni	Ag	Pd	固相線	液相線
1	94	6	—	—	—	約965	約990
2	92	—	—	—	8	約1070	約1090
3	81.5	16.5	2	—	—	約910	約925
4	75	20	—	5	—	約885	約895
5	70	—	22	—	8	約1005	約1037
6	65	—	35	—	—	約965	約1075
7	60	20	—	20	—	約835	約845
13	58.3	39.6	—	2.1	—	約906	約921
14	50	—	25	—	25	約1102	約1121

出典：M. M. Schwartz 抜粋

図表4-54　工業用耐熱、耐食金ろうの例

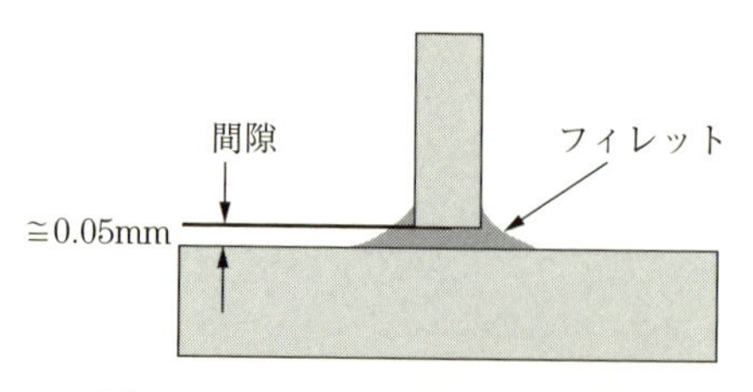

図表4-55　ろう付フィレットの形状

とや頑固な酸化物ができないのでろう付が容易にできます。このろう材は加工性に富んでいるので線、板などの精密なプリフォームを作ることが可能です。主に高融点材料を対象にして、特殊用途の精密機器や部品などに使われています。

一方、金―ニッケル合金系のろうは高温強さが高く、耐食性に優れていて粒界腐食が起きにくいことや、蒸気圧の高い金属を含まないため高真空でのろう付が可能です。加工性が良く、500℃までの温度に耐える強い機械的性質があるので、強度と信頼性の求められるスペースシャトルのメインエンジンや日本のH-1ロケットの第２エンジンの冷却管や、燃焼室、液体水素や液体酸素の高圧かつ極低温の部分に用いられるステンレス鋼管などのろう付例があります。

(3) パラジウムろう

パラジウムろうはニッケル、マンガン、クロムと同族で似た性質があり金、銀、銅などにも合金しやすい材料です。パラジウム系ろうは銀—銅合金にパラジウムを合金することによって鉄、ニッケルなど遷移金属に対するぬれ性が向上し、耐熱性、耐酸化性を改善したものです。もう一方のニッケルとマンガンのろうにパラジウムを合金したものは主に耐熱性を高めたろうです。ニッケルと同等の接合強さ、耐熱性があって、延性、衝撃値が一般のニッケルろうより優れています。

パラジウムを合金すると少量の添加でもぬれ性が著しく良くなります。例えば、銀ろうにパラジウムを10％ほど加えるとニッケル—クロム合金に対して接触角が0度近くになり、非常に優れたぬれ性を示します。

その結果、フィレットの形成がスムーズにでき、継手などの接合部分のすきまの大小に大きな影響を受けないなど、ろう付作業がしやすい材料です。また母材への粒界浸出が少なく薄肉材料にも使える利点があります。蒸気圧が低いので真空管やエレクトロニクス関係のろう付に使いやすい材料です。さらに、パラジウムの成分割合によって800℃～1230℃の温度範囲の材料を作ることができますので、用途によって最適化した選択ができます。銀—銅—パラジウム系および銀—パラジウム系の固相線、液相線をパラジウム含有量別に**図表4-56**に示します。

(4) 金はんだ

電子機器を構成する半導体素子部品を組み立てる場合や部品相互を接続する場合に、はんだ付があります。電子部品の小型化によって接合する部品が微小になり、接合個所も増え、立体的な接合が増加してきました。その結果、ぬれの状態、溶解量、拡散厚さなど接合部分の品質が電

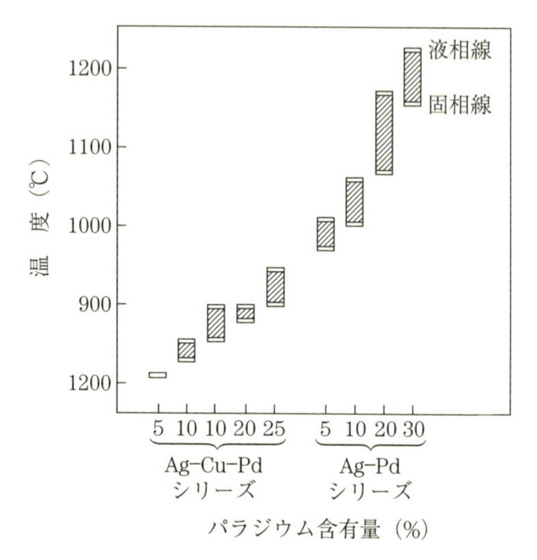

図表4-56　パラジウムろうと液・固相温度

子部品の性能に大きく影響するようになってきました。電子部品用のはんだは金系、銀系、すず系、鉛系、すず一鉛系、インジウム系など多種多様ですがここでは金系のはんだについて触れます。金は高価ですが、金系はんだが使われる理由は耐食性、導電性に優れ、半導体シリコンチップと共晶接合しやすく、信頼性が高いことによります。

半導体シリコンチップのダイボンド接合には、蒸着またはめっきなどにより金の膜を形成し、基板を窒素ガスなどの中で400℃～440℃ほどに加熱し、シリコンチップを載せて、振動を与えながら押し付け、金一シリコンの共晶層を形成させて接合する方法や、シリコンチップと基板の間にはさんだ金一シリコン合金材料を加熱溶融させる方法が採られています。主に金とシリコン２％亜共晶組成のペレットが使われ、それ以外に金一シリコン１～３％合金、金一ゲルマニウム４～12％合金、金一アンチモン0.01～１％、金一すず20％合金などが使われています。**図表4-57**に金系はんだ材料の種類を示します。

図表4-58にICチップをセラミックパッケージに接合し、その表面を

組成（%）								溶融温度（℃）	
Au	Ge	Si	Sn	Sb	Ga	In	Pb	固相	液相
93.0	7.0							356	780
88.0	12.0							356	356
98.0		2.0						370	1000
96.85		3.15						370	370
80.0			20.0					280	280
75.0			25.0					280	330
99.0				1.0				360	1020
75.0				25.0				360	360
99.0					1.0			1030	1025
84.5					15.4			341	341
73.3						26.7		451	451
71.0			20.0				9.0	246	383

図表4-57　代表的な金系はんだ

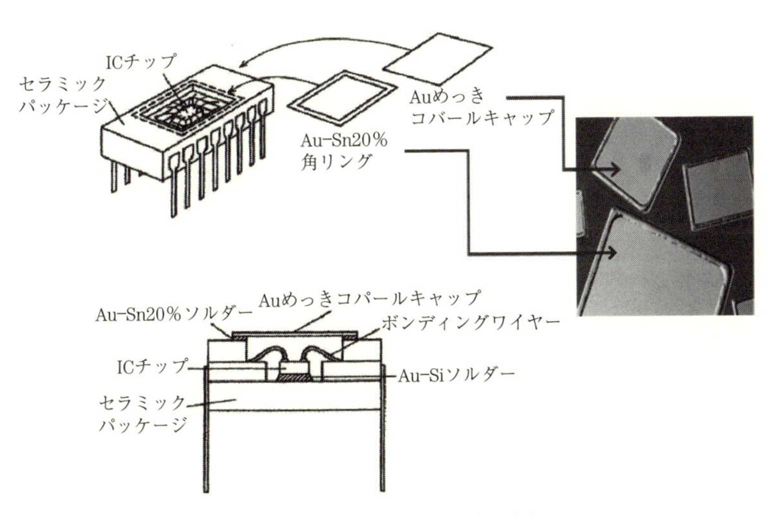

図表4-58　IC チップ組立の例

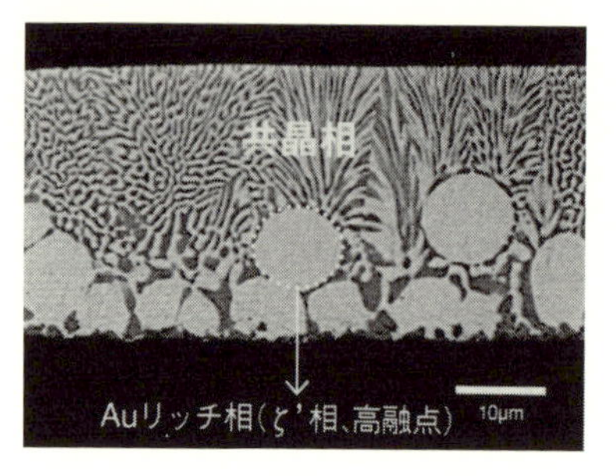

金-すず20%合金での接合

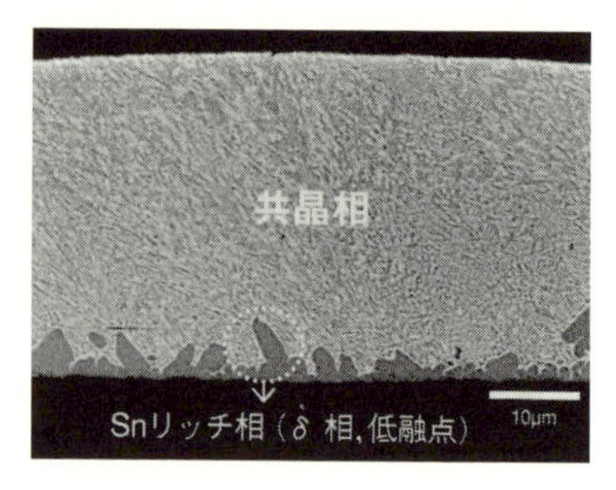

金-すず21.5%合金での接合

左は右に較べて共晶点での溶融により異常な合金組織となっている

図表4-59　金―すず合金での接合

金めっきされたコバールキャップでシーリングする場合の例を示しています。セラミックスとICチップは金―シリコン２%合金はんだが使われ、金めっきのコバール周囲には金―すず共晶合金はんだが使われています。この合金割合は共晶点をわずかにずらしたすず21.5%が最も適しています（**図表4-59**）。その理由は、コバールが金めっきされるので、溶融に伴い金の量が増加して共晶点に至ることによります。

携帯電話に使われるソウフィルターの振動子の接合などにも金はんだが使われています。

4-7 ● 医療用材料

（1）歯科用材料

貴金属が義歯として使われたのは紀元前４～５世紀も前のことです。そのころは、動物の歯、骨などを人の歯の代用として使い、それを固定するために金のリングで止めていたようです。

現代の貴金属の義歯には、虫歯の欠損部分を埋めて修復するためのインレー、その欠損がさらに大きくなると、冠状に成形して上からかぶせて補修するクラウンなどがあります。歯が1、2本抜けてしまった部分の補修には、両隣りの歯を支えに橋のように渡し、義歯とそれを止めるためのバネ性のある材料がブリッジとして使われています。

義歯は人の口の中に入るので、材料には毒性がなく、唾液とか口中の各種食品などに腐食されない耐食性が必要です。耐食性という面では貴金属は非常に優れていますが、細胞毒性という面からも白金、パラジウムは毒性がないとされています。

もちろん人間の舌や唇に接触しますので、その感触に違和感がないことも求められます。そして人体に対する安全性を保つため歯科材料の製造は厚生労働省の所轄官庁への届けおよび承認が必要で、生産実績の報告や立ち入り検査が実施されています。

このような特性を持つ材料で、かつ歯としての機能に適した鋳造性、精密加工性や表面の仕上げ方法、そして噛む力が60 kgf/mm^{2}かかっても変形が起きず耐えられるだけの機械的強さが必要になります。そのために、使われる部位や機能に適した合金の選択とその合金の加工方法、熱処理などが工夫され、こうした条件に適合した材料が作られています。

①鋳造用合金

鋳造用合金は、歯の欠損部分を埋めるためのインレーや支持のためのブリッジ、義歯床など強度が求められる部位に使用されます。本人の歯型と同じ形状を精密に作るのには、機械加工に比べてロストワックス鋳造が適しています。まず患者の口から直接、印象材を使って歯型を立体的に陰型として写し取ります。この陰型を基にして歯の形状をワックス（ろう）で再現します。再現用のワックスは鋳造鋳型を作るためのリングの中に入れて、ワックスの周りを石膏またはセラミックスを水に溶かした鋳型材料で包みこむように埋め込み、乾燥後電気炉にて焼結します。電気炉内でワックス（ろう）は溶けて流出し、歯の形をした空洞が鋳型に残ります。この鋳型に貴金属合金を流し込むと歯とまったく同じ形状の精密な貴金属製の義歯が再現できる方法です（5-1(6) ロストワックスの項参照）。

鋳造用合金は金—銀—銅合金を基本として、それに白金やパラジウムなどを合金して機械的強さを高めています。さらに結晶粒子を小さくし、じん（靭）性を高めるためにイリジウム、ルテニウムが微量添加される場合があります。こうした義歯に非常に多く使われている材料は金—銀—パラジウム合金です。**図表4-60**に鋳造用金合金の例を示します。

②加工用合金

義歯を支えるクラスプと呼ばれる部品は、線や板に加工したものが使われますが、この材料には強さとバネ性が求められます。すなわち弾性率（ヤング率）が高くろう付性に優れ、曲げたりする塑性加工性の良いことが必要で、白金加金と呼ばれている金70%-白金６%-銀６%-銅13%-ニッケル５%合金が一般的です。この材料は0.2%耐力が74.9 kgf/mm^2、弾性限応力56.6 kgf/mm^2と非常に優れた弾性率を持っています。これ以外にも金12%-銀—パラジウム合金線（0.2%耐力63.7 kgf/mm^2、弾性限応力48.1 kgf/mm^2）などが使われています。

③ポーセレン焼き付け用合金

金、銀、パラジウムなどの金属義歯は、ほかの歯と並ぶと色に違和感があります。昔の人は金歯を入れて自慢した時期もあったようですが

番号	タイプ	組　成（%）					
		金(Au)	銀(Ag)	銅(Cu)	パラジウム(Pd)	白金(Pt)	亜鉛(Zn)
1	軟質	79～92.5	3～12	2～4.5	<0.5	<0.5	<0.5
2	中間	75～78	12～14.5	7～10	1～4	<1	0.5
3	硬質	62～78	8～26	8～11	2～4	<3	2
4	部分義歯	60～71.5	4.5～20	11～16	<5	<835	1～2
5	硬質	65～70	7～12	6～10	10～12	<4	1～2
6	部分義歯	60～65	10～15	9～12	6～10	4～8	1～2
7	部分義歯	28～30	20～30	20～25	15～20	3～7	0.5～1.7

図表4-60　鋳造用金合金

…。今はクラウンなどの金属の表面にポーセレン（陶材）を焼き付けて、周囲の歯の色に合わせることによって、外観からは本人の歯か、義歯か見分けがつきにくいほどの仕上がりになります。ポーセレンとの密着性が良く、熱膨張率の近い合金が必要とされ、高い弾性係数と優れた耐食性と厳しい条件が要求され、作るのが難しいといわれています。微量のすずやインジウムなどを加え鋳造後の表面に酸化物を生成させると、その酸化物とポーセレン中の酸化物成分とが化学的に結合して密着性が高まり、強い接合が得られます（**図表4-61**）。**図表4-62**にポーセレン焼き付け用合金組成の代表例を示します。

これらの材料のほかに、価格の安いニッケル―コバルト系やコバルト

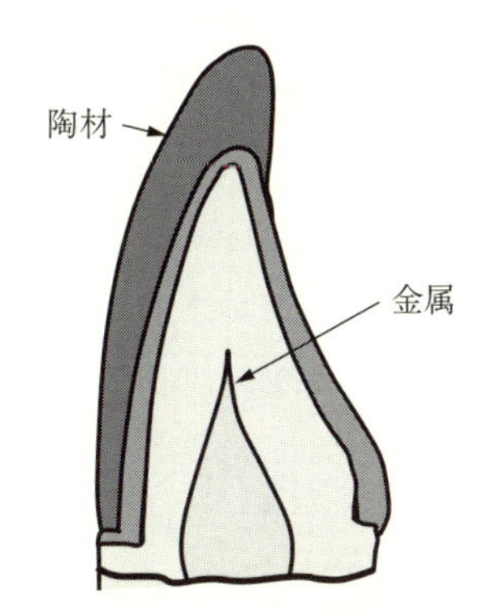

図表4-61　ポーセレン被覆の歯断面模式図

合金	組成範囲（mass％）								弾性率
	Au	Pt	Pd	Ag	Cu	Sn	In	その他	
Au-Pt-Pd系	74～88	0～20	0～16	0～15	—	0～3	0～4	Zn＜2	90
Au-Pd系	45～68	0～1	22～45	—	—	0～5	2～10	Zn＜4	124
Au-Pd-Ag系	42～62	—	25～40	5～16	4～20	0～4	0～6	Zn＜3	110
Pd-Ag系	0～6	0～1	50～75	1～40	—	0～9	0～8	Zn＜4 Ga＜6	138
Pd-Cu系	0～2	0～1	66～81	—	4～20	0～8	0～8	Zn＜4 Ga<3～9	96

図表4-62　ポーセレン焼き付け用合金

ークロム系の卑金属合金が使われていますが、耐食性が不十分など信頼性の点では貴金属には及びません。

最近、人工歯根にアパタイトやセラミックスが利用され、インプラント材料としてチタン合金が使われていますが、貴金属材料も依然として多量に使われています。

④歯科用アマルガム

水銀は金、銀、鉄、クロム、コバルト、白金などと合金してアマルガムを作ります。アマルガムとは、ギリシャ語で軟らかいものという意味です。

JIS 規格では、銀―すずを主成分に金、パラジウム、銅、亜鉛、インジウムと共に水銀は３％以下と規定されています。

銀含有量の多い代表例は銀≧65%、すず≧25%、銅≧６%、亜鉛≦２%、水銀≦３%の合金ですが、この合金は使用中に、主としてすずの硫化物（Sn_2S_3）ができることにより変色する可能性がありますので、人の目に触れない臼歯部に使われています。

材料は銀―すず―銅―亜鉛合金を融解して、アトマイズ法によって噴射し粉末にして治療時にその粉末を水銀と混錬、粘土（ペースト）状にしたものを臼歯のすきまの中に充填して補修します。手軽に修復できるので、便利に使われてきましたが、有機水銀による中毒問題の発生で、水銀の使用に抵抗を感ずる患者が増えたこともあり、その代替材料として複合レジン系の充填剤も使われています。充填材料にはアマルガム以外に純金の箔や粉なども使われています。

⑤その他の合金

金―チタン合金はアレルギーの原因となる金属イオンの溶出を極めて少なく抑えるために、耐食性の高い金を主成分としていますが、強さを高めるために人体に影響が少ないチタンを1.6〜1.7%合金した２元合金が基本です。これにイリジウムを微量添加した合金も使われています。この材料は溶体化処理後に析出硬化できます。鋳造のまま使っても機械

種類	組　成（mass%）							溶融温度 T/℃	
	金（Au）	銀（Ag）	白金（Pt）	パラジウム（Pd）	銅（Cu）	亜鉛（Zn）	その他	液相線	固相線
陶材焼付合金用ろう	90	5.5	2.0	—	—	—	Sn	1115	1055
	79.0	17.8	1.0	1.0	—	—	In、Sn、Cu	1070	1015
K 18	75.0	5.5	—	—	10.5	7.0	In	805	730
K 16	66.7	11.0	—	—	11.0	9.3	In	770	700
K 14	58.5	14.5	—	—	14.5	10.5	In	765	695
金、銀パラ	20.0	31.0	—	15.0	25.0	6.0	In	820	770
銀ろう	—	56.0	—	—	22.0	17.0	Sn：5	665	—

図表4-63　歯科用ろう材の組成と溶融温度

加工して使っても非常に強い材料であって、インレーからブリッジ、金属床、陶材焼き付けなどすべての用途に適する合金です。熱膨張率も従来の陶材焼き付け材料と較べほぼ同じで、チタンの添加によって陶材との接合性が良くなり、耐食性にも優れ、純チタンに較べてイオン流出が1/5程度まで減少しています。

⑥歯科用ろう材

上述してきた材料の接合に各種のろう材が使われています。ろう材は母材の融点より低いことが必要です。**図表4-63**に示すように、陶材焼付用には金含有量が90%及び79%で銀と白金とすずなどが入って、融点が少し高めで液相線が1115℃、1070℃のろうです。

各カラット金（金の含有割合に対応した呼称）であるK 18、K 16、K 14に適する合金は一般のろうと同じように銀、銅、亜鉛とインジウムを含有した低融点のろう材です。そのほかに金—銀—パラジウム合金用のろう（液相点820℃、固相点770℃）や銀—銅—亜鉛—すず合金（液相点665℃）などが使われています。

(2) 抗がん剤

がんは、発見された状況にもよりますが、がんの発症部位や症状の進行状況などを勘案して医師の判断により治療方法が選択され、放射線治療、患部を除去する外科手術、その併用や医薬投与などさまざまな治療が行われています。もちろん患者本人にとっては身体的な負担が少なく費用が安価で効果の上がる方法が望まれます。

有名な白金系の制がん剤であるシスプラチンは、1978年にカナダ、アメリカで製造承認を受けて、睾丸腫瘍やその他の多くの種類のがんに用いられてきています。日本では1983年に認可され、胃がんを始め多くのがんに使われてきました。しかし、このシスプラチンはがんに対する効果は著しいのですが、同時に腎毒性や激しい吐き気などの副作用が極めて強いため、その副作用を抑える投与方法が検討されてきました。

こうした問題を解決する新たな白金系化合物が研究され、腎毒性を緩和し腫瘍に対してほぼ同じような効果のある白金系制がん剤、カルボプラチンが開発され、欧米並びに日本でも使用されるようになりました。同様の効果がある白金系制がん剤として日本で開発されたネダプラチンが国内で使用されています。

名古屋市立大学名誉教授故喜谷喜徳先生が見出した白金系化合物「オキサリプラチン」(oxaliplatin、1-OHP) が医薬品として1996年にフランスで、その後イギリス、ドイツなどEUの各国、続いてアメリカ、さらに日本でも承認されて、現在では全世界で大腸がん治療薬として使用されるようになりました。

このオキサリプラチンは前述の3つの白金系化合物とは構造的に異なっています。これまでのものは白金にアンモニア (NH_3) が配位されていましたが、オキサリプラチンはこのアンモニアに代わり、2価の白金にトランス-1、2-シクロヘキサンジアミン (cis-((1R、2R)-1、2-シクロヘキサンジアミン-N、N′) が配位した構造で光学活性物質であるという特異な性質を持っています。

このオキサリプラチンは鏡の関係にある光学異性体の一方のRR体です。RR体のみが治療効果を示すので、もう一方の光学異性体であるSS体の含有量など厳密な製造管理がなされ、オキサリプラチンが製造されています。

治療効果の一例として大腸から肝臓に転移したがん病巣に対してオキサリプラチンを投与した肝臓の回復状況のCTスキャン結果を**図表4-64**に示します。

シスプラチンを使用した治療でがん細胞が耐性を持ってしまい、効果を示さなくなってしまった場合、オキサリプラチンはそのがん細胞にも効果があります。またシスプラチンでの回復後再発した患者や、シスプラチンがまったく効かなかった患者に対しても効果的な治療薬として使用されています。

現在日本では、エルプラットという商品名で実用化されており、オキサリプラチンとほかの抗がん剤を複合使用するとさらに効果が高まるこ

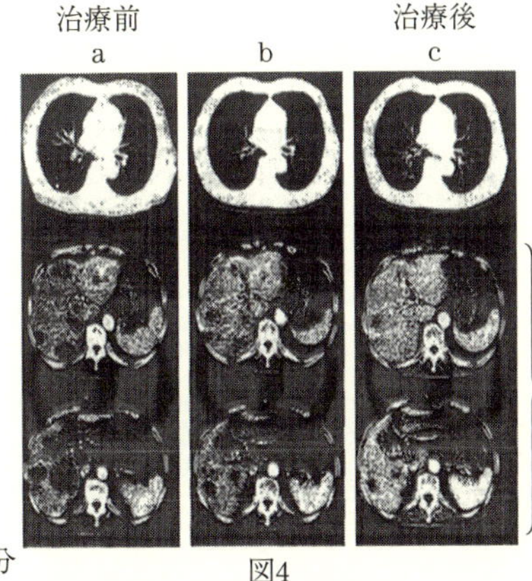

a：L-OHP/5-FU/l-LV 治療前
b：L-OHP/5-FU/l-LV 治療後2コース施行後
c：L-OHP/5-FU/l-LV 治療後5コース施行後

図表4-64 大腸がん治療の結果

とがわかり、がん患者にとっての福音となっています。

(3) 循環器系材料

循環器疾患や脳疾患の負担を軽減する治療法として、ステント（**図表4-65**）や塞栓コイルを用いた血管内治療法が採られるようになってきました。

こうした治療が可能になったのは脚の付け根、手首、肘などの動脈から、心臓や脳の内部に挿入した直径２mmの細いカテーテルで造影剤を注入し、これによって映し出された患部を正確に見極められるようになったためです。このカテーテルの先端位置を追跡するためにX線ではっきり認識できるマーカーに金や白金が使われています。

こうした検査で発見された脳動脈瘤の治療は、これまでは外科医による開頭手術で脳動脈瘤のできた血管をクリッピングして血流を防いでいましたが、開頭せずに治療する方法として塞栓術が行われています。脳動脈瘤や脳動静脈奇形などの病巣部に人体に害のない人工物を詰めて固まらせその瘤の破裂を防ぐ治療にも白金合金製の細線などが活躍しています。

この詰め物として柔軟性のある白金合金線（白金―タングステン８％合金など）が使われています。太ももの付け根から直径２mm前後のカテーテルを挿入し、その中に直径0.5mmのマイクロカテーテルを通して、血管内の病巣に送り込み、白金系合金線をマイクロカテーテルか

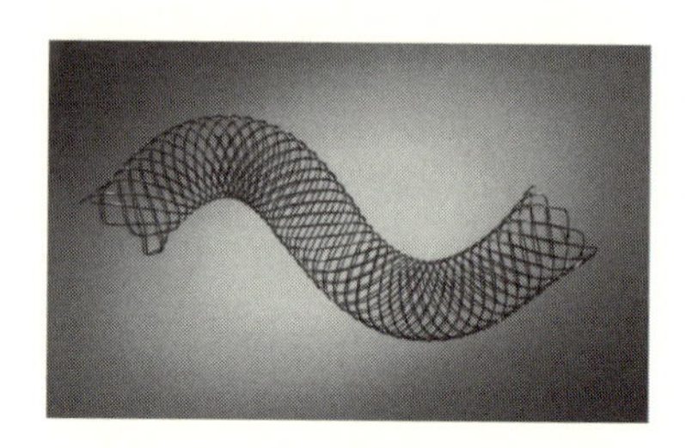

図表4-65　血管の拡張用ステントの例

ら押し出して動脈瘤内に詰めて切り離すとその中に血栓ができて自然に凝固し破裂の危険性を防ぎます。

この詰め物はX線透視で認識しやすい材料、すなわち密度が高く耐食性が良く、人体に悪い影響を及ぼしにくい材質で、動脈瘤の形状に一致するような柔軟性が必要で、これに白金合金線が適していることから使われています。しかし白金合金線は必ずしも、血液凝固能が高くないことや、内部にきちんと詰め込む必要があり、そうかといって詰め込みすぎると逆に動脈瘤を破裂させますので治療時に十分な注意が必要です。

心臓に栄養を補給する冠動脈の硬化などによって血液が流れにくくなる狭心症の治療に近年はガイドワイヤーとカテーテルを用いた血管内治療が主流になっています。この治療にはバルーン（風船）治療とステント治療があり、ステントにはステンレス鋼や形状記憶合金などの材料が使われていますが、貴金属も使われています。

(4) ペースメーカー

健康な人の心拍数は1分間に70回前後です。不整脈の場合は20～30回に減り、めまい、息切れ、動悸が起きてひどい場合は意識がなくなることがあり、この症状を徐脈と呼んでいます。そのまま放置すると合併症として心不全を起こして心停止に進行する可能性があります。

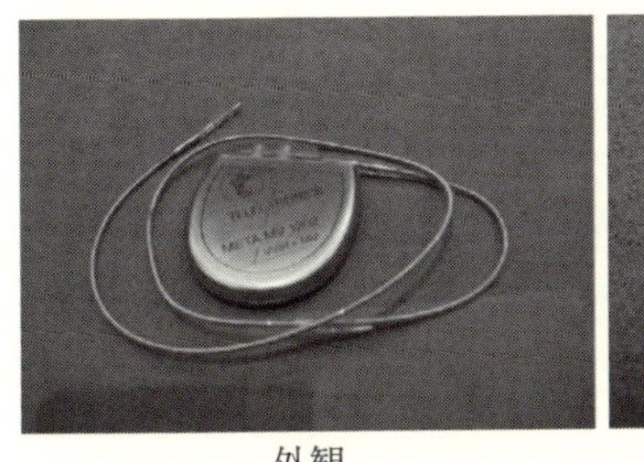
外観

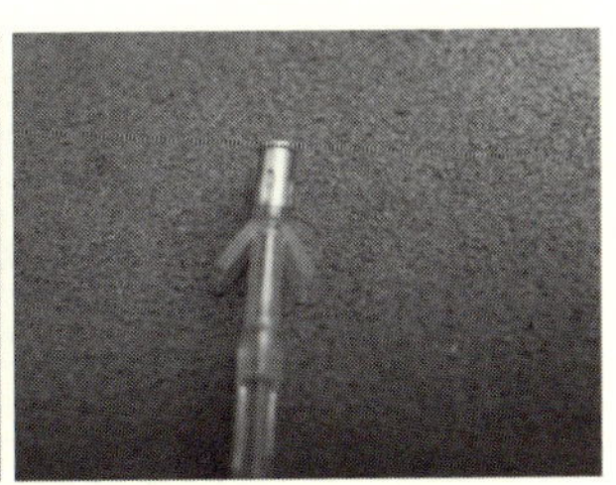
ペースメーカー電極部

図表4-66　ペースメーカー（体内埋め込み）

ペースメーカーは、このように低下した心拍数を正常な数値に戻すために、鎖骨の皮下に埋め込まれ電極の先端を心筋に入れて心臓を刺激し、必要な心筋収縮を発生させる小型の医療機器です（**図表４-66**）。

この埋め込み手術に要する時間は30分～１時間で、手術から１週間くらいで退院でき、さらに１週間くらいして傷が治れば社会復帰できます。

本体は電池、コンデンサー、IC 回路からなり、回路からの電気信号は長さ40～50 cm、直径数 mm の細い柔軟なワイヤを通して先端の電極から心筋に伝えられます。この電極の材料として白金―イリジウム10%合金やチタンなどが使われています。

（5）体外診断薬・検査キット

疾患の早期発見には、簡便・迅速にできる体外診断薬が望まれています。

従来の一次スクリーニング早期診断には試料中に含まれる抗体あるいは抗原を検出・定量する際に EIA（酵素標識免疫測定）法が用いられていますが、EIA 法では、①操作に精通した技術者が必要である、②特定の装置が必要なため簡便迅速に検査できない、という問題点がありました。また最近では、インフルエンザウイルスへの感染、妊娠の有無、アレルギー物質の検出などで簡便・迅速な診断が可能なイムノクロマト法も多用され始めてきました。しかし簡便・迅速ではありますが、感度（検出下限）が低いため検診や一次スクリーニングにしか使えず、精密検査や再発検査での早期発見用途には向きませんでした。

実際、前立腺がんマーカーである PSA（前立腺特異的抗原）診断薬キットの場合、イムノクロマト法の検出下限は４ ng/ml（ナノグラムは10億分の１ g）です。ところが、年齢や家族歴、触診を考慮した精密検査では0.5～２ ng/ml、再発検査では0.2～0.5 ng/ml の範囲の検出下限がそれぞれ必要とされているので、イムノクロマト法検査薬では前立腺がんの早期発見や再発防止用としては不十分でした。この方法は毛細管現象を利用して、血液など検体中の抗体あるいは抗原の有無を短時間で簡単に診断できるという長所がある反面、早期発見に必要とされている感度を満たしていないため、さらなる感度の向上が望まれていました。

こうした背景から、新たに開発されたイムノクロマト法の診断キットは、金コロイド粒子の大きさを60 nm程度に均一に揃えて、金コロイドに抗原または抗体を固定することおよび、プラズモン効果による発色現象を利用し感度を向上させたものです。

図表4-67に、この診断キットの検出原理と検出例を示します。この診断キットは高病原性鳥インフルエンザウイルスＨ５Ｎ1型の特異的検出もでき、食品中の豚肉の検出も可能なことから、臨床現場のみならず、あらゆる検査現場で迅速かつ高感度検出キットとしての適用が期待されています。

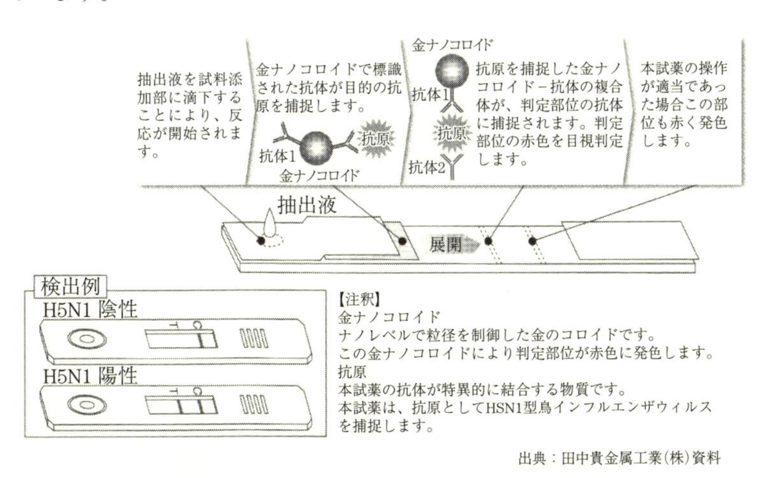

図表4-67　診断キットの検出の原理と検出例

4-8 ● その他化学工業で利用される材料

（1）化学繊維紡糸口金

人類がはじめて手にした人造繊維（再生繊維）は木材パルプを原料としたものです。パルプを苛性ソーダで膨潤させ、アルカリセルロースとして二硫化炭素と反応させてデンサートとし、これをさらに苛性ソーダ液で溶解します。その原液を金―白金合金製の紡糸口金の底面に開けられた微細孔から押し出して硫酸亜鉛、硫酸ナトリウム溶液などの希硫酸溶液中で凝固させて細い繊維にします（**図表4-68**）。その後の洗浄、漂白などの工程を経てレーヨン繊維ができ上がります。

このレーヨン繊維を紡糸するときに使われるのが紡糸口金（ノズルまたはスピナレット）です。

長繊維用口金は直径がϕ9～12.5 mm で、フランジのついた円筒の口金の底面に設けられた孔は直径0.06～0.08 mm、数ホールから数百ホールで**図表4-69**のようにすり鉢型をしており、入口が大きく下部にキャピラリーと呼ばれるストレートの部分があります。

短繊維（ステープルファイバー）用口金の孔の形状と寸法は同じで孔数が数千ホールから数万ホールあり、口金の直径はϕ24～120 mm で、装置の規模や孔数によりさまざまでフランジ付きのキャップ状をしてい

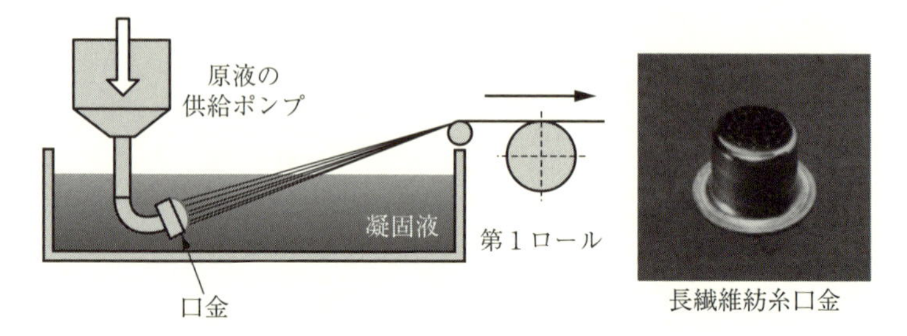

図表4-68　紡糸装置の構造

ます。短繊維用口金（**図表4-70**）は孔数が多いので大きな口金またはクラスターノズルと呼ばれる多数の小さな口金を一つにまとめたものが使われています。

口金材料に求められる性質は、精密で微細な孔を加工できる機械加工性と強さ、吐出部分のエッジをシャープに加工できる結晶粒子の細かい組織、併せて酸とアルカリの双方に対する耐食性が必要となります。

苛性ソーダで溶かされた原液の中には、繊維の特徴に多様性を与える目的で添加されるチタン酸化物の微粒子などは硬くて微細孔を摩耗させるのでこれに耐える耐摩耗性がないと繊維寸法の精度にばらつきが生じ

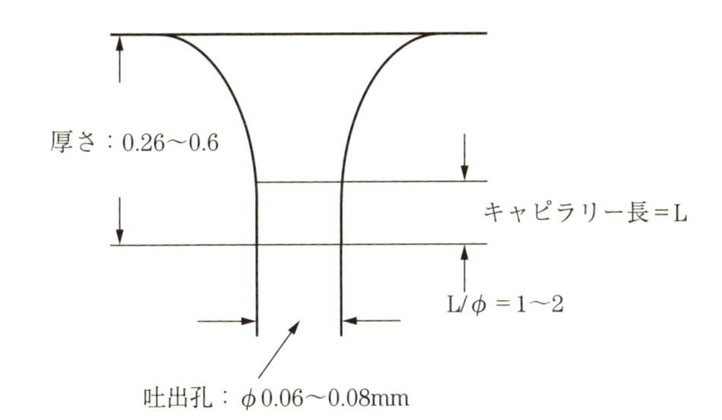

図表4-69　吐出孔の断面形状

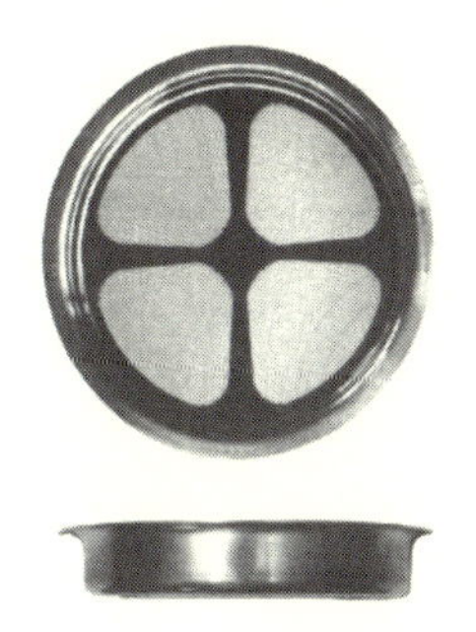
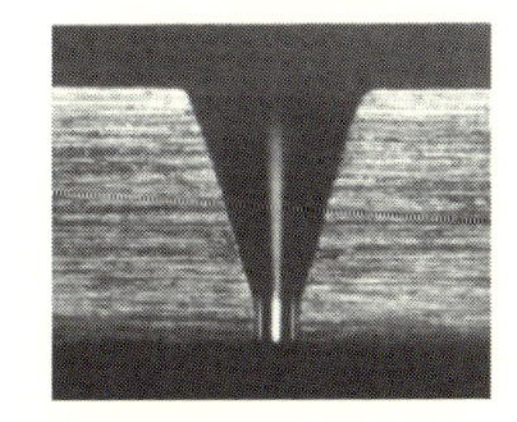

図表4-70　短繊維紡糸口金

合金	Au (%)	Pt (%)	Rh (%)	密度 (g/cm3)	硬さ (HV)	伸び (%)	引張り強さ (MPa)
Pt-Au	40	60	—	20.1	150	30	58
Pt-Au	50	50	—	20.4	185	20	60
Pt-Au-Rh	50	49	1	20.3	170	25	55

図表4-71　主な合金の種類機械的性質

ます。さらに紡糸の押出圧力に耐えるだけの機械的強さも必要です。これらの特性を併せ持つ材料が金—白金合金です。この合金は溶体化処理によって軟らかくした状態で深絞りによる口金成形と、底部への微細孔加工後、析出硬化によって強さを高めることができる特徴があります。

日本では金—白金40%合金が使われ、海外では金—白金40～50%に0.5～1%のロジウムを添加したものや白金—ロジウム10%合金が使われています。現在使用されている主な金—白金合金の種類を**図表4-71**に示します。ロジウムの添加は結晶粒子の微細化と靱性を高める目的があります。

生産性を上げるためにより多くの孔を一つの口金に密集させ孔と孔のピッチを狭くすると孔加工上の限界があること、および凝固の際に凝固液である希硫酸が繊維一本一本に均一に接触しないため未凝固箇所が発生し押し出された原糸が不良品になります。口金をできるだけ小さくし、狭い底面積にいかに多くの孔を配列させ、いかに均一に凝固させるかなど、多様な繊維を得るために孔の形状と配列にさまざまな工夫がなされています。

紡糸中に原液中の添加物や不純物が口金の孔に詰まり、繊維の寸法や形状、吐出量に不揃いが生じて、紡糸圧力が上昇し、口金の変形と底面の亀裂が発生し、液漏れが起きる場合があります。

(2) 不溶性電極

液体中（水溶液、溶融塩、溶融金属）に2本の電極を入れて、その間に電圧をかけると液体中の化学物質と電極間で電子の移動による化学反応が起こります。電源の⊕極（アノード）側では酸化（電子が奪われる）反応が起き、反対側の⊖極（カソード）側では還元（電子が与えられる）反応が起きます。この反応によって、元の物質は化学的に分解します。これを電気分解（電解）といいます。この電解によって生成された物質が、液中に残る場合と、電極上への析出または気化してガスになるなど液体から分離する現象があります。このような電解の原理が元の原料から別の物質を製造する、あるいは溶液中から金属を抽出し純度の高い金属として取り出す、またはめっきなどに応用されています。

ソーダ工業ではイオン交換膜電解法によって、濃い食塩水から苛性ソーダと塩素を作っています。この陽極にはルテニウム酸化物系を主とした貴金属酸化物を焼成によって被覆したチタン電極が使われています。その理由は、食塩電解液に対する耐食性が良いこと、酸素の過電圧が低いので消費電力が少なくてすむことです。さらに酸素過電圧を下げて電力原単価を低減する開発が継続して行われており、パラジウム酸化物系、白金―イリジウム合金系、白金―イリジウム酸化物系などの電極が開発されています。また、海水を直接電解する隔膜を使わない、無隔膜食塩電解法では、白金めっき／チタン電極が使われ普及しました。その後、耐食性に優れ電流効率が良く、槽内の電圧を低く抑えることができる酸化パラジウム系、白金―イリジウム酸化物系の材料によって電極の年間消費電力が20～25％改善されるに至りました。

上下水道などの浄化に用いられてきた高圧液化塩素注入法に替わり、電解を利用した電流効率の良い製造装置が開発されました。その電流効率を改善するために食塩水から次亜塩素酸ソーダ含有水製造用の酸化パラジウム系の電極が登場しました。これにより、３％より薄い濃度の食塩水から次亜塩素酸ソーダ濃度の高い水溶液を作ることができるようになりました。

一般に鉄鋼板の表面めっきには、すずや亜鉛の連続高速めっき鋼板用の対極とか亜鉛の電解採取、銅の電解精製など二酸化鉛極が使われています。が、鉄鋼板に対する、すず高速めっき対極として白金めっき／チタン電極が、亜鉛の高速めっき対極には白金―イリジウム系酸化物／チタン焼成電極が使用されています。白金族の焼成電極は耐食性が良いことと酸素過電圧が低いこととで省エネ運転に役立っています。

このほかに石油または石炭の燃焼時に出てくる排煙の中から有毒な亜硫酸ガス（SO_2）などを取り除いて浄化するための排煙脱硫装置中に、亜硫酸ガスを含む排ガスを苛性ソーダ（NaOH）水溶液で洗浄した排液は芒硝（$NaSO_4$）を主成分とする水溶液になります。これを隔膜電解して苛性ソーダと硫酸を製造するリサイクルプロセスの電極にチタン／白金族酸化物系の焼成電極が使用されています。

また、これらの電極は電着塗装や給湯ボイラーの貯湯タンク内の電気防食、プールなどは貯水槽での殺菌にも使用されています。最も身近なところでは一般家庭の整水器でアルカリイオン水、酸性水の生成、24時間風呂などに白金族酸化物／チタンが幅広く使われています（**図表4–**

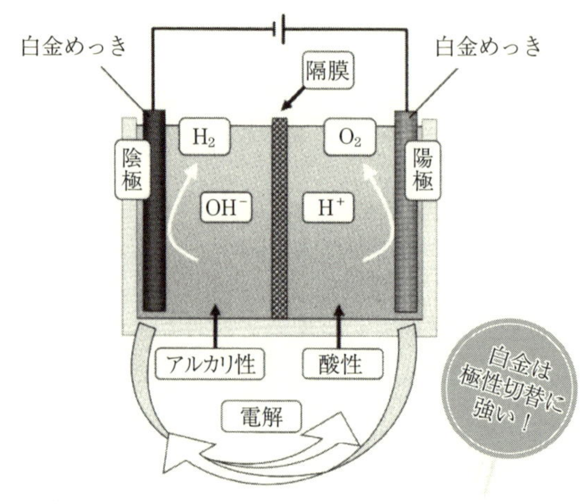

極性（陽極・陰極）を切替えて、ミネラル分の付着を抑える

図表4–72　アルカリイオン水製造原理

72)。

(3) 化学分析用るつぼ、蒸発皿

化学分析用のるつぼや蒸発皿は、理化学実験に代表されるような実験器具を思い浮かべると最もわかりやすいでしょう。高温下で物質を溶融させることに使われることが多いので、るつぼはそれ以上の高熱に耐えられる耐熱性のある材質で作られています。多くはアルミニウムの酸化物であるアルミナ、ジルコニウムの酸化物であるジルコニア、マグネシウムの酸化物であるマグネシアなどのセラミックス製です。しかし、さまざまな分野での分析における試料の処理過程で、強熱処理による残渣の分析や、あるいは硝酸や塩酸などの酸に溶解させたりする処理がJIS規格などで規定されている場合も多くあります。このような処理には、るつぼ成分の混入を嫌うため、高温下で安定な、しかも酸のような化学薬品に侵されにくい性質を有する白金や金、さらにはイリジウムといったように、処理条件によって選択された貴金属製のるつぼが分析化学の分野で多用されています。

中でも白金製のるつぼや蒸発皿は鉄鋼、コンクリート、セラミックスなどの品質管理での分析を始め、環境、食品、医薬品などあらゆる分野においてその化学的安定性と耐熱性、耐薬品性という特徴を活かした使用がなされています。

白金はフッ素や塩素の存在下で強熱されるとハロゲン化合物を生成し、るつぼ損傷の原因ともなるので、内容物との反応性をよく理解したうえで用いる必要があります。またカリウムやナトリウムなどのアルカリの酸化物や過酸化物を溶解すると、酸化白金になることがあるので、このような使用には金が良いようです。

一方、外部からの汚染により油分や有機物が付着しているるつぼや皿をそのまま加熱すると還元性のカーボンを生成したり、あるいはバーナー加熱などの炎そのものが高温の還元炎であったりすると、溶解した分

析試料の酸化物が還元されて金属元素に戻ります。これが白金に拡散して低融点合金を生成し白金が溶けてしまったり、溶けるに至らずとも脆くなってクラックを生じ、割れるというようなこともあるので清浄に保つことが重要です。

これらの点は取扱い上の注意で防止できるのですが、こういったこととは別に白金族金属は酸素の存在下で1000℃を超えるような高温にさらされると、酸化揮発という現象を生じる本質的な問題があります。

揮発物は高温下では蒸気になっていますが、温度が低くなると酸素を解離して金属粒子に戻り、これが不純物となって混入するので分析目的によっては注意する必要があります。

(4) 蛍光Ｘ線分析試料作製用ビード皿

ビードというのは文字通りガラスビードのことをいいます。ここでは蛍光Ｘ線分析に用いる試料のことをさしています。Ｘ線という言葉は、健康診断のときにレントゲン撮影を受けることからよく耳にされていると思いますが、このＸ線もさまざまな分野に利用されています。Ｘ線の中で、"固有Ｘ線"あるいは"特性Ｘ線"と呼ばれる各元素に固有のものがあります。ですから、試料からの特性Ｘ線を測定すれば、その試料がどういう元素から成り立っているか、どんな元素が不純物として混じっているか、さらには、Ｘ線の強度を比較することで定量値などがわかるというわけです。一般的には基準となる試料（標準試料）との比較で分析値が決定されます。この分析方法の一つに蛍光Ｘ線分析があり、金属、セメント、石油工業などにおける原料分析をはじめ、環境面、医学面などといった実に広範囲の分野で利用されています。

ガラスビードはこの分析法で構成元素の特定や、品物の良否の判定に供されるサンプルとなります。分析結果は、試料の表面状態に左右されるので、できるだけ常に同じ状態の試料が得られることが望まれます。この分析試料を作製するのに用いられるのがビード皿（**図表4-73**）で、当然のことながら均一性が求められます。具体的には、1000℃を超える高温度で溶融しガラス化した後、割れないようにゆっくり冷やして固化され、サンプルとなります。このとき多くの場合、ビード皿の底に当たる面が測定面となるので、この面が平坦でかつ鏡面になっている必要があります。

こういった要求から、ビード皿の内面も平坦かつ鏡面でなければなりません。固化した後、ビード皿から取り出すときにスムーズに出てこないとビードが割れたり疵が入ったりして表面状態が損なわれます。そこでビードが取り出しやすい（つまりガラスがぬれにくい）性質を持つ材質が好ましいことになります。ぬれやすさ・ぬれにくさは、接触角（またはぬれ角）によって定量的に測ることができます。表面エネルギーが小さい物質はぬれにくく、液体が付着したときの接触角は大きくなります。反対に、表面エネルギーが大きい物質はぬれやすく、液体が付着したときの接触角は小さくなります。テフロンなど撥水性のある物質の表面では接触角は180°に近くなり、液滴はほぼ球形になります。一般に原子結合が強く安定した物質は表面エネルギーが小さく、活性が低いため酸化などほかの物質との反応も起きにくくなります。また、表面に光沢のある固体は、そうでないものに比べ接触角が大きくなる傾向を示しま

図表4-73　ビード皿

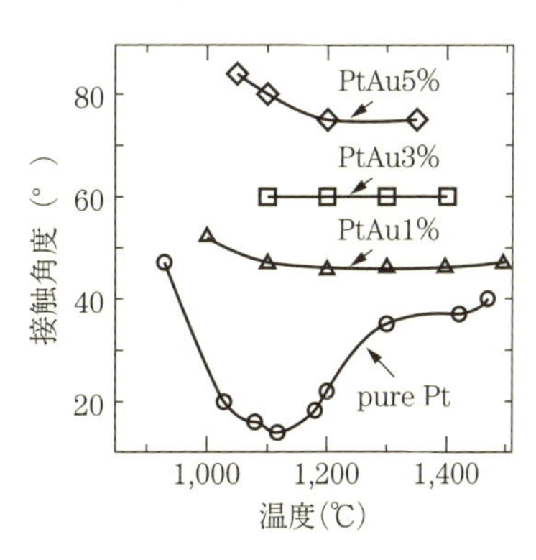

図表4-75　ガラスとの接触角

す。ぬれ現象には履歴特性があり、液体が拡がっていく際の前進接触角は、液体を吸い出すなどして面積が減少していく際の後退接触角に比べて角度が大きくなります。

図表4-74は白金とガラスとの接触角の温度による変化を示しています。このように高温になるほどガラスが白金にぬれやすくなるので、できるだけぬれにくい材質が好ましいということになります。

図表4-75は白金—金合金のガラスとの接触角を温度との関係で示したグラフで白金と比較してあります。図から明らかなように、白金に金を合金してゆくとガラスとのぬれ性が悪くなります。が、金の量が多くな

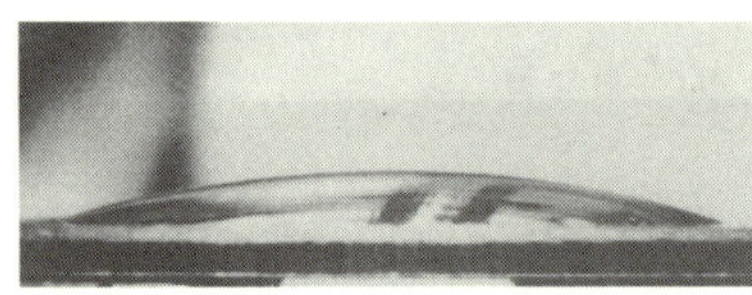

1,300℃

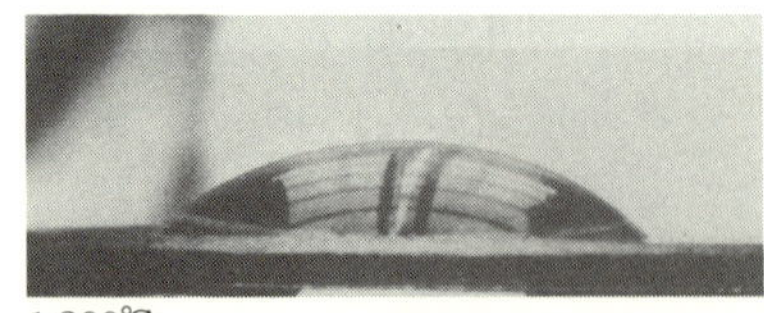

1,200℃

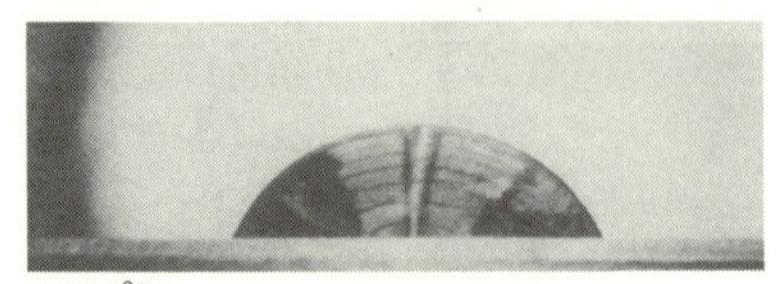

1,100℃

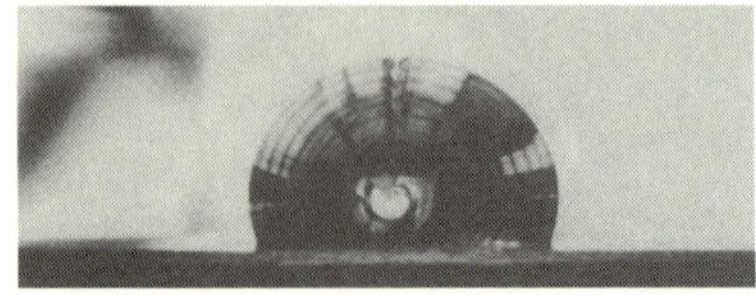

1,000℃

図表4-74　白金-金合金のガラスとの接触角

ると融点が低下し金が溶出しやすくなります。したがって、金を5%含んだ合金が最適であるとされ、ビード皿としては白金—金5%合金が一般的に普及しています。

(5) 水素精製装置用パラジウム—銀合金

パラジウムはほかの金属にない性質、水素を自分の体積の1000倍近く吸蔵できることと拡散速度が速く水素をよく透過する性質があります。この特徴を利用して水素を高純度化するため水素ガス精製装置にはチューブ状やシート状の薄いパラジウム合金膜が使われています。水素透過膜としての合金はパラジウム—銀23～25%で厚さが10～70 μm 前後のシートを円筒状にしたものや一端を溶封したチューブを反対側の水素ガス取り出し口に密封、接合したものなどが使われています。

薄膜の片面から原料の水素ガスを導入し、200～300℃に加熱するとパラジウム—銀合金チューブの表面層に接している水素ガス分子は、パラジウムの触媒作用により原子状に解離し、水素がパラジウムと固溶体を形成して、パラジウム—銀合金内に取り込まれます。取り込まれる水素は、圧力に依存し濃度勾配を生じます。水素導入側の圧力を取り出し側より高くすることにより水素の拡散を促し取り出し側の表面層で再び水素分子になり、ガス化して高純度水素ガスとして取り出されます。要するに水素を原子状態で分離・精製することができるため極めて純度の高い水素を得ることができます（**図表4-76**）。原料ガス中に含まれていた不純物は、パラジウム—銀合金チューブの水素導入側表面層にそのまま残留しています。

実用的にはこのパラジウム—銀合金の薄膜は、分子レベルでのピンホールがあることは許されません。そして高純度に精製された水素ガスをそのままの純度を維持して搬送する配管技術などに高い管理技術が求められます。こうして作られる水素の純度は原料ガスの純度である99.95%から99.9999999%と非常に高いものとなります。

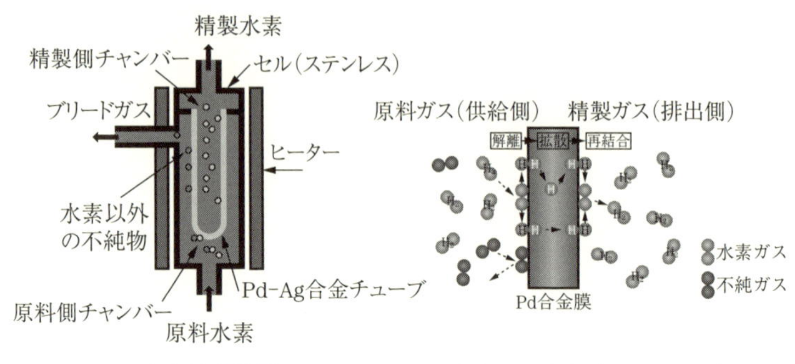

図表4-76　パラジウムの水素透過装置の構造

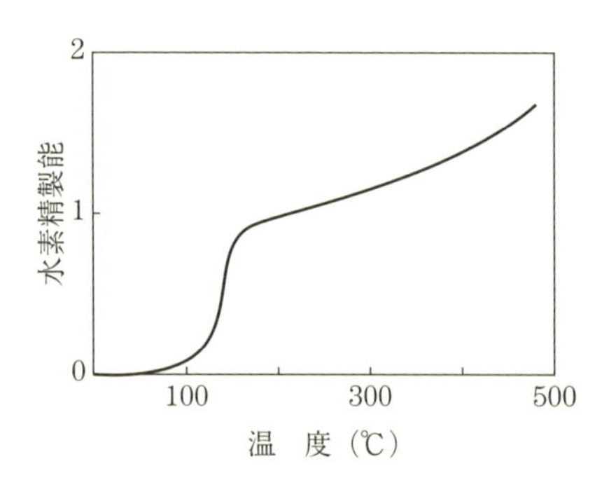

図表4-77　水素の精製温度と精製量

図表4-77はパラジウム―銀合金膜を用いた水素精製量の温度依存性を示したグラフです。パラジウムに銀を合金する理由は、純パラジウムの場合は、200～300℃の温度で精製を繰り返すと、脆化して寿命が短くなるため、脆化を緩和させることですが、同時に透過率も向上します。

(6) 静電気帯電防止用白金極細繊維

白金の極細線はダイスで引き抜き加工によって直径約10μmまでは一般的に生産されています。さらに細くする方法は古くからウォラストン線が有名です。これは銅パイプの中に白金線を入れて引抜き加工することによって製造する方法です。この方法は手間がかかるので大量生産には向かないため、一部特殊な用途にのみ使われてきました。

最近、直径0.1～0.5 μmの白金極細線が量産できるようになりました。この繊維を利用してユニークな製品が開発されています。

医薬品を始めとする各種の薬品や食品などの製造は－100℃から230℃程度の温度範囲で、薬液の反応、融解、混合および粉末の乾燥などを行っています。混合や反応には鉄鋼やステンレス製の大きな装置と撹拌棒が使われており、これらは溶接構造でできています。この容器の中で薬液の反応が起きますので、内面には薬液と反応しにくい琺瑯（ほうろう）ガラスを2層構造で被覆しています。鉄鋼やステンレスに接触する部分はぬれやすいガラスのグランドコートを厚さ0.2～0.4 mmほど被覆し、その上層部にはカバーコートとして薬品に耐え、機械的衝撃や摩耗および熱衝撃に強くて平滑な厚さ0.8～2.0 mmの多成分ガラスが使われています。

ガラスは電気的に絶縁体のため内容物を撹拌すると摩擦による静電気

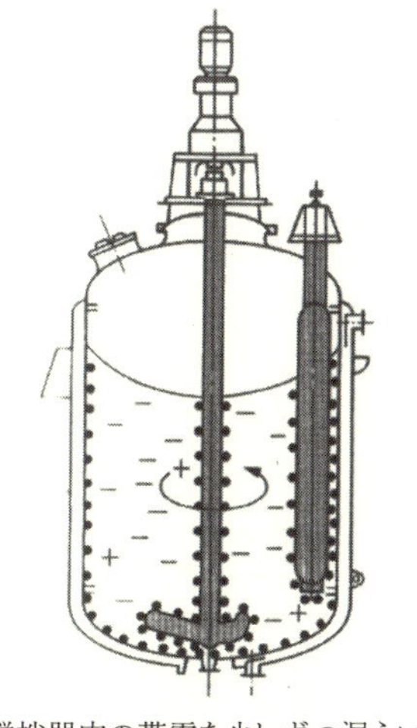

図表4-78　静電気の放電

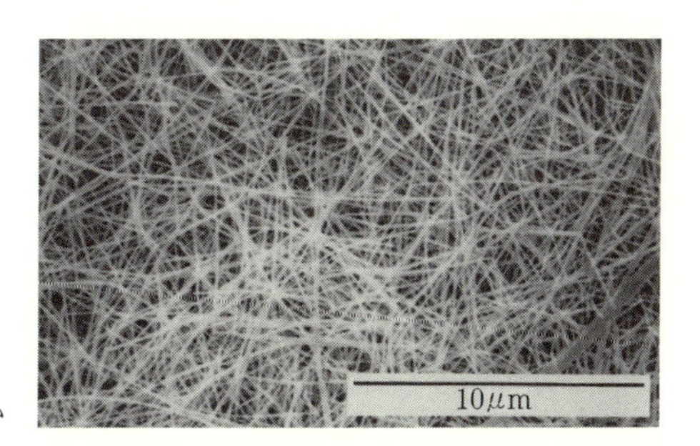

図表4-79　直径0.5 μmの極細白金繊維
（50～100 mm長）

が蓄積し、操業中に放電による小規模な爆発現象が見られます。時には大爆発に至る大きな災害が発生します。その帯電を防ぐために琺瑯ガラスの中に微量の白金極細繊維を混錬し、電気伝導によって静電気を少しずつ漏えいさせて、爆発の危険を防ぐことができています（**図表4-78**）。

ここで使われている極細の白金繊維は直径0.5μm（**図表4-79**）で、釉薬と混練したわずかな白金繊維を琺瑯ガラスに均質に分散させて、強さを高めると同時に蓄電した静電気を少しずつ逃がして爆発を防ぐことができます。

4-9 ● 装飾材料

（1）貴金属地金の品位保証

金、銀は古くから装飾用に使われてきましたが、近年は白金族の使用も増加しています。貴金属製品は貴金属含有量に対する品位証明が正確になされなければ信用を落とすことになります。そのため品位証明としてホールマークが各国で定められています。この起源はイギリスで1300年ほど前に貴金属の粗悪品を製造販売する業者が横行し、時のイギリス政府は消費者保護と輸出品の信頼を取り戻すために優れた金細工職人（ゴールドスミス、goldsmith）を組織し、ロンドン市内に金加工業者の協同組合を作り、そこで作った品物にはエドワードⅢ世の王室公認を与えて、メーカーズマークと年号およびレオパードヘッド（豹やライオンの顔にクラウンマークの付いた紋章図形）を打刻して品位証明として信頼を築きました。

現在各国に波及している貴金属の品位検定は、各国の政府もしくは政府に認定された分析機関によって分析され、その結果である純度を証明する印として個々の製品にホールマークが打刻されています。日本での品位検定は独立行政法人造幣局によって行われています。

こうした歴史的な背景があり、国際市場で通用する高い信用を築くために世界の金市場で最も権威あるロンドン金市場の登録認定機関「ロンドン地金市場協会」(LBMA：London Bullion Market Association) が1987年に正式に設立されました。LBMA は金および銀に関して、溶解業者等を登録する技術審査を担う「公認審査会社」(グッド・デリバリー・レフリー) を任命しています。この技術審査に合格すると、公認溶解業者(グッド・デリバリー：LBMA 理事長から登録証明書を授与される) としてリストに掲載され国際的な市場における大きな信用を与えられます。

LBMA には、銀行などの金融機関、鉱山会社、精製業者、加工業者、荷受人、ディーラーなどの企業が正会員および賛助会員として加盟しています。グッド・デリバリー・リストはこれとは別に金と銀で設けられており、2011年1月現在、金は26カ国において合計60社、銀は24カ国において合計70社が存在します。この内、日本では金10社、銀13社が登録されています。世界の金・銀地金市場で、金や銀を売買するには、金・銀それぞれの精製技術や品質を常に最高水準に維持することが必要不可欠で、この信頼性を保証するためにグッド・デリバリー・リストに登録され続けることは、精製業者にとって重要といえましょう。

このような重要性から、グッド・デリバリー・リストには2004年から新たに再審査 (プロアクティブ・モニタリング) 制度が導入され、3年ごとに金・銀それぞれの溶解技術と分析能力が審査され、合格することが資格継続の要件となりました。

公認審査会社 (グッド・デリバリー・レフリー) には、より一層の高い溶解技術と分析能力が要求されています。現在の公認審査会社は、世界において下記の5社だけです。

①田中貴金属工業株式会社 (日本)

②ランド・リファイナリー社 (Rand Refinery Limited　南アフリカ)

③アルゴア・ヘレウス社（Argor–Heraeus SA　スイス）
④メタロー・テクノロジー社（Metalor Technologies SA　スイス）
⑤パンプ社（PAMP SA　スイス）

プラチナおよびパラジウム市場に関しては、「ロンドン・プラチナ・パラジウム・マーケット（LPPM：London Platinum and Palladium Market）」という登録認定機関が任命した公認審査会社（現在下記5社）が新たな公認溶解業者（グッド・デリバリー）を登録認定する際や2009年に導入された再審査（プロアクティブ・モニタリング）制度における既存の公認溶解業者の3年に一度の資格の更新審査における重要な使命を担っています。

①田中貴金属工業株式会社（日本）
②ジョンソンマッセイ社（Johnson Matthey plc　イギリス）
③バルカンビ社（Valcanbi SA　スイス）
④メタロー・テクノロジー社（Metalor Technologies SA　スイス）
⑤パンプ社（PAMP SA　スイス）

このように国際的市場での正当な品位保証の基本的な制度が用意され、各国の政治・経済体制等の諸事情にかかわらず、広く人々が価値や信頼性を共有することができるようになっています。

（2）身を飾る材料

①銀・銀合金

銀は装飾品のほかに実用品として皿やスプーン、フォーク、カップを始めとする各種銀器に使われています。磨かれた銀の表面は美しい「銀白色」になりほかの金属元素では得られない種類の白色です。

銀は貴金属の中では電気化学的に一番卑な材料です。銅やアルミニウムよりは貴な金属ですが、硝酸、熱硫酸に溶けて、塩酸、セレン酸、次亜塩素酸と反応します。大気中で加熱しても酸化しませんが、硫黄とは反応しやすく、大気中の硫化水素や、亜硫酸ガスによって硫化銀を形成し、青色から茶色さらに黒色へと変色します。装飾用にはこの硫化現象を微妙に調整して、「青貝」「赤貝」「中赤貝」などと呼ばれる美しい色彩にコントロールして渋みのある工芸用の銀箔が作られています。

銀自身の軟らかさや常温でも自己焼鈍し軟化する欠点の改善方法として、同じ族の銅を合金して硬化してきました。古くは1300年に時のイングランド王であるエドワードⅠ世が銀―銅7.5%合金であるスターリングシルバー（925合金：Sterling）を標準品位に定め、銀貨や銀製品のほとんどにこの材料が使われるようになりました。このほかに銀―銅4.2%合金であるブリタニアシルバー（958合金：Britania）を第２標準品位としましたが、軟らかいのでスターリングシルバーほどの普及を見ませんでした。また貨幣として使われるコインシルバー（900合金：Coin）や銅を15～20%含む合金も使われています（**図表4-80**）。

スターリングシルバーという材料は銀―銅合金としては、絶妙な配合の合金です。銅が６%以下の含有では軟らかすぎて、また8.8%を超えると耐食性が悪くなります。熱処理によって析出硬化する特異な合金を1300年にすでに見つけ出していることに感心させられます（6-3 析出硬化の項参照）。

		硬さ(HV)	引張り強さ(kgf/mm²)	伸び率(%)
硬化性銀	焼鈍材	50～60	20～22	35～45
	内部酸化材	135～155	50～57	10～18
銀	加工材	70	25	10
スターリングシルバー	強加工材	145	57	3
	焼鈍材	60	33	38
コインシルバー	強加工材	150	58	3
	焼鈍材	65	35	35

図表4-80　硬化性銀と銀、銀銅合金の機械的性質の比較

銀に銅を合金して改善できる特性は機械的性質であって、耐硫化性は向上するどころか銅が8.8%を超えると、共晶組織を形成し耐食性がかえって悪くなります。銀と銅の合金は室温で、銀リッチな相と銅リッチな層に分離（第６章参照）して共存しますので、この組織の間に局部電池が生じて電気化学的に腐食が促進されます。

色は銅を14%以上加えることによって、黄色、さらに量が増えると赤色に変化していきます。大気中で加熱すると表面は酸化して黒くなります。これは希硫酸で簡単に酸化皮膜が取れ金属光沢に戻ります。この耐食性を改善する目的にはパラジウムが合金されます。表面の変色防止にはロジウムめっきが有効ですが、表面層だけに限られますので内部まで耐食性を良くするには、銀より貴な金属を合金する必要があります。この銀に対する硫化対策はイギリスやドイツで盛んに行われてきましたが、アメリカ標準局の系統立てた研究の結果、銀の硫化を防止するには他の貴金属との合金化しかないこと、そしてパラジウムとの合金では40%以上、金では70%以上、白金では60%以上を加える必要があるとの結論を出しました。

また、銀―銅合金や銀―パラジウム合金のほかに、銀の純度を99%に維持して自己焼鈍を起こさない硬化銀が使われています。この合金は１%以内のマグネシウムやニッケルなどを合金して、鋳造後の中間加工で内部酸化させ、マグネシウム酸化物やニッケル酸化物の微細な粒子を銀中に分散させることによって再結晶温度を高め、軟化しにくくした材料です。

②金・金合金

金は大気中で加熱しても酸化したり変色したりしません。硝酸、硫酸、塩酸などの単酸には侵されませんが王水や青酸、塩素、臭素、沃化カリ等には反応します。また金属中で最も展延性に富む材料で0.1 μm の箔や８μm の細線にも加工できます。

その反面装飾品として使うには軟らかすぎて、疵が付きやすく容易に変形するため、純金としては限られた用途にのみ使われています。他の用途には銀や銅その他の金属を合金して機械的な強さなどの機能・特性を高め、見た目の色も重視されています。

近年、純度が高くてかつ硬い材料が求められ、硬化純金として、各社が特徴のある材料を開発し製造しています。

これまで実用的にはさまざまな金合金が使われてきましたが、金―銀合金、金―銅合金が代表的な２元合金として、さらに一般的に最も多く装飾用材料として使用されているのが金に銀、銅を合金した３元合金です。この３元合金を基本として、これに他の金属元素を加えて機械的性質、鋳造性、色調などが調整されています。

装飾用の金合金は「カラット」金と呼ばれ、金の純量を表す単位となっています。カラット金はＫの文字を用いて表され、Ｋ24を純金としてＫ22（Au 91.66%）、Ｋ20（Au 83.33%）、Ｋ18（Au 75%）、Ｋ16（Au 66.7%）、Ｋ15（Au 62.5%）、Ｋ14（Au 58.5%）、Ｋ12（50%）、Ｋ10（41.7%）、Ｋ９（Au 37.5%）等があります。金の含有量に対して銀や銅の割合を変えたり、他の金属元素を合金して数え切れないほどの種類が使われています。

この３元合金に一般的に添加されている金属が亜鉛です。亜鉛は金合金を硬くする効果と溶解・鋳造時の脱酸効果があってかつ、黄金色を阻害しないことによります。また結晶粒子の微細化にはニッケルが添加されていましたが、最近はアレルギーの問題からニッケルは添加されなくなりました。**図表4-81**に日本の主なＫ18の種類と色を示します。同じＫ18でもさまざまな色調になることがわかります。

またカラット金にはホワイトゴールドと呼ばれる白色系の合金があります。これはダイヤモンドとの組合せの相性から金に白金のような白色を与えるように工夫された合金です。この目的で銀、ニッケル、パラジウム、亜鉛など白色系の元素を合金し、より白くしています。しかし、白金のようにはならないことから、表面をロジウムめっきによってより

カラット	組	成					色
	金	銀	銅	パラジウム	白金	その他	
K 18	75	20	5	—	—	—	イエロー
	75	15	10	—	—	—	カナリヤイエロー
	75	12.5	12.5	—	—	—	金色（K 18の標準色）
	75	10	15	—	—	—	ピンク（赤銅＋金色）
	75	5	20	—	—	—	ピンク（赤銅色）
	75	—	—	25	—	—	*白色
	75	6.5	1.5	17	—	—	*白色の強いグレー
	75	8	3	14	—	—	*黄色みを帯びた白色
	75	12	3	10	—	—	*白色がややくすむグレー
	75	15	3	7	—	—	*シャンパン色ゴールド
	75	16	4	5	—	—	*薄いレモン色
	75	2	20	3	—	—	*薄い赤銅色
	75	15	8	2	—	—	*グリーンイエローの金色
	75	19	5	1	—	—	*薄い金色
	75	18	4	—	—	Zn 3、Mn	*青みがかった金色
	75	3	15	—	7	—	白色の強い赤銅色
	75	4	16	—	5	—	薄い赤銅色
	75	—	—	15	10	—	グレー色

注：＊印はホワイトゴールド用の素材として使用

図表4-81　日本で主に使われているK 18カラット金とその色

白くしている場合があります。

イギリスでは1509年に金貨の品位を91.66％（K 22）と定め、エリザベス女王の時代、1975年に装飾用に用いるようになり、K 22を最も神聖な品位と考え、結婚指輪等にする習慣が今でも残っているようですが、この材料は軟らかいためK 18に代わってきています。また、アイルランドでは1783年にK 20を法定の標準品位として用いてきました。

しかし歴史的にもっとも古くから使われているのは、イギリスのエドワードⅣ世が1477年に法定品位と定めたK 18で、この材料は今でもカラット金の中心となっています。その理由は、装飾品として金量が75％でも耐食性は金に比較して大きな差がないこと、機械的な性質に関しても銀と銅の含有量を調整し、用途に合わせた機能・特性を出すことができるからです。例えばK18を硬くするには銅の含有量を多くすればよく、さらに硬くしたい場合は、規則不規則変態を利用して硬化させることができます。

そして色調については銀、銅の割合を変えることによって黄金色を黄から赤の範囲で調整することが可能であり、亜鉛、パラジウム、白金など白色系の金属との合金によって白にもできる等幅広い色調が得られることから、デザイン的にもさまざまな工夫ができる材料として利用されています。

ホワイトゴールドはこれまで金—銅—ニッケル—亜鉛合金で、ニッケルを8～18%と多量に含む合金でした。安価なニッケルは機械的性質を強くすると同時に結晶を微細化して靱性を高め、白色化するのにも都合のよい材料です。ところが、EU圏においてはアレルギー発症例の多い金属元素として、汗や体液によってイオン化しやすいニッケルを規制し、さらに直接肌に触れるネックレス・指輪・ピアス・ブレスレットなどの材料には「ニッケルの溶出率が0.5μg/cm^2/週以下であることおよび通常の使用で少なくとも2年以上この溶出量を超えないこと」と規定したことからニッケルの使用が避けられ、現在日本でもほとんどのメーカーが使用していません。それに代わり多少価格が高くなりますがパラジウムを合金したものが主流になっています。金とパラジウムは金—銀合金と同じように全率固容体で固相線と液相線が近接しており溶解・鋳造によっての偏析は起きにくく扱いやすい材料です。金にパラジウムを数%合金すると黄金色が消えて白色になり始め、15%を超えるとほとんど白色になります。ホワイトゴールドとしては、金—パラジウム合金に銅、白金、亜鉛を合金した材料が使われています。参考に**図表4-82**に代表的な金—パラジウム系ホワイトゴールドの組成を示します。

③白金・白金合金

白金は金や銀と同様に厚さが0.1μmの箔や直径0.5μmの極細繊維が

カラット	組成					色
	金	銀	銅	パラジウム	その他	
K20	83.33	—	—	16.67	—	白色
K18	75.00	12.50	—	12.50	—	白色
	75.00	5.00	—	20.00	—	白色
	75.00	9.90	5.10	6.5	Zn 3.50	白色
	75.00	—	—	5〜20	Pt 5〜20	白色
K15	62.50	24.86	—	12.64	—	白色
K14	58.50	23.50	0.5	17.50	—	白色
	58.50	19.70	2.00	19.80	—	白色
K10	41.70	45.80	—	12.00	Zn 0.50	白色
K9	37.50	42.50	—	20.00	—	白色
	37.50	45.00	—	17.50	—	白色

表4-82　代表的な金―パラジウム系ホワイトゴールドの組成

量産されているほど展延性に富んでいます。しかし切削や研削の加工においては工具との焼き付きや砥石の目詰まりが生じるなど削りにくい材料です。また、白金単体では軟らかすぎて、指輪やネックレスにした場合は疵や変形の起きやすい問題があります。この軟らかさを補うために他の金属と合金して硬くすると同時に、引張り強さ、靭性を高めて実用的な材料とされています。さらには磁石となる磁気特性も付与した材料もあります。

白金は、銀の白さとは異なり控えめで落ち着きのある白さを呈します。白金の反射率は紫外線の波長444 nmを55%反射し、赤色の波長680 nmを67.6%反射します。この比較的低い反射率が微妙な灰色感を醸しだし、“わびさび”の情緒を尊ぶ日本人にとっては魅力的で、世界の中で最も白金を好む民族です。そんな白金が現在では中国の富裕な人達のステータスシンボルとして人気を集め中国で大量に購入されています。

パラジウムも白金と似たような反射率ですが、少し青みがかかった色になります。ちなみに430〜750 nmの波長域では53〜67%の反射率です。これに比較すると銀の反射率は430 nmの波長では96%、緑色の550

nmでは98%なので、可視光線の全領域に対してよく反射する金属といえば銀が一番です。

白金は薬液に対する耐食性が極めて良く、単酸では溶かすことができず、王水でやっと溶かすことができます。また過酸化カリウム、過塩素酸ナトリウム等の融解アルカリには徐々に溶け、臭素にも侵されます。高温になると塩素、セレン酸、硝酸カリウムとも反応します。常温では表面に酸素が薄く吸着する程度でそれ以上は酸化せず変色しませんが、約750℃になると揮発性酸化物を形成して蒸発します。

日本では主にパラジウムを10～15%合金して白金を硬くしていました。しかしこの程度の割合の白金―パラジウム合金では希望する硬さにならないために、さらに金、イリジウム、ルテニウム、銅、コバルト、インジウム、ガリウム等が添加されています。

イリジウムによる硬化は靭性も高くなるので、ネックレスのフックや指輪の爪などばね性の必要なところに向いていますが、イリジウムは溶融温度が非常に高いためロストワックス法など精密鋳造が難しくなるという理由ですべての製品に利用されるには至っていません。

硬さや靱性を高くする添加金属としてはルテニウムも適しています。少量添加で硬くなりますが、この材料も融点が高く、しかも溶解中のガス吸収が多く、巣などの致命的な欠陥が発生しやすい材料です。優れた機械的性質を示しますが、色調は若干黒味を帯びてきます。ただ、ルテニウム量が30%を超えると大気中の加熱で結晶の粒内や粒界まで酸化がおよび加工しにくくなります。装飾用には白金にルテニウムを５～10%合金するとか、パラジウムと併用した合金が使用されています。

白金―銅合金は全率固容体を作りますが、低温では金―銅合金と同様に規則変態を起こし４種類の金属間化合物（$PtCu_3$、PtCu、Pt_3Cu、Pt_7Cu）を形成します。銅の合金割合が少ない組成では変態が起きにくいので、変態点より高い900℃での溶体化処理もあまり効果を示しませんが、75%の加工による硬化後に300～500℃で熱処理するとさらに硬くなります。

白金―コバルト合金は高温ではすべての領域で固容体を作りますが、低温では2種類の金属間化合物（CoPt、$CoPt_3$）を作ります。コバルトを合金すると大幅に硬さが増します。白金―コバルト10%合金では、焼鈍状態でもビッカース硬さが140～150 HVあります。白金―コバルト23.3%合金は溶体化処理後の硬さは200 HVですが60%加工すると約350 HVになります。コバルトの添加は脱酸効果を良くし、材料中の巣や気泡の発生を抑制して優れた鋳造性を示しますが量が増えると鋳造が難しくなります。またこの白金―コバルト23.3%（原子%Pt 50–Co 50%）の組成は永久磁石としての優れた特性があります。磁気特性としての1つであるエネルギー積がBHmax 12×10^6GOeと、抗磁力が高いのでネックレスや指輪に利用されています。

Column

オンスもいろいろ

貴金属取引に用いられる質量の単位はメートル法のほかに、今でもトロイ・オンスが使われています。通常私たちが使っているオンス・ポンドは常衡(avoirdupois)といい、単に「オンス」といった場合には常用オンスを指し、1オンス(avoirdupois ounce、記号：oz av)は28.349523125グラムです。これに対してトロイ・オンス（troy ounce、記号：oz tr、toz）は、貴金属や宝石の原石の計量に用いられるヤード・ポンド法の質量単位で、金衡(きんこう)オンスと呼んでいます。また薬品の計量に用いてきた薬用オンス（apothecaries' ounce、記号：oz ap、℥）はトロイ・オンスと同じ単位で使われています。

1トロイ・オンスは480グレーンで、12トロイ・オンスが1トロイ・ポンドとなります。1トロイ・オンスは31.1034768グラムです（計量法では31.1035グラムとしています）。

かつては、1トロイ・ポンドの銀をそのまま通貨として使用していました。これが通貨単位としてのポンドの由来です。トロイ・ポンドの240分の1をペニーウェイト（pennyweight）と呼んでいたことから、通貨のポンドの240分の1がペニー（penny、複数形はペンス（pence)）という単位となり、1971年に、1ポンド＝100ペンスに改められました。

トロイ衡の呼び名は、中世において重要な商都であったフランス・シャンパーニュ地方の町トロイ（Troyes）に由来、ウイリアム1世によるイングランド征服の時代といわれています。

第5章

貴金属の加工

貴金属は高価であるがゆえに、貴金属製品を使う者はいかに使用量を減らすか、また加工する者はいかに加工ロスを出さないようにするかに知恵を絞っています。他の材料に代替できず貴金属を使わざるをえない場合は使用量を最小限にし、他の金属との複合によって薄く小さくし、貴金属では得られない特性を他の材料で補う複合使用の努力がされています。

一般の金属では切削加工が多く使われますが貴金属は極力塑性加工を行い、発生したスクラップを汚さずに再利用する工夫もされています。

5-1 ● 溶解・鋳造

金の融点は1064.18℃、銀は961.78℃であるのに較べ白金は1768.2℃、パラジウムは1554.8℃、ロジウムは1963℃、イリジウムは2466℃、ルテニウムは2234℃と貴金属でもこれだけの融点の差があります。

これらの貴金属同士を合金または他金属を合金すると融点が変化します。合金する元素と量によっては融点が高くなるものと低くなるもの、さらに非常に低い融点になる共晶合金、例えば金-すず20%合金は融点278℃などさまざまです。

ガスは溶融温度が高ければ高いほど溶湯への溶け込みが多くなるため、鋳造は融点より50～100℃高い温度がガスの巻き込みが少なく最適です。

溶解装置は材質と溶解量によって異なりますが、溶解用の熱源は昇温が早く装置がシンプルで、電子制御装置による取り扱いが簡単な高周波誘導加熱が多く使われています。鋳造方法は従来から行われてきた鋳型に流し込む方法と連続的に鋳造しながら冷却し、長尺の鋳塊が得られる連続鋳造法（**図表5-1、5-2**）などが用いられています。このような自重によって鋳込みが行われる鋳造法以外に、遠心鋳造法、加圧鋳造法、吸

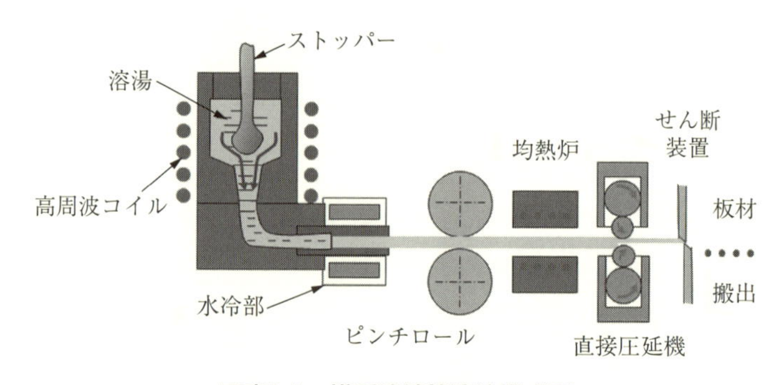

図表5-1　横型連続鋳造法模式図

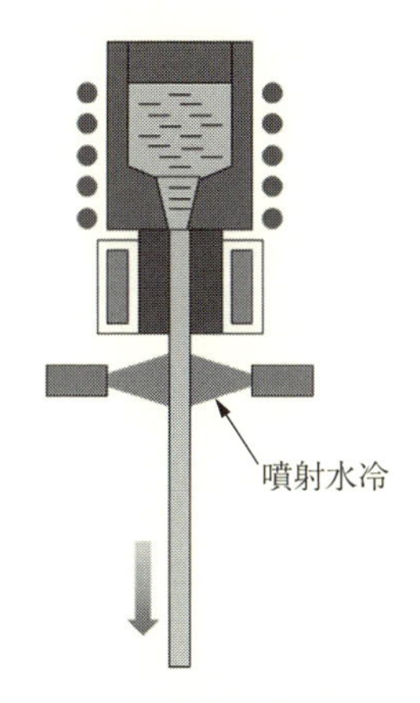

図表5-2　縦型連続鋳造法模式図

引鋳造法など強制的に溶湯に負荷をかけて鋳造する方法が用途によって使い分けられています。

（1）銀の溶解・鋳造

銀は高周波溶解炉により、カーボン製のるつぼ表面を不活性ガスで覆い、酸素を遮断して溶解します。

銀は融点近傍の温度で酸素を多量に吸収し融点が30℃ほど下がります（**図表5-3**）。そのため気泡や巣の発生原因になります。酸素に触れさせないように溶解することが重要で、木炭などを銀の溶湯表面に浮かし酸化を防いでいますが不活性ガスで覆うなどの方策もなされています。

銀を高周波誘導炉で溶解鋳造すると、誘導電流による撹拌効果で異物も内部に巻き込まれます。高周波誘導を停止すると酸化物、介在物などの軽い異物は表面に浮き上がり、ガス成分も上部に拡散します。不純物を混入させずに溶湯をるつぼ底面のノズルから吐出して、水冷式鋳型を通して冷却、凝固させることによって良質のインゴット（鋳塊）を得ることができます。

連続鋳造法には大きく分けて、横型と縦型があります。横型はるつぼ

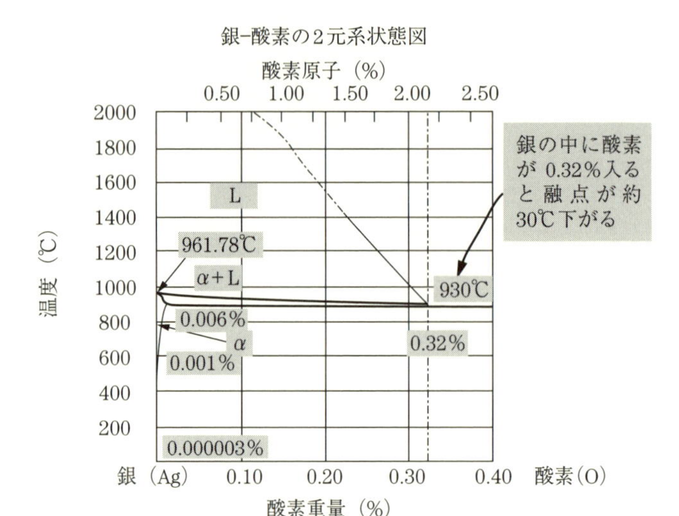

図表5-3　銀−酸素の状態図

底面から吐出した溶湯を横方向に流し出して、水冷式の鋳型を通して冷却し、ピンチロールで引き出して加熱炉に送り、熱処理後に圧延、伸線加工して一定の長さに切断するなどに使用されています（**図表5-1**）。

図表5-2に示すように、縦型はるつぼの直下で水冷鋳型によって表層を凝固させた後に水冷噴射によって内部まで冷却します。

(2) 金の溶解・鋳造

金の溶解もカーボンるつぼを使用して高周波溶解炉で行われるのが一般的です。純度の高い金の原料は、湿式法により高純度に精製され、還元して得られる粉末状で、多量の水分やガスが含まれています。先ずこれを高周波溶解し、ガス成分などを除き、溶湯をるつぼの下に開けられた孔（ノズル）から水中に落として笹吹き（粒状の金）にします。この笹吹きを再び高周波炉で溶解します。小型のインゴットを作る場合は、回転式の高周波溶解炉によって、鋳型に自動的に順次鋳造してインゴットにします。このときに使用する鋳型はカーボンまたは鋳鉄の鋳型が使われています。金はほかの金属に較べればガスの吸収などが少なく鋳造しやすいのですが、黄金色を出すためにはノウハウが必要です。

金を溶解するときに、かつてはよく「枯らし」といわれる方法によって、不純物を除去して精製していました。ガスバーナー（酸素（空気）と可燃性ガスの混合ガス）を使って、るつぼの溶湯に、酸素ガスを多くして酸化雰囲気にした火炎をガスバーナーで吹き付け、表面から溶湯を攪拌しながら内部に含まれている酸化しやすい不純物成分を酸化させて表面に浮き上がらせ、ホウ砂などに取り込みるつぼ周辺に遊離させて純度を高める方法が採られました。

また高純度化の一方法にゾーンメルティングがあり、精製と同時に高純度のインゴットを作製することができます。

（3）白金の溶解・鋳造

白金の溶解はセラミックス製のるつぼ（SiO_2、Al_2O_3、ZrO_2、MgO など）が使われています。白金は大気中で溶解すると、成分中に含まれている酸化しやすい不純物は酸化物となって溶湯の表面に浮き上がり、るつぼ周辺に付着します。それらの酸化物を鋳造時に巻き込まないように除去する必要があります。

また、溶解中の脱ガスは鋳造直前にカルシウムボーライド（ホウ化カルシウム）などの脱酸剤を少量添加することで脱酸ができます。

白金の溶解で気を付けなければならないのは、溶解中の雰囲気です。るつぼは酸化物の焼結体ですから、雰囲気が還元性になるとるつぼ成分が還元されて、溶融している白金中に入り込む危険性があります。酸化性雰囲気を保つことが必要で、純度を高める方法の一つとしても有効です。

中量の白金溶解作業を**図表5-4**に従って説明します。まず、高周波溶解炉を使用して白金を溶解します。溶融した白金の入っているるつぼに

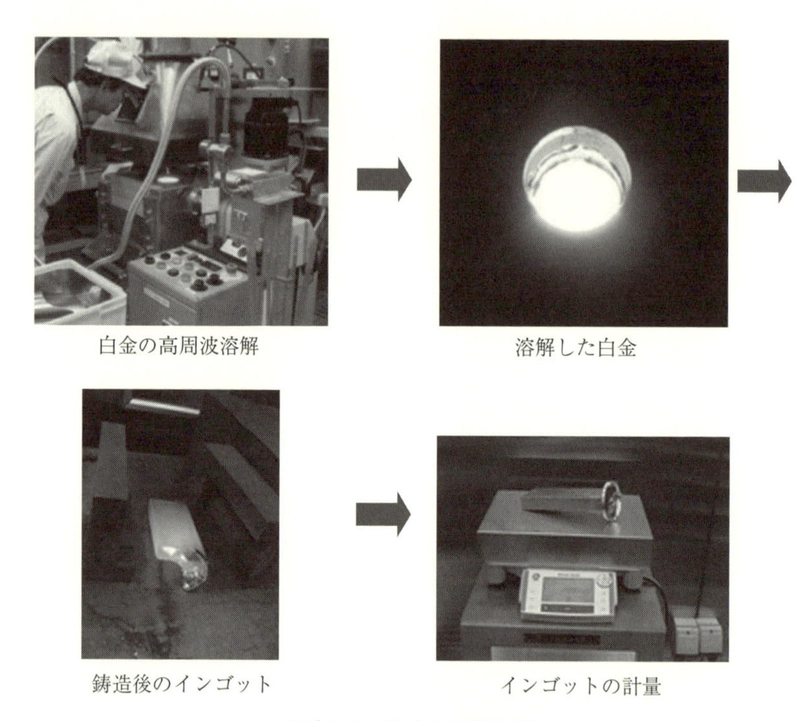

白金の高周波溶解　　溶解した白金

鋳造後のインゴット　　インゴットの計量

図表5-4　白金の溶解作業

カーボン製鋳型をかぶせて、ダービル鋳造をします。鋳造後の鋳型からインゴットとして取り出します。鋳造直後に計量し重量の減りを確認し、分析サンプルを採取し、成分を分析したうえで次工程に流します。

(4) パラジウムの溶解・鋳造

パラジウムは水素ガスを吸収しやすいのでガス吸収を防ぐために真空中で溶解、鋳造します。

パラジウム系の材料を真空溶解するには、るつぼへの材料の入れ方に注意が必要です。原料が粉末の場合、上層部や下部だけが溶融し中間部に棚ができ、全体が溶けないことがあります。したがって粉末は圧縮して固めたり、加工された塊などと組み合わせて中間に棚ができないように全体を溶解させることが必要です。

(5) ロジウム、イリジウム、ルテニウムの溶解・鋳造

ロジウムの溶解はセラミックス製るつぼで溶かすことが可能です。しかし、イリジウム、ルテニウムは融点が高く、セラミックスのるつぼでは溶解できません。そのために、アーク溶解炉、電子ビーム溶解炉、レーザー溶解炉などによって、水冷式の銅鋳型の中で溶解して固める方法がとられています。

こうした溶解法では全体を溶融状態にできないために、均質な鋳塊が得にくい難点があります。高融点の材料を溶解する方法として、直接るつぼに接触しない浮揚溶解法による溶解も試みられています。これも高周波誘導溶解の一つです。

導電性材料は誘導磁界の中では誘導電流が流れ、材料の電気抵抗により熱を発生、材料に流れる電流は、コイルに流れる電流が発生する磁束と逆向きの磁束を発生させ、その力が溶解した材料に作用します。この力を適切にコントロールすれば宙に浮いた状態で溶融できます。

(6) ロストワックス法

ロストワックス法は大型部品から小物、精密部品まで多種多様ですが、貴金属分野では主に装飾用と歯科用に応用されています。溶解・鋳造によって精密で微細な最終製品の形状にすることが最適であることによります。**図表5-5**にロストワックス法の簡単なプロセスを示します。

歯科材料の場合、患者の歯そのものが原型で、シリコンゴムなどによって歯型を採ります。装飾品の原型は現物なり、デザイナーが考案した新しいデザインを図面化することから始まり、金属その他の材料を使っての職人による手作りでした。現在はコンピュータ化が進み、CAD・CAMによる機械加工、紫外線やレーザー光を硬化媒体に当てながら積層して立体構造をつくる光造形法やインクジェット方式で立体モデルを

	工　程	内 容 そ の 他
1	原型作りとゴム型製作	デザインの原画に基づき手作りと光造形法やインクジェット方式などにより製作、加熱用ゴム型を使用するとき、原型は金属で作る。原型が熱、圧力に弱い場合はシリコンゴムを使用
2	ワックスパターン作製	原型をゴム型ではさみ加熱・加圧してゴム型を作り、小刀で中の原型を切り出し、その空洞に「ワックス」を注入しワックス型を作る
3	ワックスツリーの組み立て	耐火鋳型を作るための湯口とメインスールを立ててそこに鋳造物までの湯道を付けツリーを組み立てる。湯道本数、長さ、太さ、取り付け位置などが重要
4	埋没	ワックスツリーを金属製円筒枠に入れて埋没材の水で溶いたものを流し込み、ワックスのまわりを埋め、種類や特徴を勘案して真空脱泡する。脱水工程は無結合材型埋没材のときのみ行う
5	脱ワックス・焼成	乾燥後に脱ワックスは焼成炉で炭化物が残らない温度600～900℃で行い、埋没材やワックスの種類によって昇温のプロセスと温度保持の時間は調整する
6	鋳造	鋳造温度、鋳型温度は材料の種類と鋳造機のタイプによって決定、るつぼは金、銀合金は黒鉛、白金族合金はセラミックスるつぼを使用、合金の種類によって溶解鋳造条件は選定する
7	埋没材の除去と酸処理	キャスト後急冷か徐冷かは合金種により選択 石膏系埋没材：硫酸を水で希釈煮沸または塩酸処理 無結合材型埋没材：フッ化水素酸、強アルカリで煮沸
8	鋳型ばらし	鋳造品から湯道を切断し、鋳造欠陥の補修
9	研磨・表面処理／石留めなど	バレル研磨：磁気バレル、電解研磨、超音波ヘラ、バフ研磨 ブラスト処理やめっきなどを行い、他部品とのろう付けや宝石類の石留めなどにより仕上げ製品とする

図表5-5　ロストワックス法の工程

造形する方法などにより、無人化され効率の良い精密な原型作りも行われています。

これらの原型をもとにゴム型成形機で形状を採り、その中にワックスを加圧注入してワックス型を作製します。これらの型をツリー状に組み立て鋳造用の鋳型に埋没しますが、溶湯を流し込むための湯道を接続する必要があります。**図表5-6**に一例を示しましたが、同種異種混在した形状の製品を多数同時に鋳造しようとして、あまり多く付けると鋳造後の冷却時に近接した鋳造物同士が熱影響を受け均一に冷えないことや巣の発生などの欠陥が生じます。

湯道の寸法・形状と取り付け方によって、鋳造時に各種の欠陥が生じます。特に多いのは湯道とワックス型の接続部に割れが生じ、巣の発生（**図表5-7**）が起きることです。この原因は湯道が細いと、湯道部分が最初に凝固してしまい鋳造部の凝固に伴って発生するガスを湯道を通じて逃がすことができないことによります。一方湯道が太くなると湯流れが乱流になりガスを巻き込みやすくなります。理想的には湯流れが層流になるように湯道寸法で流速を調整し、鋳造物の外周部から凝固させて内部のガスが湯道に排出されるような寸法・形状にすることが必要で、複数の湯道をつけることもあります。

また、鋳造物を配置する位置関係は、鋳造する材質にも依りますが、相互の熱影響を受けにくい間隔に広げる必要があり、数多く作ることとは矛盾しますが、並べ方次第で多数配置することも可能です。

ワックスパターンをツリー状に組み立て後、鋳型用リングの中で埋没材に埋め込みます。基本となる埋没材料は耐熱性のある「シリカ

図表5-6　ロストワックスツリーの形状例

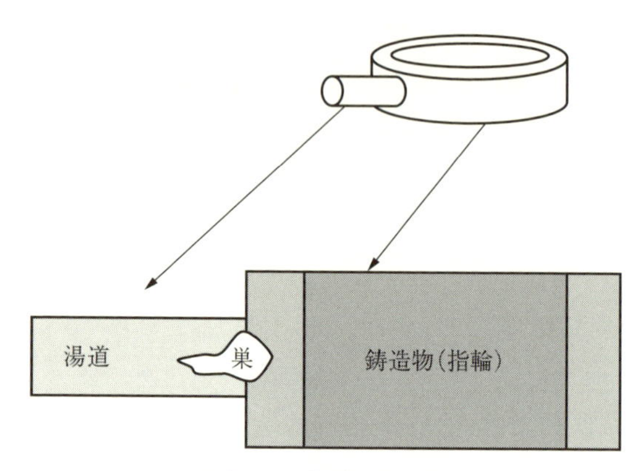

図表5-7　指輪の湯道例

(SiO_2)」「アルミナ（Al_2O_3）」「マグネシア（MgO）」「ジルコン（ZrO_2・SiO_2）」「ケイ酸アルミナ（Al_2O_3・SiO_2）」などのセラミックスと、20〜30％のα型石膏を結合剤としてともに使用されています。また、1100℃以上の融点を持つ白金族系合金は「シリカ系の無結合型」埋没材が使われています。

埋没材は銀—銅合金の例では、石膏系粉末を混水比40％程度にして水温20℃、撹拌２分、一次脱泡１分、二次脱泡２分の後100℃以下で２時間ほど乾燥し、焼成炉にて700℃前後の温度でワックスを溶かして鋳型とします。

溶解は高周波誘導加熱で、材料装着後、前もって減圧、ガス注入、昇温時間、温度制御、保持時間などの条件をセッティングしておけば、ボタン一つで溶解から鋳造まで電子制御によりできるようになっています。この溶解・鋳造装置には雰囲気を減圧してから不活性ガスを注入する加圧鋳造方式（**図表5-8**）や逆に鋳造時に減圧する吸引鋳造方式（**図表5-9**）、その双方を兼ね備えた方式、遠心鋳造方式（**図表5-10**）、真空溶解鋳造方式などさまざまです。これらの装置の中には素材を笹吹き溶解するショット装置が付いている方式もあります。溶解るつぼとして金

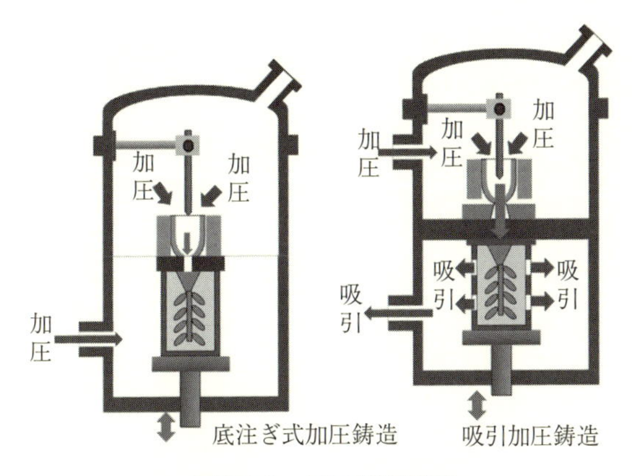

図表5-8　加圧鋳造装置

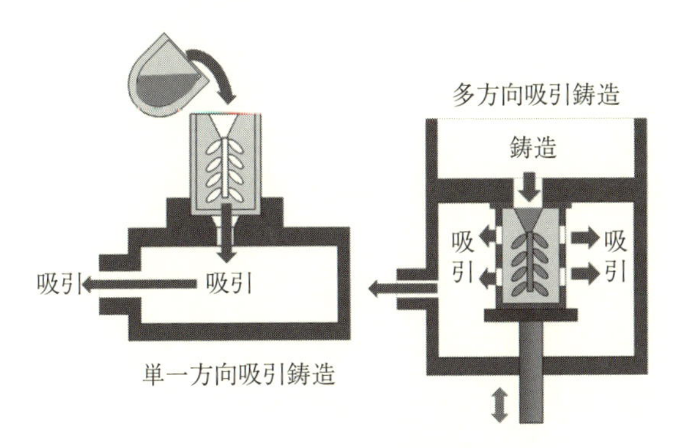

図表5-9　吸引鋳造装置

合金・銀合金系には黒鉛が、白金合金系にはセラミックス系のシリカ、アルミナ、マグネシア、ジルコニア系の材料が使われています。

一方向から凝固すると、単純形状では収縮した部分に溶湯が流入し、収縮孔ができず、優れた鋳塊が得られます。細い湯道にリングが付いた状態になっていると、リングと湯道がほぼ同じ速度で側壁部分から凝固して、鋳造物と鋳型との収縮率の差により鋳造物が引張り応力を受け、軟らかい材料は伸びて鋳型に馴染むことにより応力緩和できますが、金

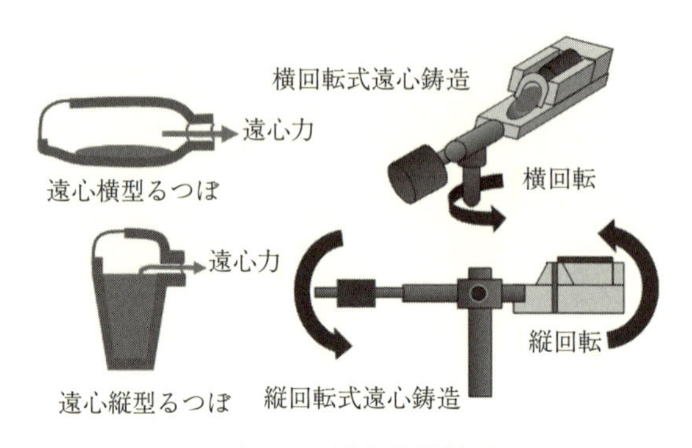

図表5-10　遠心鋳造装置

—銅合金のように規則不規則変態を生じ脆化する材料では割れを生じる場合があります。

小さい寸法の鋳造では溶湯が鋳型表面に触れた部分から冷却が始まり、鋳型壁面から凝固して、外周部が凝固し終わると最後に中心部の溶融部に収縮孔、気泡などが残されるか、あるいは湯道近傍にそれが残されることになります。こうした問題を解決するため、吸引、加圧、遠心などにより溶湯を圧力によって中に押し込む工夫がされてきました。これは細部の湯流れには非常に良い方法ですがどんなに早く押し込んでも凝固は熱伝導と拡散に支配されます。押し込まれた溶湯は壁面近傍の凝固界面近くでは固体と液体の両方が混在することになります。さらに冷却が進むと晶出した樹枝状晶（デンドライト）が発達して相互の枝と枝が交差し合い、収縮を補うための溶湯の流れを遮り、細かい収縮孔が一面に分散することになります。収縮孔ができると、その部分では液相と気相との新しい界面で表面張力が釣り合い、この部分に吸引力が生じます。樹枝状晶の隙間から、この部分に溶湯が入り込めないと孔は球状化した気泡や収縮孔となります。材質による流動性の難易が自重や外部の圧力（大気圧やガス圧力）による孔の形成に影響を及ぼし巣や気泡になります。

銀系材料では純銀が鋳造しにくい材料の一つです。融点近傍で酸素を吸蔵する性質があり、酸素の含有によって融点が30℃ほども下がります。鋳造温度をできるだけ低めにして酸素を遮断して溶解するとスムースな鋳造ができます。銀—銅合金ではスターリングシルバーが多く使われますが鋳造におけるデンドライト・巣の発生をなくすには鋳造温度や鋳型温度を低めに設定すると同時に湯道寸法は材料ボリュームとの関係を考慮してやや細めの寸法が望ましいようです。

金合金では主に金に銅を多く含有している合金、例えばピンクゴールドはトラブルの原因になります。この合金は冷却過程において規則不規則変態を起こすので、冷却速度が遅いと湯道と鋳造物部分の間や細い部分で亀裂や破損が生じます。これらを防ぐ対策は鋳造後急冷して、溶体化した組織を保ち変態の起こる前にその温度域を早く通過させることです。

白金系では原料地金を溶解した状態で真空脱ガスが必要です。パラジウム、ルテニウムを含む合金はガス吸収が多く、溶解には減圧後に不活性ガスを注入しガスが入りにくくする対策も必要です。溶解・鋳造において鋳造温度、鋳型温度を高くすれば流動性は向上しますが、ガスの発生が多くなり巣の原因になります。

真空中での溶解や脱酸剤による脱ガスが行われていますが、蒸気圧の高い材料は高真空で脱ガスすると蒸発が起きますので注意が必要です。金—銀合金系の脱酸効果や融点を低下させるのには亜鉛、シリコンが使われますがシリコンの含有量が多いと脆化しやすくなります。また銀—銅合金には亜鉛のほかにリン—銅合金、マグネシウム、硼酸、硼砂等も脱酸剤として有効です。

白金族系の脱酸剤はカルシウムボーライド（ホウ化カルシウム）が使われていますが、あまり多く使うとカルシウムによる脆化が生じます。

鋳造後に材料表面に残る埋没材は金、銀合金の場合は石膏系なので水中または希塩酸中で冷却と同時に除去できますが、白金族系に用いられるセラミックスは材料に固く焼き付き除去が難しいのでフッ酸によって洗浄するなどしています。

5-2 ● 鍛造

鍛造には外観、形状を整えることと内部欠陥をなくす目的があります。鋳造後のインゴット（鋳塊）内部に巣、気泡、酸化物などの介在物や鋳造結晶（デンドライト）などの粗大結晶ができ、粒界に不純物や析出物が不規則に出てきて不揃いな結晶組織になっています。

こうした内部の欠陥をなくすため、大きな変形を与えて介在物を粉砕、巣や気泡を鍛圧して、加熱と鍛造を繰り返し、再結晶によって均質な微細結晶組織にします。

鍛造に使われる装置は衝撃荷重を与えるエアーハンマーやスプリングハンマー、そして静圧荷重をかける液圧（水圧、油圧）プレス、さらに動圧荷重をかける各種の機械プレスなどがあり用途に合わせて用いられています。

例えば白金のエアーハンマーによる熱間鍛造（**図表5-11**）で板状あるいは棒状など、次の工程の用途に合った形状に成形します。

鍛造は冷間、温間、熱間などで加工されますが、金、銀、白金、パラジウムは鉄鋼やその他の非鉄金属とは異なり、大気中で加熱しても変色や厚い酸化層を形成しにくいため大気中で鍛造しても大きなダメージを受けることはなく軟らかくて加工しやすい材料です。しかし合金の場合、その合金元素が酸化しやすい成分であると、当然表面に酸化層が生成されるのでその後の皮膜除去が必要になります。

純貴金属の熱間鍛造の参考温度範囲を**図表5-12**に示します。欠陥をなくすには再結晶温度以上、融点以下の範囲が好ましいのですが、再結晶

図表5-11　熱間鍛造

材質	加熱温度(℃)	鍛造終了温度(℃)
銀	900	500
金	900	500
白金	1300	800
パラジウム	1300	800
ロジウム	1500	1000
イリジウム	1500	1000
ルテニウム	1700	1500

図表5-12　参考鍛造温度範囲

以下の温度範囲での鍛造も行われています。

純貴金属でも融点の高いロジウム、イリジウム、ルテニウムは鍛造温度も高く、硬くて加工しにくい材料です。ロジウムは1000℃以上、イリジウムは1300℃以上にすると比較的加工しやすくなりますが、ルテニウムは1500℃以上の高温にしても加工が困難な材料です。

また、液相線と固相線が離れている合金、共晶・包晶組織を持つ合金、融点の低い合金などは鍛造する温度域に注意しないと、鍛造時の圧縮力によって発熱し、部分的な溶融や脆化が起きて割れることがあります。逆に低温でも、合金の種類によっては、脆化して割れることがあります。

鍛造後の材料には表面の疵や変形、工具からの異物付着などがあり、こうした表面層の汚れは、鍛造中に熱拡散し内部に入り込んでいる場合があります。汚染部分や表面の疵・変形などを切削・研磨などにより除去し清浄にして次の工程に渡す必要があります。

たとえば切削時に刃物から汚染した程度のスクラップは、塩酸で表面を洗えば再使用できることもありますが、ほかの物質と分離できないような汚染を受けた場合は、溶解により汚染物を酸化して分離するか、化学精製で純度を高め再生する必要があります。

5-3 ● 押出

押出は線、板など中間素材の加工に使われる場合と製品に近い形状までの半製品加工にも使われます。

温間で円柱型ビレットを押し出して線、板、異形など必要な形状にダイスを用いて成形できます。

押出機には横型と縦型があり、大型の押出機は横型が多くなっています。小ロットの押し出しには縦型が使われています。押出方式もダイスを前方から移動させて押し出す前方押出法とダイスが固定された後方押出法、静水圧押出法などがあります（**図表5-13～5-15**）。

要求される形状・寸法に加工するために装置の規模や形式が選択されています。したがって小さいものから大きいものまで、あるいは多数本取りなどの要求によってさまざまですが、ここでは銀の円柱ビレットか

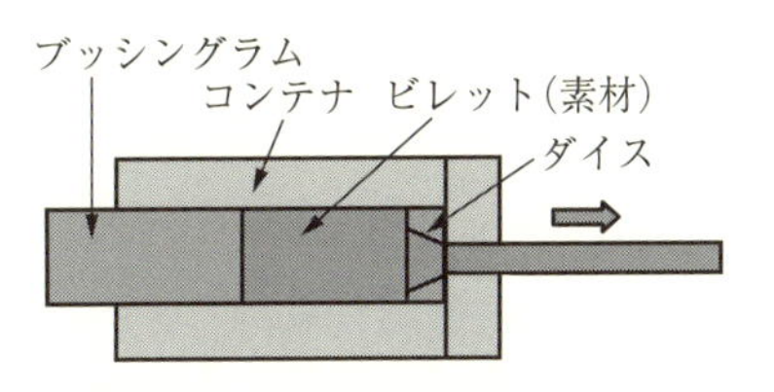

図表5-13　直接押出（前方押出法）

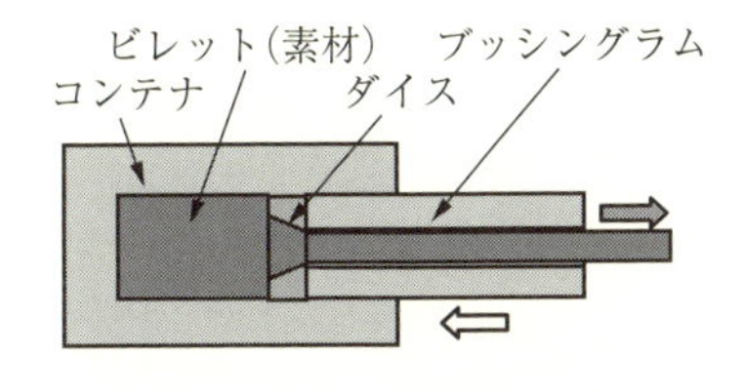

図表5-14　間接押出（後方押出法）

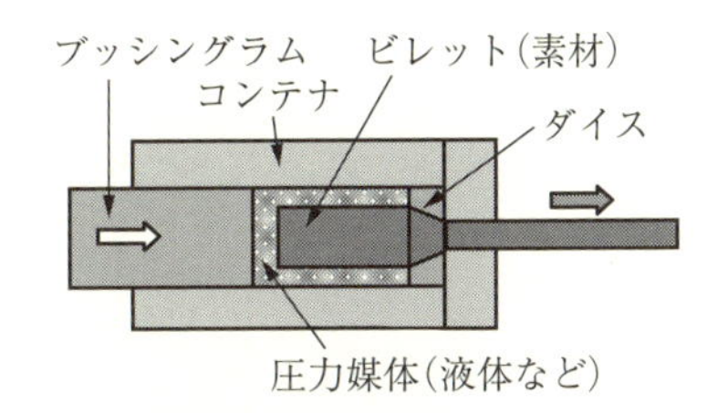

図表5-15　静水圧押出法

図表5-16　銀の押出後のビレット

ら直径10 mm の線材を押し出した例を示します（**図表5-16**）。この例では押出寸法は直径数 mm 以上から可能で、もちろん多数本取りもできます。

押出には比較的軟らかい材料が有利です。貴金属材料では一般的に銀合金、金合金に適用されていますが、白金合金、パラジウム合金などの押出は高い温度が必要なことから、それに耐える工具や焼き付き防止のための潤滑油の選定、押出ダイスの条件設定が難しいなど問題が多く、特殊な用途に一部使われているにすぎません。

押出の特徴は大きなビレットから一挙に製品形状に近い寸法に加工されるため、非常に効率の良い工法です。そして強加工されることによって鍛造と同じような効果があり、押し出された材料の金属組織は繊維状になって、靭性が高まり機械的性質が向上すると同時に均質で品質の良い材料が得られる利点があります。

押出加工は熱間と冷間に大別できますが、熱間の場合は材料の再結晶温度以上で押出する場合とそれ以下の場合があります。再結晶温度以上の場合では押出による変形抵抗が小さくなり、同時に室温では加工しにくい脆い材料も加工が可能になります。銀系材料では純銀、銀銅合金、銀ろう用合金、銀酸化物系材料が主に押出加工されていますが、純銀などのように再結晶温度が低く変形抵抗の小さい材料は扱いやすいのですが、銀ろうなど変形抵抗が高く硬い材料で溶融温度が低い材料は押出温度を高くしすぎると押出中に材料自体の発熱によって固相点温度を超えて、下痢症状を起こし押出ができない場合があります。適切な押出の温度範囲を**図表5-17**に示します。

また、高温下での押出はダイスやコンテナに焼き付きを生じやすいので潤滑剤が必要です。高温で潤滑性の良い材料として一般に、黒鉛や二硫化モリブデンにグリースや油を混合させたものが使われています。

押出加工された材料表面はこうした潤滑剤や酸化物など異物の付着がありますので、必要に応じて押し出された後の材料表面を皮むきして使

材　質	押出直径(mm)	温度(℃)
銀系	φ6.0	約400
銀ー銅合金系	φ8.0	約700
銀ろう合金系	φ4.0	約600
銀/ニッケル系	φ6.0	約600
銀/酸化物系材料	φ7.0	約800

図表5-17　熱間押出の寸法と温度の参考例

用することが行われています。なお高温下での強加工によってダイスの損耗は著しく、熱による変形やかじりなどが発生しますので、定期的な交換と補修が重要です。

5-4 ● 伸線

線の加工は前工程の素材の形状や寸法によって異なります。鋳造や鍛造により円形や角形などの断面を持つ棒状材料の場合は、溝ロール（**図表5-18**）により徐々に細くして８角形（**図表5-19**）に近い断面の素線に加工します。押出加工によって得られた素材は、縦釜伸線機、ドローイングマシンなどを使った引抜き加工によって素線にします。また、材料によってはスェージングマシンを用いて素線を得る場合もあります。

素線からさらに細くするには連続伸線機を用いた引抜き加工が行われます。このとき使用する引抜きダイスの形状を**図表5-20**に示します。線径が太い段階ではダイス材質としてダイス鋼や超硬合金が使われます。さらに細くて精密な伸線には耐摩耗性があり変形の少ないダイヤモンドが使用されています。

ダイスは使用を繰り返すと摩耗やかじりなどによって変形したり疵がついたりして寸法の変化も生じます。このためダイスの管理が不可欠で、変質程度によっては一定期間使用後の再研磨や交換が必要です。

線が太いときは引抜き時の負荷が高いので、１個のダイスで単引きしますが、さらに細くするときは生産効率を上げるため多数のダイスを並べて順次細くする連続伸線が行われています。こうして複数個のダイスを用いた伸線と歪み取りの熱処理を繰り返し、最終的には直径8 μm までの加工が可能になっています。

このような極細線にするには、溶解・鋳造の段階から素材内に微細な

図表5-18　溝圧延加工

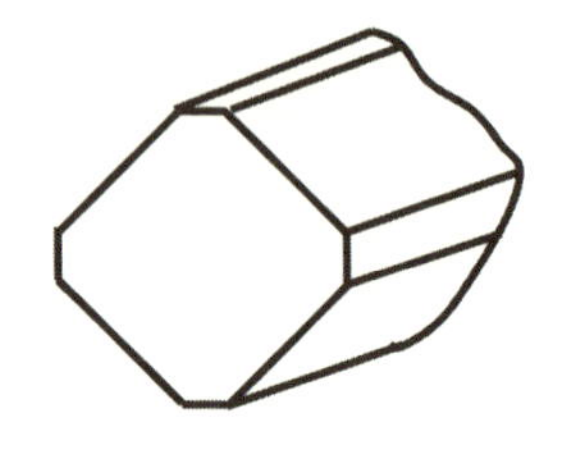

図表5-19　素線の断面形状

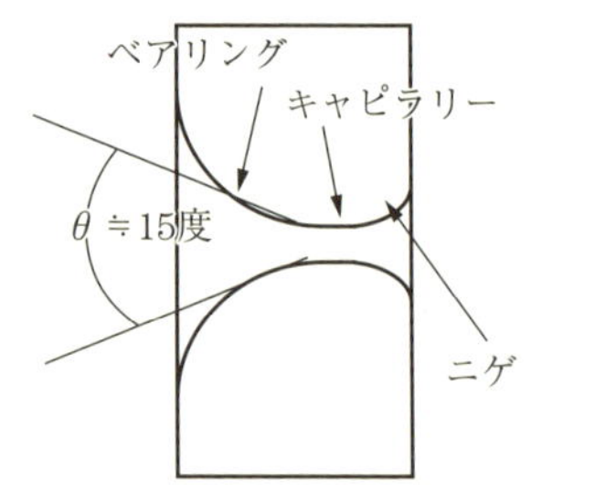

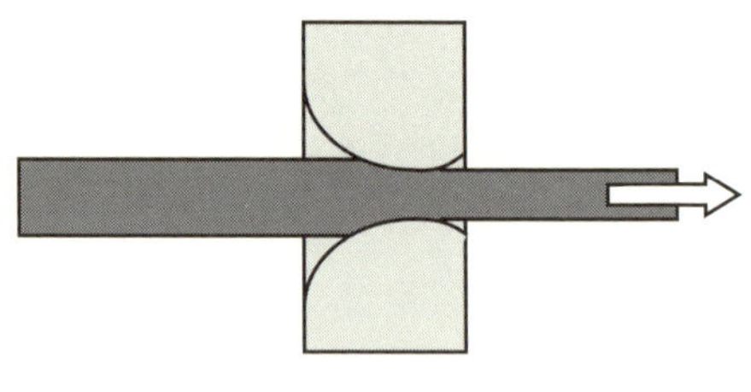

図表5-20　ダイス形状と線引抜きの模式図

介在物や気泡などの欠陥のない材料が必要です。中間の熱処理温度や加工率などの条件も重要になります。わずかな欠陥があると断線などが発生しミクロンオーダーの極細線加工はできません。そして最終製品には機械的な強さや機能・特性が求められますので、その条件に合致した材料を作るプロセスが重要になります。

伸線後、線はボビンやリールに巻き取られます。線材は見掛け上真っ直ぐに見えても実際には歪みがあって、捻れや曲がりがあるので直線性が求められる用途に対しては矯正加工が必要になります。矯正法には加熱下で張力を掛ける方法と機械的な矯正法があります。

パラジウム系合金線などは、ドットプリンターやプローブに使われるため直線性が重要な要件です。

半導体の配線に用いられる金線は素材純度が99.999％で、内部に欠陥のない材料が必要です。最終用途によって求められる機械的性質が多様で、その特性を出すために各種の微量添加物を加えて、材料特性を考慮した加工工程が採られています。金線はワイヤーボンダーに掛けたときに必要な機械特性とボンディング時のループの高さや強さなどが厳しく規制されています。

5-5 ● 圧延

圧延は鋳造インゴットを分塊圧延し鍛造効果を出す圧延と、鍛造時に付着した異物や汚染物質を切削除去後圧延するもの、そのほかに２種類以上の異種材料をクラッドして圧延するなど出発材料が異なる加工があります。また線をテープ状に圧延して長尺の板にしたり、線から幅広の板にするクロス圧延なども行われています。圧延板の仕上がり厚さや幅によって、圧延の仕方や圧延機の種類も使い分けられています。厚い材料の圧延には２段ロールが、薄くなるに従って４段ロール、６段ロール、８段ロールさらには20段ロールなど多段の圧延機がさまざまに使い分けられています。

ワークロールの径が大きいと板に接触する面積が大きくなって圧延時の圧縮応力が高くなり薄くすることが困難になります。このためワークロールの径を小さくして圧縮応力を低くしますが、直径が小さくなるとロールがたわむのでこれを支えるためにバックアップロールを使って曲がりを抑える多段式の構造になっています。

ロールがたわむと板の両サイドに較べて中央部分が厚くなります。この現象を防ぐために通常はロールにクラウン（ロールの膨らみ）をつけます。ところがこの処置だけでの調整は完全ではないためにバックアップロールを利用した多段式にした工夫もされています。例えばバックアップロールに圧力をかけてベンディングさせるなど、位置を調整することによってワークロールのベンディング量を調製しています。

金、銀、白金などは軟らかく容易に圧延できます。しかし、多品種少量の要求が多いことから、板幅や厚さの異なる材料を同じ圧延機で加工する場合が多く、ロールクラウンの取り方によって板平面の歪みや変形が逆に起きやすくなる場合があります。短い板の圧延では、バックテンションなどの引張張力が掛けられないことから、材料に曲がりが生じやすくなります。そのために圧下率やパス回数など素材の種類、厚さ、幅方向の曲がりを作業者の熟練度によって最小限に抑えています。しかし、変形を皆無にはできないので、変形した材料は矯正機（レベラー）によって平坦にします。

圧延した板材はその後の工程や製品の種類によって目的に適した寸法に切断機やスリッターによって切断されます。

5-6 ● プレス

貴金属のプレスは薄板の打抜き、曲げ、成形を含む加工やかしめ、溶接を同じラインで連続的に組み立てる複合加工や深絞りなどを含む各種の成形が行われています。

貴金属製品の中で主にプレス加工されているのは電気接点や接合用ろう材のプリフォーム（**図表5-21**）で、厚さ数mmから薄いものでは0.03mmのろう材をあらかじめろう接しようとする形状に合わせたリング状など各種の寸法や形状に打ち抜く単純な加工が多く高速無人の連続運転が行われています。

電気接点材料は貴金属の使用量を最小限にとどめるため接点部分にの

図表5-21　ろう材料のプリフォーム

み貴金属を使い、バネなどの台材にクラッド、かしめ、溶接などをして使用しています。クラッドテープからのプレスでは、順送金型による一般的な加工と同じですが、貴金属であるがゆえの独特な材料管理から、スクラップの貴金属部分をリサイクルしやすいように金型設計にも工夫がなされています。

また、バネ材料を製品形状にプレス成形すると同時に接点材料をプロジェクション溶接するなどの連続加工なども行われています。

また、接点材料を線で供給して、プレスにて台材の成形と同時にかしめを**図表5-22**のようにして同時に行う工法が採られ、リベット型接点の場合はパーツフィーダーなどによって接点材料を供給し同様のかしめ加工が行われています。

（1）絞り

前述のような加工のほか、プレスによる絞りや成形などが行われています。レーヨン繊維を製造する金—白金合金の紡糸口金は、厚さ0.1～1.0 mmの材料をキャップ状に絞っていますが、この場合は抜き絞り型で、1回のプレス成形で製品形状に仕上げています。

また、白金製品などのように単品生産が必要な場合はいまだに白金の

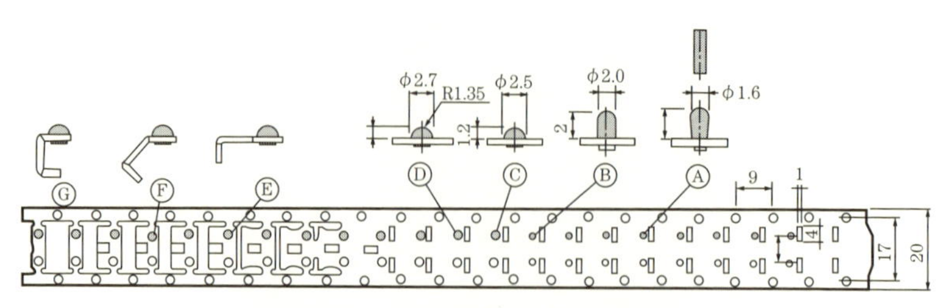

図表5-22　プレス成形とかしめ加工の例

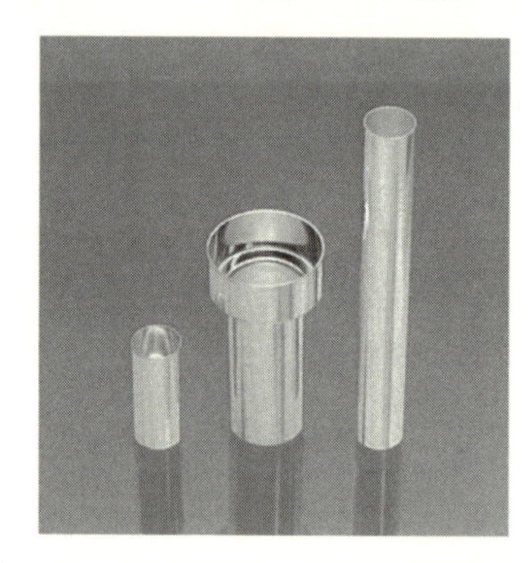

図表5-23　タンタルコンデンサー用の銀ケース

薄板を木ハンマーで叩く手絞りや旋盤でのしごき、成形が行われています。例えば少量生産の白金装置類には1つしか必要のない部品があります。こうした部品は形状によっては熟練工によるハンマーの手作り板金加工になります。しかし分析るつぼや蒸発皿など複数個あるいは繰り返し加工する場合は自動ヘラ絞りや液圧プレス成形など機械による加工方法が採られています。

パイプは押出や引抜によって得られた円柱や円筒のインゴットから切削する場合と、圧延した板を丸めて溶接により作られていますが、精密さが必要な細くて継ぎ目のないパイプは、板からプレス絞りによってカップ状にした材料をドローイングする場合があります。

過去に行われていた特殊な例として、タンタルコンデンサー用の銀ケース（**図表5-23**）の絞り、しごきなどがあります。

5-7 ● ヘッダー

ヘッダーは主に小型のスイッチやリレーなどに使用されるリベット型電気接点の成形に使われています。貴金属のリベット型接点は無垢材料や、主に銅の台材に純銀・銀合金・銀ー酸化物系材料のクラッドが大量生産されています。

リベットは線材をヘッダー機に供給して、**図表5-24**のような形状に成形します。無垢材料をリベット型に成形する場合と、貴金属と銅を接合したクラッド型のものがあり、形状はソリッド型とチューブラー型です。クラッド型は銅を台材として銀・銀合金・銀酸化物系の材料が片面もしくは両面に接合されたものです。

銀および銀酸化物系接点材料と銅を接合する方法はいくつかあります。例えば炉中ろう付法は、カーボン冶具の中に銅のチップ、プリフォームされた銀ろう、銀系接点材料チップの順に供給して、雰囲気炉中で加熱し、ろう付します。接合された接点材料と銅のクラッドされたチップをパーツフィーダーなどによりヘッダー機に供給してリベット型に成形します。

この方法の利点は、接点材料を幅広く選択でき、形状に対しても自由

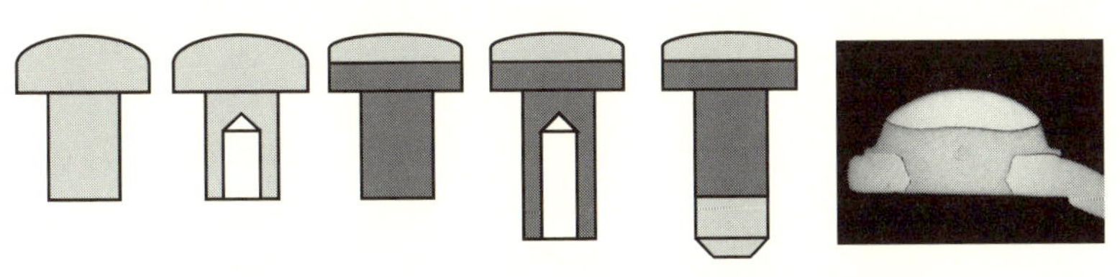

図表5-24　リベット接点の形状例と実際の断面写真

度があり、しかも台材の種類をあまり選ぶことなく幅広い応用が可能なことです。また両面が接点となっている場合は主にろう付が行われています。

ただし、接合部分にろう材料があるため、使用時に発熱によるろうの拡散で起きる汚染や、極度に温度が上昇すると、ろうが溶融し脱落することも考えられます。

ヘッダーによる直接冷間固相接合法（**図表5-25**）は、効率良く高速で、かつ接合強さが安定しています。この方法は２種類の材料、銅と接点材料を別々に供給し、接合の直前で双方をカッターによって切断し、切断するや否やダイスに押し込み、パンチで圧縮、成形することによって金型内で接合と成形が同時に完了する方法です。この冷間接合法は切断した次の瞬間に圧縮するために、切断面が大気に触れる時間が非常に短く、ヘッダーパンチによって強い圧縮力で頭部を成形するので、双方の接合面となる部分が広がり未変質の活性な金属表面が現れることによって冷間で均質な接合ができるものです。ヘッダー中の接合の状況を**図**

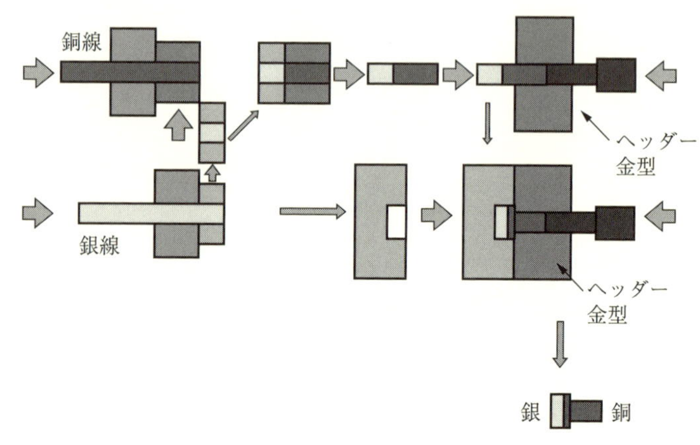

図表5-25　冷間固相接合の模式図

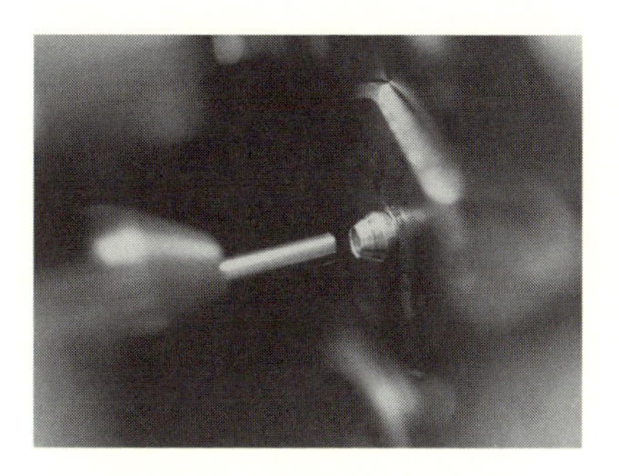

図表5-26　固相接合の拡大図

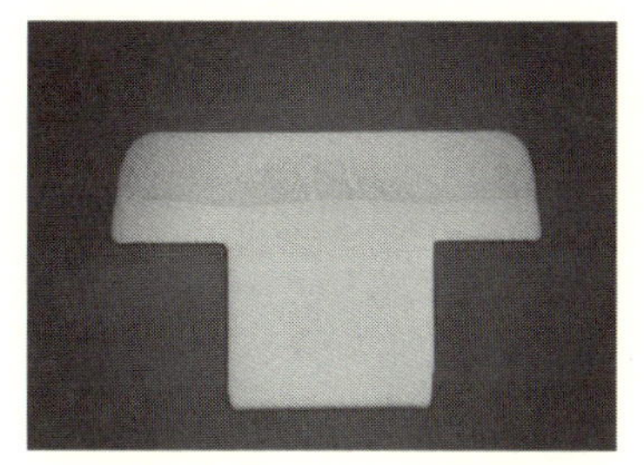

図表5-27　銀／銅クラッド断面

表5-26に示します。

接合後の接点材料と銅との接合部分は図表5-27のような状態になっています。

5-8 ● 溶接・接合

貴金属の部品や装置類の組立にはガス溶接、TIG溶接、プラズマ溶接、レーザー溶接、電子ビーム溶接などのほかに抵抗溶接（スポット溶接、シーム溶接）、爆着（火薬などの爆発エネルギー）、そして板状の材料は冷間、熱間の強加工（分塊圧延）による接合、温間の圧接によるクラッドテープの接合が行われています。

これらのほかに大気中で酸化しにくい合金は熱間の鍛接（ハンマリング）、冷間・温間・熱間など固相接合も行われています。またいわゆるろう付やはんだ付も利用されています。

銀やパラジウムは大気中ではガスの吸収が多いので溶接が難しく、熟練が必要です。特に銀は酸素、パラジウムは水素を多量に吸収するので溶融接合には注意が必要です。

白金合金の装置や部品の接合にはTIG溶接、プラズマ溶接、レーザー溶接、鍛接などが使われています。少量の加工は手溶接ですが、大量生産にはTIGやレーザーの自動溶接が行われています。特に溶接による熱影響をできるだけ避けることができ、微少領域を深く溶融できるレーザー溶接も有効な接合手段で、ファイバーレーザーのように精密な位置制御も可能で自動化も容易になっています。大型の白金装置などの組立は単品の特別注文品になるので、ほとんどはTIGやプラズマ溶接で製造されています。白金—ロジウム合金や白金—パラジウム合金、白金—イリジウム合金などは、大気中で溶かしても、鉄鋼や銅合金などと異なり表面が酸化による影響を受けにくいので溶接しやすい材料です。例えば板と板の突き合わせ溶接や板を重ねた溶接の部位を熱間、冷間で鍛造（ハンマリング）することによって内部欠陥をなくし、その後の熱処理により素板と同じように均質な組織を得ることも可能です。

白金、金、銀などは加熱状態でハンマリング接合することができます。金敷の上に材料を重ねて加熱し、ステンレスハンマーで一方向から丁寧に鍛造していくと重ね合わせた全面を綺麗に接合することができます。

一方、電気接点の接合には突起（プロジェクション）を利用した抵抗溶接としてシーム溶接やスポット溶接などがあります。回路基板搭載型リレーなどの接点材料は金、銀、パラジウムおよびその合金を厚さ数μmで1層から数層を表面に薄くクラッドしたものです。積層する目的は異なる特性を付与することです。電気伝導性が良くて接触安定性や耐摩耗性に優れた材料が選ばれます。動作中の発熱に対して溶着・粘着・消耗を抑制し、かつ表面の変質を生じにくい長期の使用に耐える材料が選択されています。表面層と内部とで材料を変え、長時間使用にも安定した接触が維持できるように配慮されています。こうした接点材料に複合化して下層を構成する材料には、耐食性が良くて、電気抵抗の比較的高い材料が使われています。その代表的な例として銅—ニッケルや洋白

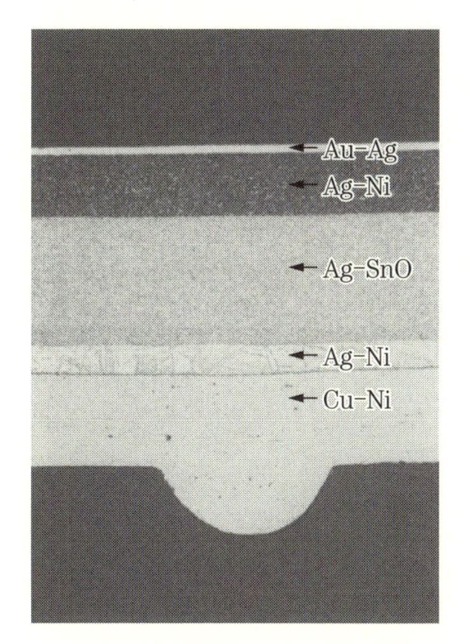

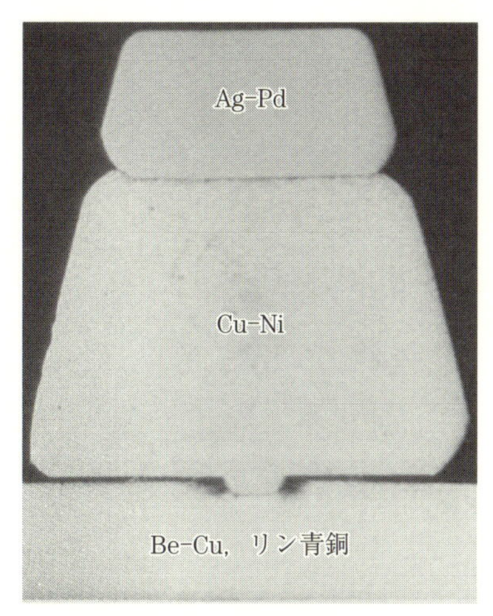

図表5-28　プロジェクション付きクラッド多層接点

などがあります。この材料にはその下部に小さな突起が付けてあります（**図表5-28**）。この理由は突起部分に溶接電流が集中し、発熱することによって、中心部が局部的に溶融し接合するように配慮したものです。接点テープとあらかじめプレスした台材となるフープを電極部分に送り自動的に電気抵抗溶接で接合されます。

電極材料は主に銅クロム合金です。貴金属接点側に接する電極は接点形状にあった形に成形されています。長期間使用すると電極表面に酸化膜を生じて電気抵抗が高くなり導通に不具合が生ずるとか、接点表面を汚染することがあるので定期的な洗浄や交換が必要です。

これらの抵抗溶接以外にろう付法がありますが、これについては接合材料の項を参照してください。

溶接後の接点材料は溶接時の熱影響や加圧による変形を修正するため次の工程で成形パンチによって最終形状、寸法に成形します。

5-9 ● クラッド

貴金属の持つ特性を活かした用途に利用する場合、貴金属は希少で高価なためにできるだけ少量ですむような工夫が凝らされています。

(1) 板のクラッド

古くは万年筆のキャップなどの素材を作る場合に黄銅に金合金（K 14やK 18など）の板をクラッドしていました。現在は電気接点として主にマイクロモーターやリレーの製造に使われています。クラッド形態には卑金属の板材の全面を被覆したオーバーレイ、横にクラッドしたサイドレイ、その板の一部分を帯状にクラッドしたスルーレイ、トップレイなどのタイプがあります（**図表5-29**）。クラッドは1層だけではなく複数層の場合もあります（**図表5-30**）。

こうしたクラッド板は一般的には、強加工が可能な分塊圧延（**図表5-31**）によって圧延と同時に一挙に接合する方法、あるいは温間・熱間で圧延圧着によって接合する方法があります。また、HIP（熱間等方圧成形 Hot Isostatic Pressing）で接合、あるいはCIP（冷間静水圧成形、Cold Isostatic Pressing）で圧縮後加熱、圧延するなどが行われています。そのほかに中間層にろう材を用いたろう付法や、火薬や放電などのエネルギーを利用する爆発圧着等も行われています。

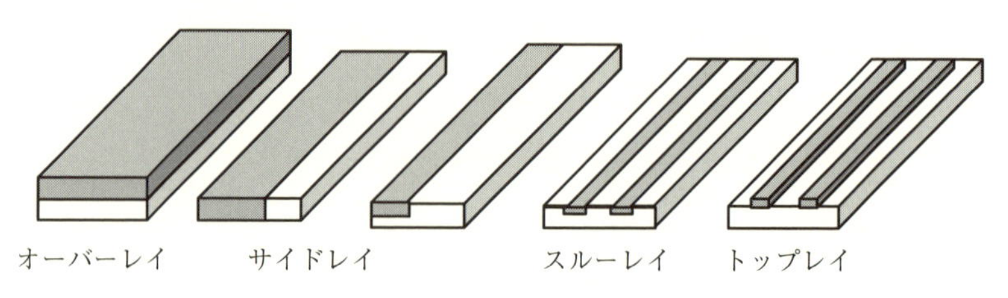

図表5-29　各種のクラッド例

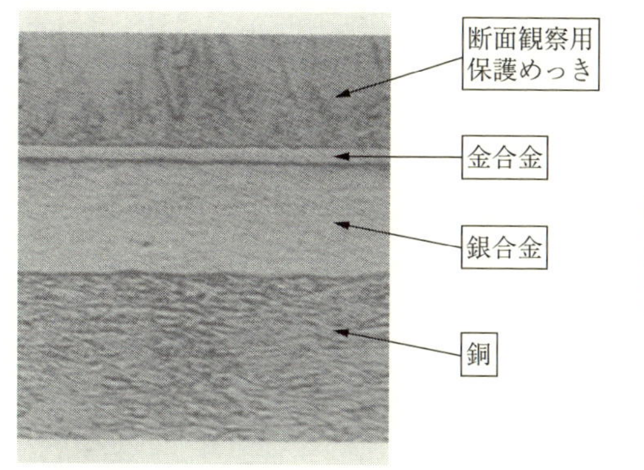

図表5-30 多層のクラッドの断面写真

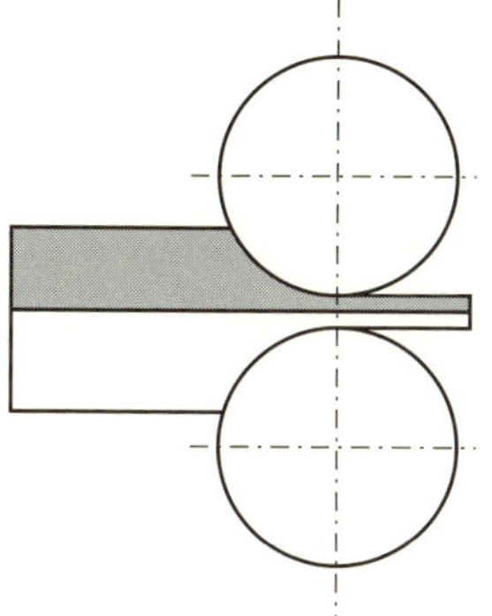

図表5-31 分塊圧延による接合模式図

固相接合は①熱、②圧力、③接合面の清浄度、に影響されます。①の熱は高いほど拡散が進んで接合がうまくできますが、熱影響で材料がダメージを受けるなどの問題があります。

②の圧力も大きいほど接合に寄与しますが、同時に変形が大きくなり製品の形状に影響します。

③は①②双方の接合要因に必須条件です。

上記のような種々の固相接合法がありますが、ここでは圧延による例に触れます。

クラッドした接合界面は金属組織・強さの均一性やボイド・異物などの欠陥がないことが最終製品の機能・特性にとって重要です。特に電気接点に使用する場合はわずかな欠陥が致命的な問題につながるため厳重な管理が望まれます。

相互の接合面が清浄であって、圧力と温度の条件がそろえば金属同士は接合します。大気中のガス成分や水分を始めとした汚染物質から表面を守るのは非常に難しいので、真空中や雰囲気中での接合が好ましい手段です。

①と②を組み合わせることにより双方の欠点を補うことができます。

また常温での固相接合では、接合界面に圧縮応力がかかって生じるすべり変形によってできた新しい活性な面が圧力によって接合するので、すべりを起こさせることが必要です。

分塊圧延法は、厚い素材を１回の圧延で材料を大きく変形させ新たな活性面を出して接合する方法です。また大きな変形を与えにくい素材は材料に適した温度範囲で真空中や雰囲気下で温間や熱間により圧着することができます。HIPは真空中、高温で高い圧力をかけ、熱拡散を同時に進行させる接合法です。

スルーレイは溝を加工した台材に接点材料である貴金属を挿入して上記の方法で接合します。トップレイ、サイドレイは、シーム溶接またはレーザービームなどによって接合する場合もあります。

いずれも双方の材料表面の清浄度が非常に重要で、かつ平滑面より粗れた表面が接合しやすい条件です。

(2) 線材のクラッド

線材のクラッドには非常に古くから知られているウォラストン線の例があります。銅で太い白金線を包み込み伸線を繰り返した後、表面の銅を硝酸で除去し、細くする方法でしたが、表面層に貴金属を使う例は、タングステン線に白金を被覆した耐熱材料で、この細線がヒーターとして用いられてきました。

現在、モリブデンや鉄―ニッケル合金に白金を被覆した線（**図表5–32**）は強さがあって耐熱、耐食、耐酸化性に優れていることから直径70 μm程度の細線にしてエアーフローセンサーやハロゲンランプフィラメント、ヒーター線、炭酸ガスレーザー用電極などに使われています。眼鏡の弦には、洋白やチタン線に白金系・金系の合金が被覆して使われてきました。

最新の用途では酸化物超電導材料の外周を銀のパイプで包んだ高温超電導線があります。

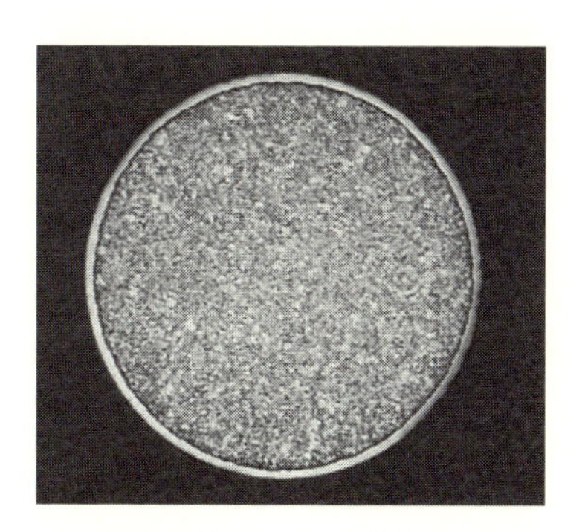

図表5-32　白金／鉄ニッケル合金クラッドの断面

これら線材のクラッド法には引抜法と押出法があります。引抜法は芯となる材料を貴金属のパイプに挿入して、拡散や歪み取りを目的として中間熱処理を加えて引き抜きや、伸線をする加工法です。また押出法は大量生産が目的で、円筒形の貴金属に芯材料を挿入したビレットをコンテナに詰めて押出機によりクラッド線とします。

同じような方法で内部が中空のクラッドパイプも作られています。

(3) 溶射によるクラッド

溶射法を利用して、セラミックスなどに貴金属を被覆する方法があります。これは溶融ガラスにセラミックスが侵食されるのを防ぐと同時に侵食されたセラミックスがガラス中に混入し欠陥となることを防止します。またこの方法は、白金を必要な部位にできるだけ薄く付けることによってその使用量を減らすことが可能なため経済的な方法の一つで板金加工では得られない薄い白金の表面が実現できます。

白金を強固に密着させるためセラミックス表面をあらかじめサンドブラストなどで粗面にするなどの前処理が工夫されています。

例えばガラスの溶解に使われるセラミックス製の撹拌棒や装置など、大きな機械装置に対してもその表面に白金系の材料を溶射して厚さ数百μmの必要とされる皮膜を形成します。こうして表面を保護されたセラミックスは保護されていない状態に較べて形状の変化がないので、ガラス製品の品質を高くすることができ、通常１カ月程度の使用寿命も１～２年に延ばすことができています。

5-10 ● 粉末冶金

貴金属を粉末冶金加工する目的は、溶解法では合金できない材料、あるいは融点・密度の差が大きく均質にしにくい材料、そして非金属、酸化物、気体などとの混合材料を作る場合などで、均一な組織が作りにくい材料をできるだけ後加工が少なくなるような形状・寸法の成形に利用されています。この方法は新しい機能や特性を付与することにも役立てられています。また一部では金属粉末射出成型法（MIM）なども行われています。

粉末冶金法で原料になる粉末の製造法も**図表5-33**に示すように各種の方法があり、さらにこれらを組み合わせた目的に適した加工方法を選択し、必要とする機能・特性を生み出すことによって優れた製品が作られています。

粉末冶金法の利点は、上述のほか新たな特性を持つ複合材料を生み出す可能性や、常温において金型内で粉末から直接精密な製品形状に加工できるほか、融点の８割程度の温度で焼結が可能で、熱効率良く大量生産できること、さらに粉末と粉末の間隙に気体や液体物質を含めることによって機能を高められることなどが挙げられます。

貴金属材料に粉末冶金法を適用するには、粉末粒度の微細化、均質化、焼結時の凝集や結晶成長を起こさない条件が必要で、焼結、圧縮、加工によって均一で整った微細組織に仕上げることが重要です。粉末の製法を**図表5-34**に示します。

アトマイズ法	ガスアトマイズ法 水アトマイズ法、 遠心力アトマイズ法 プラズマ・アトマイズ法
スピニング法	
回転電極法（REP）	プラズマ（REP法）
機械的プロセス	粉砕法 メカニカルアロイング法
化学的プロセス	酸化物還元法 塩化物還元法、 湿式冶金技術 カルボニル反応法

図表5-33　粉末の作り方の種類

プロセス	直径（μm）	粉末の種類
ガスアトマイズ法	60-125	Ag系、Au系　（In、Zr、Ti-Al、Zn、Pb）
水アトマイズ法	12-16	Ag系、Au系　（Fe、Cu）
遠心力アトマイズ法	7-8	（Al-Si）
プラズマ・アトマイズ法	40-90	Pt系、Pd系　（Ti、Mo、Cu、In）
プラズマ回転電極法（REP）	75-200	（Cu）
スタンプミル・ボールミル法	25-500	Pt系、Pd系　（Al、Cu）
酸化物還元法	1-30	Ag系　（Fe、Co、Cu、Mo、Al、Mg）
カーボニル反応法	10	（Fe、Ni）
湿式冶金技術	1-100	Au、Ag、Pt、Pd（Ni）

図表5-34　粉末製法とその材料と寸法の参考例

貴金属の代表的な粉末冶金製品例は、高、中負荷用の遮断機・開閉器で、摺動用に銀―タングステン、銀／グラファイト、銀／ニッケルなどの電気接点材料が挙げられ、また中負荷以下の接点には銀／酸化物系の銀／酸化すず、銀／酸化すず／酸化インジウム、銀／酸化カドミウムなどがあります。このほかに、高融点で溶解が難しいルテニウムやイリジウム、それらの合金にも応用されています。

微量酸化物を添加した高温に強い強化白金系材料である、白金／酸化ジルコニウムなどの結晶安定化材料などに応用されています。

(1) 銀—グラファイトの粉末冶金加工例

篩(ふるい)などによって均一な粒径にそろえた銀粉と、グラファイト粉を所定の割合で、均等に混合します。グラファイトと銀は合金しない材料で、密度が大きく異なりグラファイトは非常に軽いので注意して混合する必要があります。十分に混合した材料を金型に充填して、油圧プレスで圧縮成形します。圧縮成形はCIP、HIPでも行われています。成形された材料を、水素と窒素の混合ガスなどの不活性雰囲気中か真空中、800〜850℃で焼結後熱間鍛造や押出加工などで粘性を与え、棒状、線状、板状に成形します。少し脆さがありますが、接点の形状にすることも可能で、台材にろう付けすることもできます。

(2) 銀—酸化物系材料の加工例

銀／酸化物系材料の製造には銀が酸素を透過する性質を利用して、後酸化法と呼ばれる方法が採られています。酸化物として分散させたい金属と銀を合金して、酸化雰囲気中で加熱し、内部の成分を酸化させる方法です。こうして加工された電気接点材料には、例えば銀／酸化カドミウム／酸化ニッケル、銀／酸化カドミウム／酸化亜鉛／酸化ニッケルなどがあります。

これに対して、前酸化法と呼ばれる方法があり、銀と他金属との合金をアトマイズ法によって粉末化後内部酸化します。酸化処理後の粉末を圧縮、成形、焼結を繰り返し、押出し後冷間加工で線や板にして接点に加工します。

また、銀粉および金属酸化物粉末を混合して成形、圧縮、焼結を繰り返し冷間での二次加工後に接点とします。

このような製造法を駆使することによって、できあがる製品に異なった性能を与えることができます。有害なカドミウムを含まない銀／酸化すず系、銀／酸化すず／酸化インジウム系、銀／酸化亜鉛系、銀／酸化すず／酸化ビスマス系、銀／ニッケル系が作られています。

(3) 強化白金の加工例

強化白金には合金化による強化と粉末冶金法によって強化する方法があります。白金に微量の酸化物を添加した強化材料、例えば白金／酸化ジルコニウム強化材料の場合いくつかの方法が採られています。

①酸化ジルコニウムの粉末と白金粉末を混合して、油圧プレス、CIP、HIPなどで成形し、大気中で加熱焼結後、鍛造を繰り返し、板や線にします。

②白金ジルコニウム合金を伸線後、プラズマ、ガスなどを用いて粉末にした後圧縮、焼結して熱間鍛造を繰り返し、板や線にします。

③化学的な共沈法によって得られた白金とジルコニウムの混合粉末を上述同様に圧縮、焼結、鍛造し板や線にします。

④双方の粉末をメカニカルアロイング法によって均一に混合、圧縮、焼結、鍛造し板や線にします。

以上の例のほかにも各種の方法が検討されています。

(4) 白金―コバルト系磁性材料の加工例

白金―コバルト系材料はハードディスクの磁気記録メディアとして使用されており、磁気異方性を高めて記録密度を向上させるために、タンタルやボロンの合金割合が増えてきました。合金組成が変わると共に磁気特性などに影響を与える結晶粒の制御が困難になり、加工も難しくなったので塑性加工を避ける方法として焼結が行われるようになりました。

製法には各金属の単体粉末の混合・焼結、合金粉末の焼結などがあります。単体粉末の混合では白金以外の金属が酸化しやすく、均一な組成が得られにくいという欠点があります。均一な組成と微細な組織にするために合金粉末を利用する方法が有効です。まず不活性ガスを雰囲気とした炉内で白金—コバルト—タンタル—ボロン合金を溶解し、溶解るつぼの下部に設けられた孔から噴霧するアトマイズ法で合金粉末とする方法です。

得られた合金粉末を所定の粒度分布に調整した後に約1000℃で真空焼結します。この方法では製品形状に近いニアネットシェイプでの成形が可能で焼結後の機械加工を最少にできます。現在では、磁気記録メディアとして複合構造をとる白金—コバルト—クロムにシリコンの酸化物が微細に分散した材料になり、より密度の高い記録容量が得られています。

5-11 ● 表面皮膜形成

皮膜の形成はその用途や必要とされる機能によって、めっき、溶射、ペースト塗布、焼成、クラッドなどの方法がとられています。金属以外の材料、例えばセラミックスやガラスなどにはペースト塗布、焼成、溶射などが行われています。中でも代表的なものがめっきです。めっきは大きく分けて湿式法と乾式法の二つがあります（**図表5-35**）。さらに、めっきされる側の素材（被塗物＝金属、セラミックス、ガラスなど）の種類とその方法など、多種多様な手法が研究され実用化されています。

一般的に、めっきは比較的薄い皮膜形成に適していますが、溶融塩めっきなどによって厚い膜の形成も可能で、特に機械的な加工が難しいイリジウムやルテニウム等の材料を数mm厚さの板やるつぼ状に形成することができます。

湿式めっき法	電気めっき法 化学めっき法 溶融塩めっき法
乾式めっき法	真空めっき法（PVD法）スパッタリング イオンプレーディング 真空蒸着 化学気相めっき法（CVD法）

図表5-35　めっき法の種類

この項では湿式めっきについて述べます。

(1) 湿式めっき

湿式めっきは、浴中で素材と電極の間に直流電流を流すことによる電解めっきで素材表面に電気化学的に金属を折出させる方法です。また、樹脂などの電気伝導性のない素材の場合は表面を改質して無電解でめっきすることができます。㊀極（カソード）にめっきされる素材を接続し、㊉極（アノード）には各めっき液の種類に応じて貴金属や不溶性陽極などを使用します。

工業用貴金属めっきは、防錆の役割以外に電気的・物理的特性の付与を目的として行われますので機能性めっきといわれています。電気・電子工業の分野ではコネクター・リレーなどの接点、プリント配線板・バンプなどの半導体部品、また化学工業の分野では不溶性電極など幅広く応用されています。

（ⅰ）金めっき

純貴金属単体のめっき液のほかに機能、特性によって各種の添加物が加えられた合金めっき液があります。代表的な金めっきは、大きくはシアン系と非シアン系に分けられ、それらもさらに次のように分類されます。

①遊離シアンが多い「アルカリ浴」

②遊離シアンが殆どない「弱酸性―中性シアン浴」

③遊離酸を多く含んだ「強酸シアン浴」

④シアン化合物を一切含まない「非シアン浴」

これらをさらに細かく分類したものを**図表5-36**に示します。

また、使用されるめっき液の金化合物の代表例はA～Dに示すようなものです。

A. シアン化第一金塩⇒ $MeAu(CN)_2$

B. シアン化第二金塩＝ $MeAu(CN)_4$

C. 亜硫酸金塩 ⇒$MeAu(SO_3)_2$

D. 塩化金酸塩 ⇒$MeAuCl_4$

ただし、Me＝Na、K、etc

実際のめっき液にはこの金化合物にさまざまな添加物が含まれます。

シアン化第一金塩の場合と亜硫酸金塩の場合の電気化学反応での金めっき例を示します。

$$KAu(CN)_2 \rightleftarrows K^+ + [Au(CN)_2]^-$$

$$[Au(CN)_2]^- \rightleftarrows Au^+ + 2(CN)^- \quad Au^+ + e^- \rightarrow Au^0$$

$$K_3Au(SO_3)_2 \rightleftarrows 3K^+ + [Au(SO_3)_2]^{3-}$$

$$[Au(SO_3)_2]^{3-} \rightleftarrows Au^+ + 2SO_3^{2-} \quad Au^+ + e^- \rightarrow Au^0$$

上記は、基本的な反応を示したものですが、実際のめっきは、これにいろいろな合金元素や添加物を加えて化合物を構成しています。その目的はめっきを容易にすることと、めっき後の製品に良好な機能や特性を

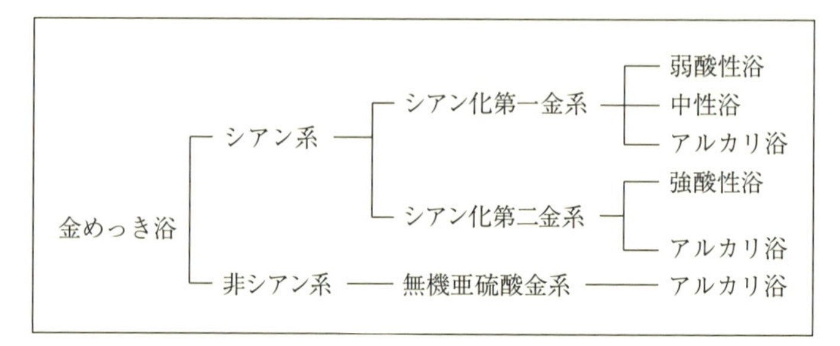

図表5-36 金めっき浴の種類

与えることです。

めっき液を素材（被塗物）に均一にぬらすための界面活性剤、金属イオンと結合して錯イオンを形成させるための添加剤、めっき皮膜に光沢を与えるための添加剤、めっき皮膜の特性を向上させる目的、例えば硬化させるための添加元素などがめっき浴や処理液に添加され、といったように金めっき浴には実に多種多様な化合物が含まれています。

金めっき浴の基本構成を目的別に分類すると以下のようになります。

・金化合物：前述のＡからＤの成分
・電導塩・緩衝剤：各種無機塩酸　有機塩酸
・錯化剤：シアン塩、EDTA（エデト酸）、NTA（ニトリロ三酢酸）、エチレンジアミンなど
・結晶調整剤：鉛、タリウム、ヒ素、ビスマス、アンチモン、セレン、テルルなどの塩
・有機光沢剤：エチレンアミン類、芳香族化合物など
・界面活性剤：各種（カチオン系、アニオン系、ノニオン系）
・金属元素：銀、カドミウム、銅、インジウム、亜鉛、すず、鉄、コバルト、ニッケルなど

めっき浴はこれらの化合物の組み合わせによりpH、比重を調整して作られています。用いる添加剤により光沢を出したり、合金化したり、厚さを厚くすることなどのほかに、めっき浴を安定させることができます。

こうした条件を選択して特徴あるめっきが以下の用途に活用されています。

①純度99.95%以上の純金めっきは光沢タイプと無光沢タイプがあり主に半導体部品に使われています。
②純度が99.95%以下の合金めっきは光沢があり硬くて、電気伝導性が良いことから電気接点、コネクターなどに使われています。
③装飾用には、光沢があって色調・合金比率が重視され、厚さのある

めっきが可能です。

④厚さが薄いストライクめっきを含むフラッシュめっきは、その後の厚付けめっきと下地との密着性を高めたり、装飾用の色仕上げに使用されます。

こうした金めっきの量産では、コネクターのようなバネ材表面への部分めっきは、バネ材料をプレスしながらの連続的めっきや、前もってプレスしたフープ材料を供給して連続めっきするなど、生産量や形状によって各種の方法がとられています。

プリント配線板の場合などは、配線板の表面層に導電性回路を形成するほか微細な孔の内部に均一なスルホールめっきをしたり、多層配線板の内部回路を形成するビルドアップ金めっきなどが施されています（4-2(4) プリント配線板の項参照）。

（ii）銀めっき

銀めっきは、めっきされた銀が硫化に対してきわめて弱く雰囲気によっては短期間で変色してしまいます。銀めっき浴の種類は、

①遊離シアンを多く含む「アルカリシアン浴」

②遊離シアンをほとんど含まない「中性シアン浴」

③シアン化合物を全く含まない「非シアン浴」

です。なおシアン浴に用いられる銀化合物はシアン化銀、またはシアン化銀カリウムです。

また銀めっき浴の構成は下記のようになります。

・銀化合物：シアン化銀、シアン化銀カリウム、塩化銀
・電導塩：KCN、K_2CO_3（炭酸カリウム）、KOH（水酸化カリウム）、KCl（塩化カリウム）、各種無機塩酸　有機塩酸
・錯化剤：EDTA（エデト酸）、NTA（ニトリロ三酢酸）
・金属光沢剤：アンチモン、セレン、テルル
・有機光沢剤：ベンゼンスルホン酸、二硫化炭素、メルカプタン類
・界面活性剤：各種

以上のアルカリシアン浴は最も一般的に実用されている代表例です。めっきによって得られる析出物は純銀ですが、浴は多量の遊離シアンを含む猛毒です。光沢面、あるいは無光沢面いずれも可能ですが、添加物としてアンチモン、セレン、テルルなどを入れると、より鏡面の光沢を出して硬くなります。中性のシアン浴は、主に半導体の高速めっき用に開発されたもので、電導塩としてはクエン酸、シュウ酸などの有機塩あるいは有機リン酸塩で、遊離シアンをほとんど含まない浴です。したがって浴組成は極めて単純で、有機光沢剤や界面活性剤を使用していません。

非シアン浴は猛毒のシアン化合物を含まない浴として、各種開発されましたが、シアンめっき浴に較べると不安定で分解されやすく、析出物が脆くて緻密な結晶が得られにくいことや金属銀の補給が難しいなどの問題点があります。

(iii) ロジウムめっき

白色系宝飾品の表面色仕上げにロジウムめっきは白金族の中で最も幅広く使われています。ロジウムは耐食性が良く、めっき後の表面が硬く(800〜1100 HV) 摩耗しにくい特徴があります。銀系の表面防食や白金系、ホワイトゴールド系の色仕上げ用にも欠かせないものとなっています。

ロジウムめっき浴は硫酸ロジウム、リン酸ロジウムを用いて、遊離した硫酸、リン酸からなっている強酸浴です。めっき後の析出物は非常に脆く、1 μm以上の厚付けは割れやすかったのですが、最近は厚付けも可能になり工業用に使われています。

エンコーダーディスクなどのすり接触板など耐摩耗性の接触子としても使われています。めっき後の色をより白く見せるためと、内部応力を緩和させるために白金、ルテニウム、マグネシウムなど数種類の添加物が用いられています。

・ロジウム化合物：硫酸ロジウム、リン酸ロジウム

・遊離酸：硫酸、リン酸

・金属元素：白金、ルテニウム、セレン、鉛、タリウム

・応力減少剤：スルファミン酸、有機カルボン酸

・有機光沢剤：ベンゼンスルホン酸、その他

添加元素にルテニウムを使用した場合は青みがかった白が得られ、従来にない色として装飾用や工業用に使われています。

(iv) 白金めっき

白金めっきは耐食性と耐熱性に優れ、工業用にはアノードやセンサーなどに、装飾品として作られている中空（セミガラ）のアクセサリーなどにも利用されています。浴は白金イオンⅡ価とⅣ価の二種類に大別できます。

Ⅱ価の白金化合物で最も多く使われているのがシス―ジニトロジアミン白金〔$Pt(NH_3)_2(NO_2)_2$〕で、これは一般に白金Pソルトと呼ばれ、この化合物を使ってpHが酸性から中性領域のめっき液が作られています。電気化学的には白金の水素化電圧は低いので水素が発生しやすく、酸性から中性領域の浴は水素発生が伴うために低い電流効率になります。また発生した水素が電析した白金に吸蔵されるために、めっきされた白金は内部応力が大きくて脆くなりますが、白金Pソルトは入手しやすく盛んに使われています。

Ⅳ価の白金化合物は主として塩化白金酸とヘキサヒドロキソ白金塩ですが、塩化白金酸塩は加水分解しやすく不安定なために工業用には適さず、ヘキサヒドロキソ白金塩を用いた浴は、高アルカリで水素発生が無く、電流効率を高めることができます。

従来の白金めっきでは水素吸蔵による脆化やクラックによって厚めっきは不可能といわれていたのですが、近年開発されたⅣ価の白金化合物を用いた高アルカリ浴によって、数百μmの柔軟な白金電析皮膜をつくることができ、装飾用などに利用されています。

(v) パラジウムめっき

パラジウムめっき浴はほとんどが中性からアルカリ性のアンモニア系です。パラジウムの化合物は水素を吸蔵しやすく、この水素が析出物の内部応力を高めるので、厚めっきではクラック発生の原因になります。厚さが5 μm以上になると光沢を出すことが難しくなりますが、半光沢のめっきは可能です。またニッケルとの合金化によって内部応力を緩和することができ、ニッケル2～5％を合金した浴が光沢のある厚めっき浴として製造、販売されています。パラジウムめっきは工業用ではICフレーム、電気接点、コネクターなどに多量に使われ、装飾用には時計側、眼鏡枠、筆記用具などの下地めっきにと非常に多様です。

浴の組成は以下の通りです。

・パラジウム化合物：塩化パラジウム、ジアミノ次亜硝酸パラジウム、ジアミノジクロパラジウム

・電導塩：硫酸、リン酸、塩酸などのアンモニウム塩、スルファミン酸、ホウ酸、ピロリン酸のアルカリ塩

・錯化剤：EDTA（エデト酸）、NTA（ニトリロ三酢酸）

・金属元素：ニッケル、コバルト、鉄

・応力減少剤：ベンゼンスルホン酸類、アルコール、アミン類

(vi) ルテニウムめっき

ルテニウムめっきはめっき浴が硫酸系、スルファミン酸系の酸性浴で、他の白金族めっきに較べて最も暗い白色を呈します。ルテニウムイオンは様々な価数を取るため電流効率が不安定で、めっき膜の内部応力が高くなりクラックが発生しやすいのですが、価格的に有利な点から、銀の硫化防止などに使われています。

(vii) イリジウムめっき

イリジウム塩は、塩化イリジウムまた塩化イリジウム酸（Ⅳ）アンモンが使われています。組成は硫酸やスルファミン酸などが主体でpH 1～2、電流密度が1～4 A/dm^{2}の条件でめっきされていますが、脆くてクラックが入りやすく、高温では酸化物が昇華するなどの性質があり

ます。しかし、めっき後酸化処理することによって不溶性の膜となるので整水器や電解プロセスの電極に実用化されています。

(2) 乾式めっき

乾式めっきには物理蒸着（PVD）と化学的反応を利用した化学蒸着（CVD）の２種類があります。

物理蒸着の一つである真空蒸着は、金属を気化しやすくするため処理槽内部を10^{-3}～10^{-5}Pa（パスカル）の高真空にして蒸着材料を抵抗加熱、電子ビーム、高周波誘導、レーザーなどによって加熱、気化、昇華させて基板の表面に薄い被膜を形成させるものです。この方法は主に純金属の蒸着に用いられ、貴金属では高純度の金、銀、白金、パラジウムなどが粒、ブロック、ロッド、ワイヤーなどの形状で蒸着源として供給され、金属やそれ以外の基材、樹脂やガラス、紙などにも薄膜を形成することが可能です。

また同様に、真空蒸着よりも密着性が高いイオンプレーティング（**図表5-37**）は減圧した容器内で、蒸発源と処理物間に電圧をかけ、気化した金属をイオン化して蒸着する方法です。

また、貴金属で多く使われるのがスパッタリングです。これは減圧容器内で蒸発源と処理物の間に数百～数千Ｖの高電圧をかけ、アルゴンイオンをターゲット（蒸発源）に衝突させターゲットの金属原子を放出させて膜が形成されます。この方法は真空蒸着では困難な合金などが簡単にできるなど多くの利点があり多用されています。例えばハードディスクの記憶素子として白金—コバルト—クロム系磁性材料などのスパッタリング（4-2(2) スパッタリングターゲットの項参照）が行われるほか金・金合金、銀・銀合金、白金・白金合金など各種材料の表面皮膜形成に使われています。この方法はターゲットを溶解させないため、蒸発温度の違う合金や、非常に高沸点のものもターゲットとして使用できます。

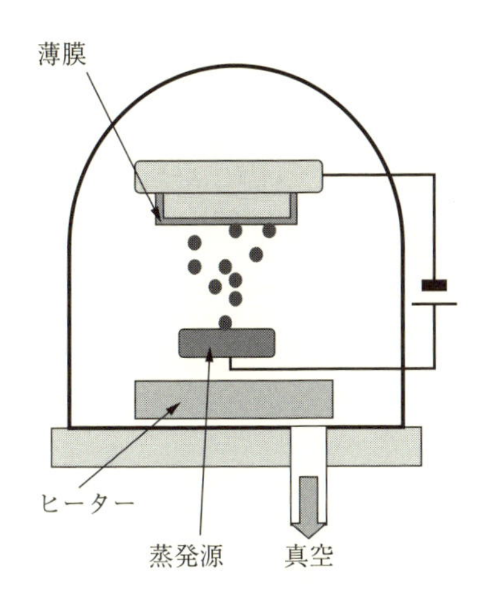

図表5-37　イオンプレーティングの模式図

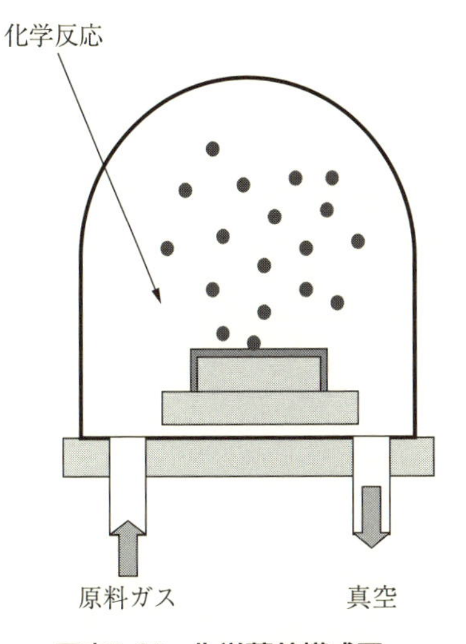

図表5-38　化学蒸着模式図

一方、化学蒸着（**図表5-38**）においては素材となる反応物質に気化し易い材料が使われています。気化した材料を反応ガスと混合して反応室内に充填し、ヒーターによって加熱された処理物にガスが接触すると、熱平衡反応によって処理物表面に皮膜を形成する方法です。化学蒸着は半導体製造に不可欠な技術であり、貴金属材料としては有機金属化合物が活用されています。真空蒸着やスパッタリングとは異なり、蒸発物質からの指向性が無く、ガス体として孔内部などにも入り込み易く均一な皮膜を形成できる利点など、つき回りの良さが利用されています。また、化学蒸着においては、電圧をかけることによりガスをプラズマ化する方法も開発されています。

5-12●回収・精製

貴金属は現代社会で使用されている各種製品から回収・精製し再利用されていますが、製品によっては加工する過程や使用環境によって、回収可能な場合と不可能な場合とがあります。

①加工工程や使用中に蒸発、揮発、損耗によって大気中に拡散し、消失してしまうものおよびほかの物質中への微量混入により再生不能になるもの

②加工工程の不良品および使用後、再生のためにメーカーに返還されリサイクルされるもの

③事業目的の使用者などや一般家庭からリサイクルされるものと、使用されずにそのまま退蔵されてしまうもの

④埋め立てや焼却処分によりゴミと一緒に廃棄されてしまうもの

⑤その他

現在、わが国では産出しない、あるいは産出してもごく限られているレアメタルの資源保護に対する関心の深まりや、貴金属価格の高騰などにより産業用機械・装置・部品などのほか、医療用品・装飾品・工芸品などに加えて一般家庭で使われる電気製品をはじめ各種商品からの回収が活発になっています。資源量が少ない貴金属を有効に利用して、使用後に再び使えるように再資源化することはこれからの大きな課題です。

望むべくは、さらに一歩進めて、貴金属を含む製品の開発や製造には、設計段階からメーカーが再資源化を考慮して、貴金属類の使用部位をできるだけ集中させ、使用後にほかの材料や部品などと分離しやすくする思想を取り入れた商品化が求められています。

以下に、加工中や使用後の回収・精製形態を大きく分類して説明します。

(1) 加工工程からのリサイクル

貴金属の加工工程中に生じる不良品は、製品の種類によって多種多様です。溶解・鋳造、圧延、伸線、溶接・接合中に生じる疵や寸法不良部・端部などの不要部分や電気電子部品用のクラッド材料などプレス加工で発生する抜き屑（スクラップ）などが加工工程から発生します。

スクラップは工程によって、切削した屑、板や線の端部、プレスの抜きカスなど汚れが少ないものは、塩酸洗浄後の再溶解、純金・純白金などは酸化雰囲気下での溶解によって、酸化しやすい不純物を酸化させて「のろ」として除去できます。さらに汚れがひどいものは、いったん溶解して電極に鋳造し、その後電解精錬するか、鋳造後薄板にして王水やアルカリで化学的に溶解して分離精製しています。詳しくは第3章を参照してください。

(2) 機械・装置・部品からのリサイクル

機能性ガラスや光学レンズなどのガラス溶解装置やるつぼ、ガラス繊維製造用のブッシング、アンモニア酸化用の白金触媒網、銀触媒などは、劣化や汚染などによって定期的に交換してリサイクルされています。この場合はメーカーとユーザーが緊密に連携して定期的な交換時期や故障時の応急処置の場合などを含めた対応がなされ、交換時点で全体重量と貴金属成分を評価し、実績に基づき一定の回収・精製ロスを見込み、リサイクルが実施されています。

使用中の汚染物質が材料の脆化や、合金化して融点を下げるなど悪影響を及ぼす可能性のある物質が含まれるために、重量の確認後いったん加熱溶解して塊状に鋳造し電解もしくは化学的な方法で前述同様の分離精製が行われています。

(3) 自動車の廃触媒からのリサイクル

自動車の排ガス浄化触媒は全世界で使用されている廃車から集めたコ

図表5-39　4輪車メタルハニカム

ンバーターを分解し、その中から触媒部分（**図表5-39**）を分離して取り出します。この触媒のハニカム状担体にはセラミックス製と金属製があります。また使用されている白金族の量や組み合わせも各種各様です。回収方法もその触媒担体の種類と量によって異なりますが、量が多い場合は主に乾式精錬法が行われています。

乾式精錬では、触媒に含まれている白金、パラジウム、ロジウムの回収に適用される方法として廃触媒を銅、鉄、すず、鉛などの金属もしくは銅やニッケルのマットとともに溶解して濃縮分離します（第３章参照）。

スラグ成分は電気炉で溶解され精製に回されます。日本では自動車廃触媒や石油廃触媒などからの貴金属精錬は、使用済み触媒と担体の成分によってフラックスや溶媒にする酸化物、コークスと共に銅を混合溶解して、その銅に白金族成分を吸収させ、金属と酸化物を分離しています。

溶解後の金属中には白金族成分が濃縮されていますので、これを分離抽出します。こうした乾式精錬法は大量のセラミックス含有廃触媒から白金族を回収する効率の良い回収方法です。

溶融分離された白金族を含有する合金（第３章参照）は、次の段階では湿式法によってさらに高純度化します。

またメタルハニカム触媒は、メタル表面にセラミックスと触媒成分が担持されているので、このセラミックスと触媒成分をメタル表面から粉砕分離して粉末状にした後、セラミックス部分を酸、アルカリなどによって溶解して分離、精製します。金属部分は加熱溶解して含有濃度によって、前述の方法で精製しています。

(4) 電気製品、携帯電話などからのリサイクル

携帯電話やパソコン中の貴金属が多く使われているプリント配線板、ハードディスク、IC、セラミックパッケージなどを分離してこれらを粉砕後、酸やアルカリにより貴金属を溶出させて分離する場合と、貴金属含有量が少なくて、回収物が大量の場合は粉砕後に乾式精錬で回収されています。

(5) 貴金属含有廃液中からのリサイクル

化学反応に使用した貴金属を含む水溶液や、汚れためっき液の場合は通常の工程で回収されます。

めっきなどの後処理で生じる洗浄液（すすぎ水）のように貴金属の希薄な場合には使用後の水溶液から吸着用のろ過器などで一定期間吸着させ、貴金属類だけを濃縮して、その中から回収する方法が採られています。

(6) 装飾品や歯科材料などからのリサイクル

以前に較べて景気低迷や貴金属価格が高くなったこともあって、一般の人々がこれまで以上に貴金属装飾品、工芸品、金貨、記念メダルなど、家庭内に退蔵していた貴金属を換金する傾向が多くなってきています。貴金属取扱店でもこうした動向を勘案し各社の窓口で貴金属の買い取りが活発に行われるようになり、回収率が高くなっています。

	Ag	Au	Pt	Pd	Rh	Ir	Ru	Os
濃硝酸	○	×	△	○	×	×	×	
王水	塩化銀沈殿	○	○	○	△	△	△	△
塩酸＋塩素ガス	塩化銀沈殿	○	○	○	△	△	△	△
濃硫酸	○	×	×	○	×	×	○	○
シアン化アルカリ＋酸化剤	○	○	○	○	―	―	―	×

図表5-40　各貴金属の薬液に対する溶解性

また、歯科材料は主に歯科医院からリサイクルされています。回収物は、可能な限り成分が類似したものをまとめて、金系、銀系、白金族系に仕分けて、酸やアルカリで溶解し、液体にした後に分離回収（**図表5-40**）するか、まとめて加熱溶解、鋳造により電極にして電解するか、薄板にして酸、アルカリの溶解によって分離精製しています。回収されたものは使用状況や形状によって分別し、分別されたそれぞれについて金属状、粉末状、液体状に分類して均一になるように粉砕混練して、それらの状態に応じた評価方法が採られています。

①液体状と粉末状の場合は、蛍光X線による事前分析で組成の構成を大まかにつかんだ後、化学重量分析、ICP分析、蛍光X線分析、などの評価方法を決定し、それに適した分析を実施します。

②金属状の場合は、含有成分の定性を固体発光分光分析により品位を確認して、不純物が多い場合は、蛍光X線分析もしくは液化後事前にICP分析を行い、その後に定量分析で成分量を確定します。

5-13 ● 分析

アルキメデスが王冠の金の純度を求めるのに比重法を発見した逸話に

伝えられるように、貴金属材料の分析はその価格を決めるための重要な基礎になるものとして、古くから分析技術の重要性が認識されてきました。

金の分析法として伝統的な試金石による分析は今でも行われています。この方法は試金石と呼ばれる黒曜石の表面に、あらかじめ金品位のわかっている数種類の合金種の「こすり線」を描き、分析したい材料を並べてこすり線をつけ、摩擦面の光沢や色調、硝酸溶解後の変色度合を観察して純度を判定する方法で、簡便かつ短時間の判定手法としてJIS規格に今も規定されています。

また江戸時代からの灰吹き法は銀や金の分析法として現在のJIS規格（JIS-H 6310）にも定められており、貴金属元素の合金化による抽出・濃縮を利用することと、天秤を用いて重量を精度良く測定できることという長所があることから機器分析法の基礎データ作りには欠かせない手法となっています。

図表5-41に示した方法は分析試料を鉛の箔（鉛葉）に包んで灰吹き炉内において1050～1150℃で完全に融解した後に約25分空気を流入させて、縞目のない輝いた表面とします。冷却後汚れを落として0.12～0.15 mmに圧延した薄板を渦巻き状に丸め約90℃の33％硝酸で洗浄後49％硝酸で煮沸、次いで硝酸銀がなくなるまで60～70℃で温水洗浄、乾燥し、さらに700～750℃で５分間加熱した後放冷し、質量を0.01 mgまで計量する方法です。

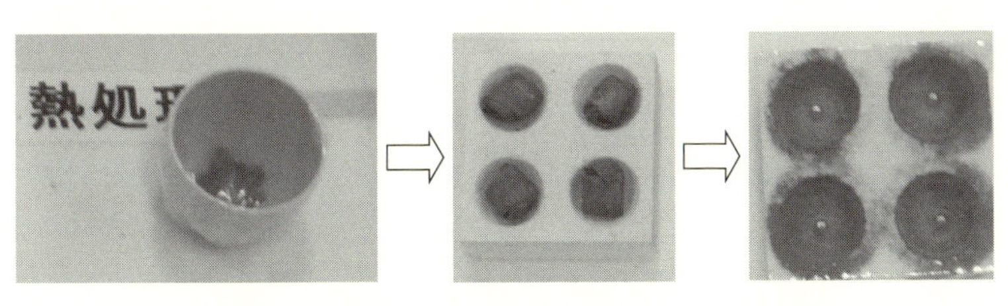

図表5-41　試料の熱処理→鉛で包む→灰吹き後

分析対象試料	主成分の分析法	不純物の分析法
貴金属地金	化学分析、発光分析/原子吸光による不純物定量差による純度表示	発光分光分析 原子吸光分析
貴金属合金	蛍光X線分析 化学分析	ICP分析 発光分光分析 原子吸光分析
貴金属化合物 化合物溶液	化学分析 原子吸光分析（低濃度試料）	GDMS分析 ICP分析
めっき液	ICP分析	原子吸光分析
廃液中貴金属	原子吸光分析 ICP分析	ICP分析
貴金属スクラップ	原子吸光分析 ICP分析 蛍光X線分析	ICP分析 原子吸光分析

図表5-42　貴金属試料別の分析

現在、電子技術を使った多くの近代的な機器分析法が開発され、測定の感度と速さにおいては古典的な方法をはるかに凌駕していますが、その精度に関しては原理的に化学天秤による分析法には及ばないことが、貴金属の分析に重量法や容量法が用いられる理由です。

機器を用いた分析は操作が比較的簡単で高感度、かつ少量の試料で多元素を同時に短時間で測定できるという利点があります。さらに試料が貴重で少量しかない場合や多種類の分析方法による検討が必要な場合には非破壊分析も必要になります。

こうした機器分析を利用する前提として、検量線や標準試料を用いる必要があります。定量分析のためには共存成分による影響をあらかじめ考慮した方法を用いなければならず、場合によって妨害成分の除去や、目的成分の予備濃縮なども必要になります。貴金属の試料別の分析方法を**図表5-42**に示します。

（1）機器による分析

一般に機器を用いた定性分析として、固体試料の場合は発光分光分析法（Emission Spectrometry、ES）が、液体試料の場合は吸光光度計法・原子吸光分析法（Atomic Absorption Spectrometry、AA）・高周波誘導結合プラズマ発光分光分析法（Inductivery Coupled Plasma Emission Spectrometry、ICP）が使われています。

貴金属店の店頭での貴金属評価や、または試料調整を簡素化したい場合などにごく一般的に使われているのは蛍光X線分析法（X–ray Fluorescence Spectrometry）で、それ以外に放射化分析法（Activation Analysis）などの非破壊分析法が使われています。

特に高純度材料や極微量の含有成分を正確に測定するためにはグロー放電質量分析法（Glow Discharge Mass Spectrometry、GDMS）などが使われています。

材料開発に必要な分析機器としては、試料表面からの成分の分布状態を測定するための電子線プローブマイクロ分析法（Electron Probe Microanalysis、EPMA）、エネルギー分散型走査型電子顕微鏡（Scanning Electron Microscopy–Energy Dispersive X–ray Analysis、SEM–EDX）、走査型オージェ電子分光法（Scanning Auger Electron Micro–Spectroscopy、SAM）、二次イオン質量分析法（Secondary Ion Mass Spectrometry、SIMS）などがあります。これらの機器は貴金属成分の分析以外に物性が製品機能を支配することなどから半導体・触媒などの微小部分の分析に使われています。試料中の偏析・混入物、試料表面への吸着や汚染、局所的な反応部位の元素分析にも用いられます。例えば電気接点表面の汚染状態やガラス溶解中に白金が脆化した部分の汚染物質の特定などに有用です。

深さ方向の分布は、上記方法に表面スパッタ技術を組み合わせるか、ラザフォード後方散乱分析法（Rutherford Backscattering Analysis、RBS）、二次イオン質量分析法などが用いられます。また表面元素の結合状態を測定するには、X線光電子分光分析（X–ray Photoelectron Spectroscopy、XPS）、高分解能蛍光X線分析法（High Resolution X–ray Fluorescence Spectroscopy）が、表面に吸着している物質の状態を知るには、低エネルギー電子線回折法（Low Energy Electron Diffraction、LEED）、電子エネルギー損失分析法（Electron Energy Loss Spectrometry、EELS）などが用いられています。

(2) 試料サンプリング

試料サンプリングは分析方法の選択と同様に非常に重要です。分析目的に合った代表として相応しいものでない限り、その分析値は意味を持たないことになります。分析しようとする母集団は鉱石であったり、合金であったり、また回収対象となる不良品や使用済みの材料などさまざまです。例えば鉱石中の貴金属には粘性があり細かく粉砕することが困難で、ほかの物質より密度が高いために偏在しているので、そのままでは試料採取後の縮分精度が悪くなります。母集団に最も近い試料を取り出すため、密度差による偏在を避けるような縮分方法も工夫されています。また溶湯からの鋳込み法、冷却水に浮かべた木片に溶湯をぶつけて小さな粒にする汲み取りショット法（JIS M 8104）、汲み取り延展法（JIS Z 3900）、これらが適用できない場合は溶液化、溶融合金化、または融解などにより均一にして分析試料にしています。

溶融インゴットは、部位によって偏析などで正確な代表サンプルとはならない場合があり採取部位に注意が必要です。

試料を分解して目的成分に対する妨害成分を分離し、溶液を均一にする操作が必要です。貴金属を均一な溶液に溶かすため試料に応じた合金化、溶解、酸溶解等が行われています。**図表5–43**に貴金属単体の分解法を示します。

試料の分解・濃縮の一例ですが貴金属元素に亜鉛、鉛、すず、銅、ビスマス、ニッケル、鉄などの卑金属元素とともに試料を溶融し、金属間化合物を形成させたり、母体中に貴金属元素を微細に分散させて酸に溶解しやすくします。これによって鉱石の塊や粒の間に混入している場合も溶解性が向上し、酸化されやすい卑金属元素をスラグとして分離、濃縮でき、溶解後、ボタン状にして、発光分光分析、蛍光X線分析、放射化分析などの試料にすることができます。

通常は亜鉛を約50倍量混ぜて、かつ亜鉛の酸化を防ぐため塩化カリウムを加えて約800℃で溶解し、希塩酸、希硫酸で分解、濾過して試料から亜鉛を除き微粉末にした後王水に溶かします。

金や銀を含む鉱石などは焼溶法と呼ばれる方法があり、ソーダ灰、一酸化鉛、ケイ酸、ホウ砂を加え、粘土るつぼに入れて食塩で表面を覆い600℃、950℃、1100℃以上の３段階に分けて加熱、溶融し鋳型に鋳造して内部に金・銀が濃縮された鉛ボタンとして、湿式法や灰吹き法に適用します。

		Au	Ag	Pd	Pt	Rh	Ir	Ru	Os
溶液化	王水	可溶	可溶 AgClとして沈殿	可溶 (PdO不溶)	可溶	不溶 (微粉では可)	不溶 (微粉では可)	不溶	不溶
	ボンベ中酸化剤と塩酸	可溶	加温 可溶	可溶	可溶	可溶	可溶	可溶	可溶
	濃硝酸	不溶	可溶	加熱 可溶	不溶	不溶	不溶	不溶	不溶
	濃硫酸	不溶	加熱 可溶	加熱 可溶		加熱微粉 不溶	不溶	不溶	加熱 可溶
	シアン化アルカリ溶液	酸素と共存 可溶	酸素と共存 可溶	不溶	不溶	不溶	不溶	不溶	不溶
合金化	亜鉛 (700～800℃)	合金化	合金化	合金化	合金化	結晶化 (王水可溶)	結晶化 (王水可溶)	結晶化 (王水可溶)	結晶化 (王水可溶)
	すず	〃	〃	〃	〃	〃	〃	〃	〃
	鉛	〃	〃	〃	〃	〃	〃	〃	〃
	銅	合金化 (王水可溶)	合金化 (王水可溶)	合金化 (王水可溶)	合金化 (王水可溶)	〃	〃	〃	〃
	水銀	アマルガム	アマルガム	アマルガム	アマルガム	アマルガム	アマルガム	アマルガム	アマルガム
融解	$Nacl+Cl_2$	揮散する		Auがあると揮散	Auがあると揮散	融解可	融解可	Auがあると揮散	揮散
	$CuCl_2+Cl_2$			揮散	揮散	融解可	融解可		揮散
	$K_2S_2O_7$	不可		融解可	一部融解	融解可	一部融解	一部融解	揮散
	Na_2O_2		不可					融解可	融解可
	$NiCO_3+S$ / $CuCO_3+S$			融解可	融解可	融解可	融解可	融解可	揮散

図表5-43　貴金属単体の分解法

白金とパラジウムは灰吹き後の金—銀合金の中に完全に取り込まれますが、ロジウム、イリジウムの一部は揮散消失するといわれ、ルテニウム、オスミウムは合金化せず金—銀合金粒の下部に黒いしみとなって存在します。ルテニウム、オスミウム、ロジウムは酸化物となっています。このような現象を利用して、イリジウムまたはロジウムの白金合金では約20倍量の精製銀とともに融解、合金化し、硝酸処理による銀の除去後残渣を王水溶解して液化することが行われています。

(3) 分離方法

分離方法として多く用いられているのは鉱酸による溶解、試薬添加による沈殿形成、蒸留、溶媒抽出、イオン交換などです。

試料が多い場合は溶解・沈殿が用いられ、蒸留・溶媒抽出・イオン交換は微量成分の分離に用いられています。

金が主成分である地金・合金に対しては王水による溶解・沈殿分離が用いられています（JIS M 8115）。また、試金後の金—銀合金粒に対して硫酸法は硝酸を加えて銀のみ溶解して金を残留物とする分金法（JIS M 8115、8111、8112）があり、金—銀—パラジウム合金では、試料を硝酸で溶解して、残留物を王水で処理、これを亜硫酸ナトリウムで還元して金を析出させる（JIS T 6105）という方法があります。

金・銀が微量成分の場合、試料中の卑金属成分をあらかじめ硫酸または硝酸で加熱処理し、残留物を試料とするなど（JIS M 8111、8112、8114）や銀を主成分とする試料に対して硝酸を用いるなど（JIS H 1181、Z 3901）があります。また白金試料に対しては王水で加熱しながら溶液を蒸発させ、乾固するまで繰り返し塩酸を加え、硝酸を完全に除去した後に水を加えて塩類を溶解し、沈殿物があればろ過して残渣は金および銀の定量に用います。イリジウム、白金—ロジウム合金に対しては試料を20倍量の精製銀とともに不活性ガス雰囲気中で1100℃以上で融解合金し、表面を清浄にして圧延後硝酸で分解した後、さらに沈殿物を王水で溶かし残留物を水素気流中約600℃に加熱してイリジウムとロジウムの合金を得る方法が採られています。

クロマトグラフ分離はイオン交換で卑金属イオンとの分離に用いられ、白金族イオンは陽イオン交換樹脂に希硝酸、硫酸、過塩素酸溶液から定量吸着します。最近は操作が簡単な高速液体クロマトグラフ法による分離が行われるようになりました。

蒸留分離としては揮発性の酸化オスミウムや酸化ルテニウムにするために酸化材を用いた融解法が用いられ、鉛ボタンに対しては酸化性鉱酸

種　類	操　　作
塩化物沈殿	Ag：0.1～0.2 N 硝酸酸性より Cl^- 濃度を0.001～0.01 N に保つ
還元分離	Au：溶液中の硝酸分を除去し、シュウ酸、ヒドロキノンによる還元 Pt、Pd、Rh：硫酸溶液から亜鉛粒で、Ir、Os、Ru は定量的沈殿が困難、Cu、Ni、Fe の共沈が少ない Pd、Pt　：塩酸溶液から Te（Ⅳ）を捕集剤として $SnCl_2$ で
硫化物分離	多量のアルカリ金属、アルカリ土類金属元素からの分離に便利。しかし、重金属元素を含む場合は還元分離が有利 Pt、Pd、Rh：希塩酸溶液中 H_2S により沈殿、Ru、Ir、Os は不完全沈殿 Ru、Ir、Os：塩基性溶液より H_2S により完全沈殿
水酸化物分離	Pd、Rh、Ir：塩酸溶液に $NaBrO_3$ を加え加熱酸化後に炭酸ナトリウムで pH 6～8、Pt のみ $[PtCl_6]^{2-}$ として沪液に
錯体分離	Pd：白金族元素より分離する際に用いる。塩酸酸性溶液（0.2～0.3 N）にジメチルグリオキシム溶液を Rh：多くは Ir との分離に用いられる。1-ニトロソ-2-ナフトールを pH 4.8～6.7で Ir　：2-メルカプトベンゾチアゾールを酢酸―酢酸アンモニウム溶液中で反応させる Ru：塩酸酸性にてチオナリド―エタノール溶液を添加、煮沸して沈殿を凝縮させる Os：蒸留法にて $HCl-SO_2$ 中に捕集した Os に対して用いる。SO_2 を除去後チオナリド―エタノール溶液を添加、煮沸して沈殿を凝縮させる

図表5-44　貴金属の沈澱法

で分解するとオスミウムやルテニウムは酸化されて蒸留されます。吸収液として酸化オスミウムには二酸化硫黄を飽和した希塩酸（1＋1）または10%苛性ソーダ、酸化ルテニウムにはエタノール―塩酸（1＋1）が用いられています。

容量定量法は銀の定量に用いられJIS規格の銀ろう中の銀の定量（JIS Z 3901）・粗金銀地金中の銀（JIS M 8115）には塩化ナトリウム滴定法（ゲイ・リュサック法）、チオシアン酸アンモニウム滴定法（ホルハルト法）が規定されています。**図表5-44**に貴金属の沈澱法の概要を示します。このほかに前述したような機器による定量分析が行われています。

貴金属の熱処理と機械的性質

使用目的に必要な機能・特性、すなわち強さ、硬さ、伸びおよび靱性などを最適化するのにいくつかの方法があります。それは熱処理の条件や他元素との合金、加工硬化、析出硬化、規則不規則変態、結晶の微細化、微量酸化物により転位の移動を妨げるなどといったさまざまな方法のほかに非晶質化による強化なども行われています。

この章ではいくつかの例を挙げて、合金元素と特性との関係と、材料の加工率および熱処理温度と時間の関係について説明します。

6-1 ● 加工硬化

金属は圧延や伸線など機械的な加工によって硬化します。材料の種類によって硬化する程度は異なり、加工する割合（加工率）によっても変化します。貴金属の中で冷間加工しやすい銀、金、白金、パラジウムは**図表6-1～図表6-4**のような変化を示します。

硬さと引張り強さは加工率が高まるに従い硬く、強くなります。しか

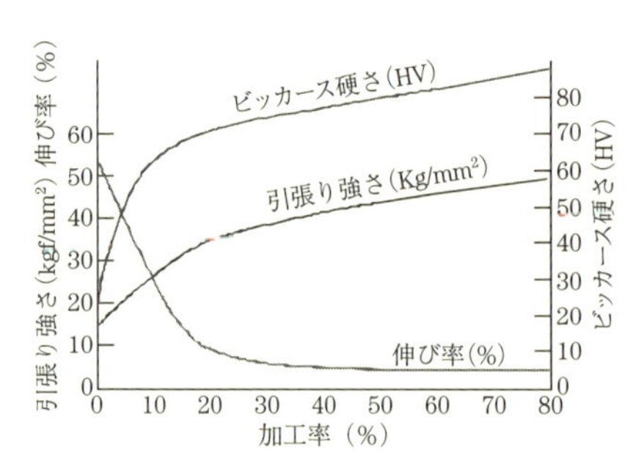

図表6-1　銀の加工率と機械的性質

引張り強さ（kgf/mm²）伸び率（%）
60 50 40 30 20 10 0
ビッカース硬さ
引張り強さ
伸び率
60 50 40 30 20 10 0
ビッカース硬さ（HV）
0 15 30 45 60
加工率（%）

図表6-2　金の加工率と機械的性質

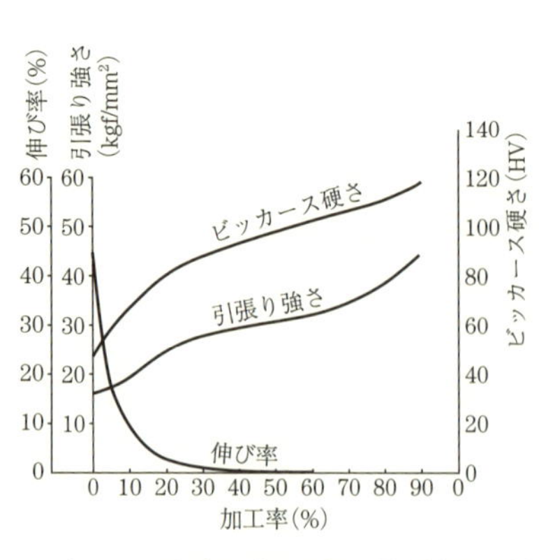

図表6-3　白金の加工率と機械的性質

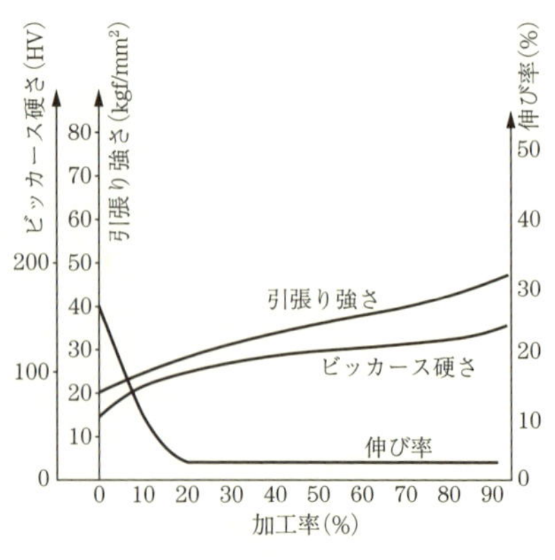

図表6-4　パラジウムの加工率と機械的性質

しその反対に、伸びは加工率が高くなると低下します。伸びは10～20%の加工率で急激に低下し、30%を超えると数%以下となります。

こうした中で、一部の例外的な材料があります。例えば純銀は圧延、伸線などによって加工率が高くなるに従い、いったんは硬化しますが、さらに強加工されると加工中の発熱により、再結晶が起こり、軟化して元の硬さに戻ることがあります。

また、強加工した銀は気温が高い夏には常温下で保管しておくだけても、徐々に軟らかくなり1カ月程度で軟化します。こうした現象を自己焼鈍（**図表6-5**）と呼んでいます。

一般に、加工歪みにより硬化した材料は熱処理によって回復しますが、回復の始まる温度は金属の種類によって異なります。純銀は、100℃以下の低い温度で回復が始まります。この段階で材料の再結晶が始まり、内部の組織は繊維状から微細粒状の結晶に変化し始めて加工歪みが除去され、伸びが大きくなり、引張り強さは低く、硬さは軟らかくなります。温度がさらに上昇すると硬さと引張り強さは徐々に低下していきます。伸びは温度の上昇と共に増加してゆきますが、ある温度以上になると逆に低下し始めます。この理由はある温度以上になると結晶が

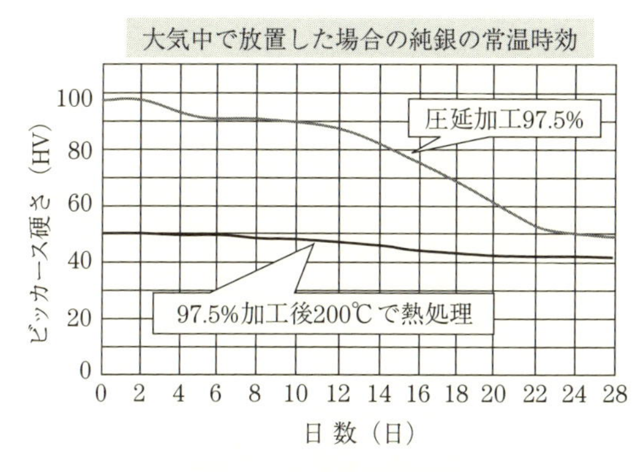

図表6-5　純銀の自己焼鈍

成長、肥大化することおよび結晶粒界に不純物などが析出し脆化することが原因と考えられます（**図表6-6〜図表6-9**）。

再結晶する温度・時間は加工率と相関関係にあります。加工率が高いと、再結晶する温度は低くなります。歪み量と再結晶する温度・時間は

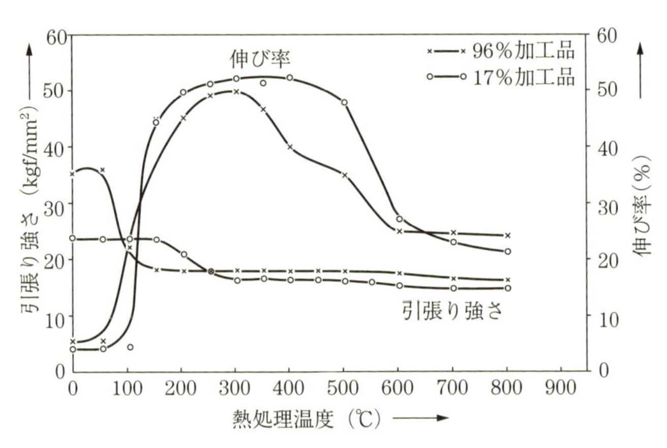

図表6-6　銀の熱処理温度と機械的性質

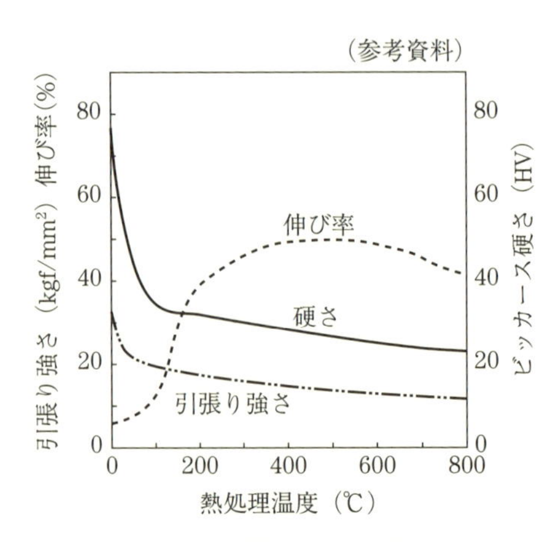

図表6-7　金の熱処理温度と機械的性質

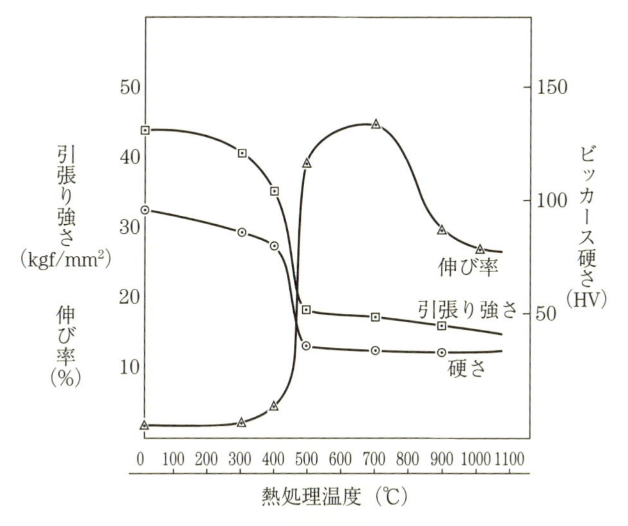

図表6-8　白金の熱処理温度と機械的性質

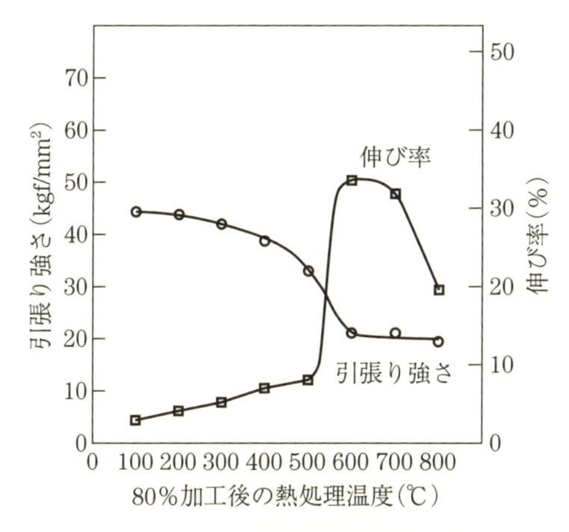

図表6-9　パラジウムの熱処理温度と機械的性質

加工率に大きく依存します。その例として純白金について**図表6-10**に示します。

図表6-10は純白金を圧延したときの加工率と、熱処理によって軟らか

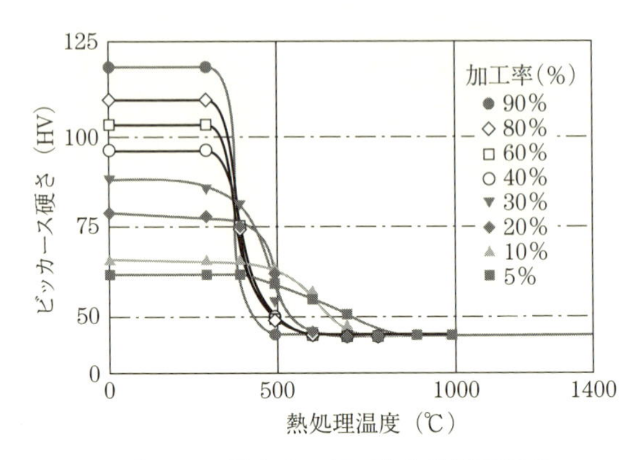

図表6-10　純白金の加工率と熱処理温度

くなる温度を示しています。

加工によって受けた歪み量が大きいと再結晶する温度が低くなります。残留歪みが大きいほど低い温度で再結晶し、結晶粒子は非常に小さくなります。このように加工率と熱処理温度および結晶粒子との間には密接な関係があります。

上述のような関係がその後の加工にきわめて大きな影響を及ぼします。例えば曲げや深絞りには、伸びが大きくかつ、結晶粒子の小さいことが求められます。曲げたときの曲率部、深絞り時のフランジや底部のR部分などには、曲げ、引張り、圧縮などの力がかかるので、それに耐える強さと伸びが必要です。結晶粒子が大きいと、その部分が伸ばされたとき、表面に荒れ（オレンジピール）が発生したり、亀裂を生じたりして加工の妨げになります。

純白金の熱処理温度と結晶組織を**図表6-11**に示します。約400℃で再結晶が始まり、温度の上昇に従って結晶粒子が大きく成長している状態が観察できます。1700℃では結晶粒子が板の厚さに対して上から下まで貫通している状態になっています。このように結晶粒子が粗大化すると脆くなって伸びが小さくなります。

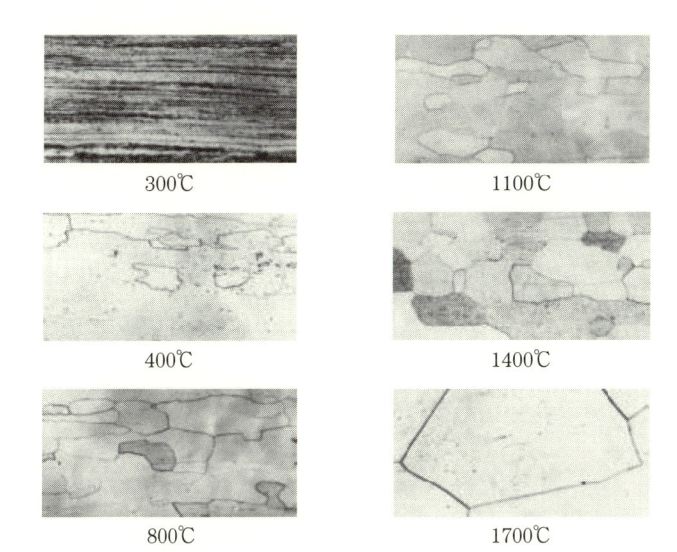

図表6-11　白金の熱処理温度と組織

6-2 ● 固溶体強化

純貴金属にほかの元素を合金すると硬くなります。その度合は合金元素によって異なります。**図表6-12～6-15**は銀、金、白金、パラジウムにほかの元素を添加した場合の例を示しています。

合金の性質は原子同士の溶解度によって左右され、その溶解度は原子の種類・性質・原子半径によって異なります。互いの原子半径に大きな差がなく、周期表上の同じ「族」元素で同じ結晶構造を持っている金属同士は、互いの原子の位置を置き換えて固溶します。例えば銀と金の例で説明しますと、銀の原子半径は1.442Å（オングストローム、10^{-8} cm）です。金は1.439Åでほとんど同じ大きさです。周期表上銅と同じ族で、結晶構造も同じ面心立方格子です。この銀と金を合金すると双方が良く混ざり合い全領域で固溶します。そのために互いの量を増やして

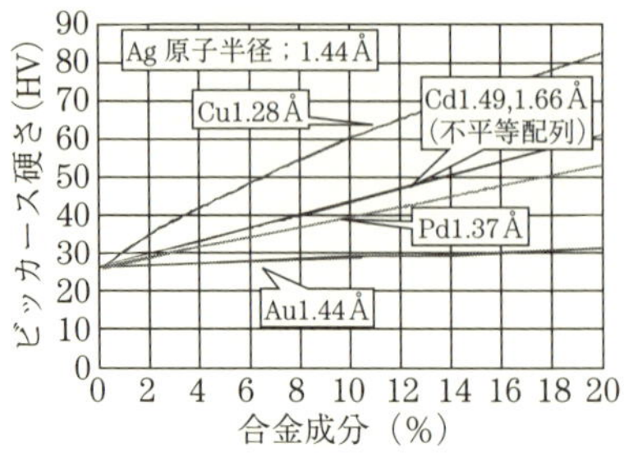

図表6-12　銀に対する添加元素の影響

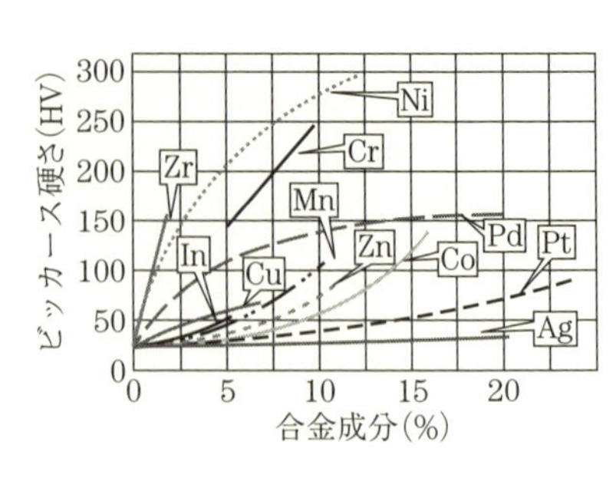

図表6-13　金に対する添加元素の影響

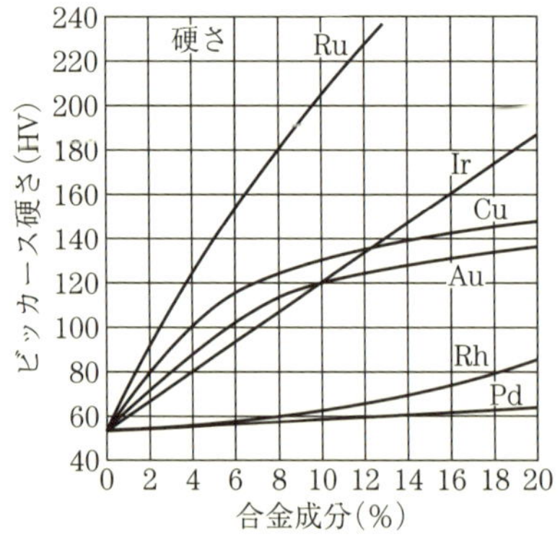

図表6-14　白金に対する添加元素の影響

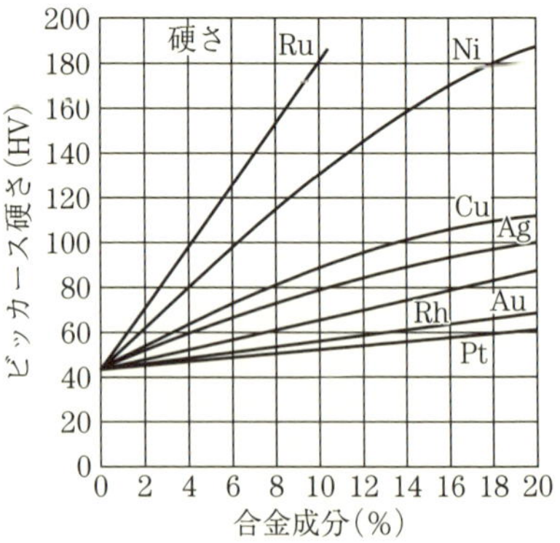

図表6-15　パラジウムに対する添加元素の影響

もそれほど硬くなりません。このような似た者同士は白金とパラジウムでも同様で、互いの量を多くしても、それほど硬くなりません。

一方、銀と同じ族の銅は面心立方格子で、銀に似た性質を持っていますが原子半径が銀より小さい1.28Åです。原子半径に差があると、合金したときに双方の原子間で歪みが生じ硬くなります（**図表6-16** a、b）。銀に金を合金した場合よりも、銀に銅を合金した場合の方が図表6-12に示すようにずっと硬くなります。

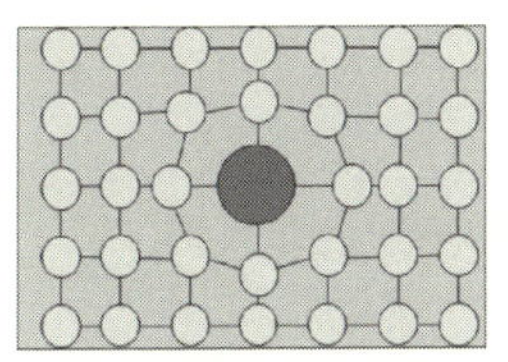
a. 合金原子が大きい場合

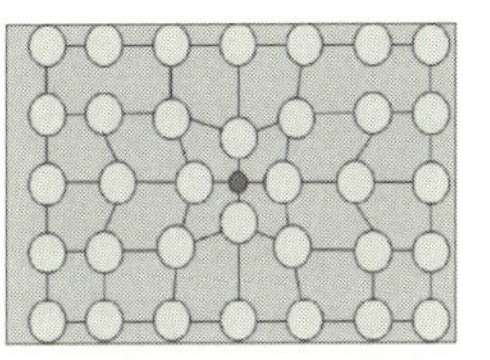
b. 合金原子小さい場合

図表6-16　合金原子の大小による影響

銀に銅を合金した場合は、一部の領域を除いて銀に金を合金した場合のようには固溶できません。銀と金がある一定割合の合金を作った場合、その合金割合に応じた量で固溶しますが、銀と銅は合金の割合が決まっていても、銀に対する銅の固溶領域と、銅に対する銀の固溶領域が温度によって限られています。

最も多く固溶する領域は**図表6-17**に示すように、779℃においては銀に対して銅が8.5-8.9%、銅に対して銀は7.0-9.1%です。溶融時には溶解していても凝固に伴い上述の固溶領域の合金割合に分離し、それぞれ

銀と銅は低温では2つの相に分離、固溶する範囲が小さくなる。

温度（℃）	銀中の銅（wt%）	銅中の銀（wt%）
779	8.5-8.9	7.0-9.1
750	7.0-7.5	—
700	5.2-6.1	4.4-5.5
600	3.1-3.5	2.1-2.9
500	1.7-1.9	0.9-1.5
400	0.7-1.1	0.4-0.9
300	0.4-0.6	0.2-0.25
200	0.2-0.4	0.1
100	0.2	—
0	0.1	—

図表6-17　銀―銅合金の固溶範囲（一例）

の違った割合の合金として混在、分散している状態になります。温度が下がると、この固溶領域が小さくなり常温ではほとんど固溶する範囲がなくなります。

銀と銅の合金は２種類の金属の合金であるため、液相（溶融）と固相（凝固）の状態以外に中間の状態として液相と固相が同時に存在します。

例えば、共晶組成である銀72%–銅28%合金を例に考えてみると、上述のように溶けているときは固溶していますが、固まると固溶体を作る限界（固溶限）は限られ、凝固点は液相と固相が一致した779℃です。同じ温度で固まるので、成分は銀72%–銅28%と思われるかもしれませんが、これは銀に8.5–8.9%の銅が含まれた合金と、銅に銀が7.0–9.1%含まれた合金とが同時に析出して固まったものです。このような合金が共晶合金と呼ばれているもので硬くて強さはありますが、脆いという性質を示します。

6–3 ● 析出硬化

（1）銀—銅合金の例

合金の種類によって析出硬化するものとしないものがあります。相互の金属元素が温度領域全体にわたってよく固溶する合金は析出しません。しかし、高温では固溶できても、低温になると一部が分離し析出する合金があります。高温で均一に固溶するこの種の合金は温度と時間の調整によって析出相を生成させて硬化することができます。できた析出物が転位の通過を妨げるので材料が変形しにくくなり強化されます。

貴金属の中で代表的な析出硬化型材料に、スターリングシルバーと呼ばれる銀92.5%–銅7.5%合金があり、この材料は析出硬化の現象を利用して昔から親しまれ、幅広い用途に使われてきました。

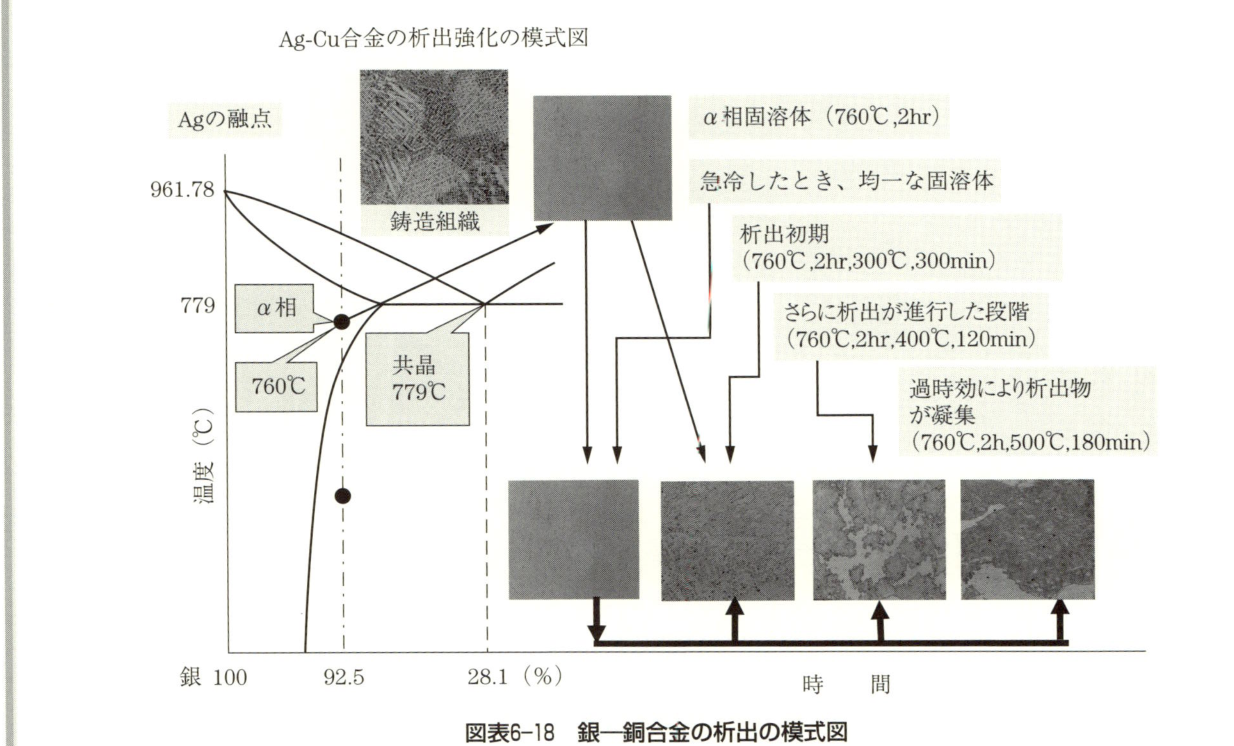

図表6-18　銀—銅合金の析出の模式図

この合金は液相点が約890℃、固相点が約808℃です。この合金は銀に固溶する銅の量が温度の低下とともに少なくなります。固相線の下の760～780℃で溶体化処理すると加工組織や鋳造組織からα相という均一に溶け合った組織（**図表6-18**）になります。この温度から急冷（水冷）すると常温になっても固溶体化した組織を維持します。この状態で200～600℃の範囲で一定時間熱処理すると処理条件に応じて銀の中に溶け込んだ銅がその温度では固溶できない分を結晶粒界に析出します。図表6-18には析出の状況も示しています。

例えば200℃では微細な粒界の周りに析出物が出て、300℃ではさらに析出の度合いが多くなり、温度の上昇に伴い析出量が増加しています。温度と時間によって析出の仕方が異なり、それに伴って生じる歪みにより硬さも変化します。析出が始まる初期の200℃程度の段階から硬くなり、300℃付近で最も硬くなります。

図表6-19に析出硬化したビッカース硬さと温度の関係を示します。**図表6-20**は銀—銅合金の各温度での熱処理時間と硬さです。析出量は温度と時間に依存して増加し、ある時間あるいはある温度を超えると過時効と呼ばれる現象を生じます。この現象はスターリングシルバーでは図表

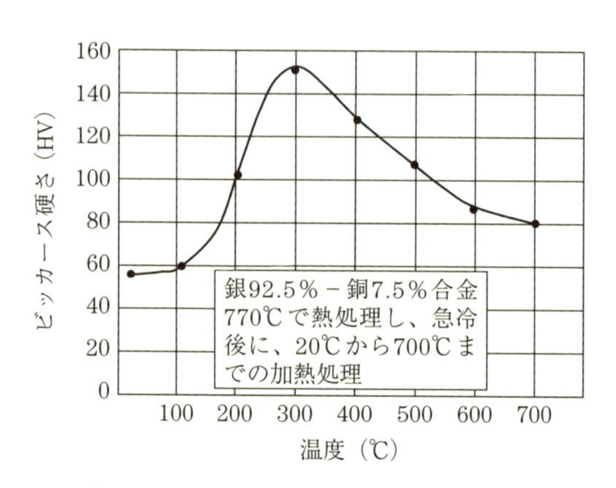

図表6-19　スターリングシルバーの析出硬化

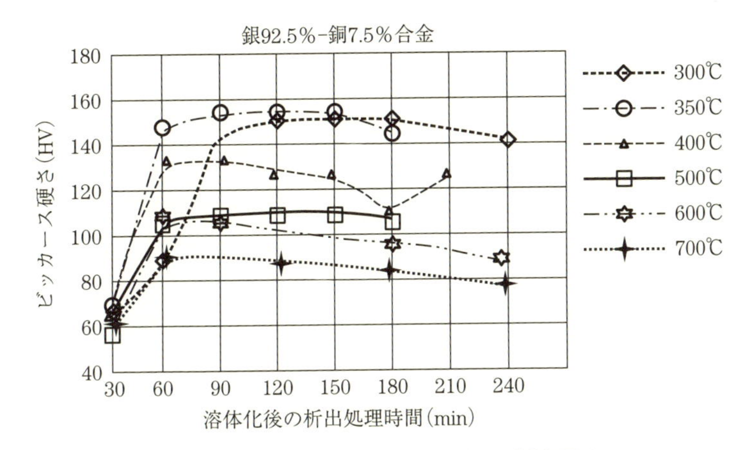

図表6-20 スターリングシルバーの析出硬さ

6-19のように約300℃において硬さのピークを示し、さらに温度が上がると逆に析出物が凝集し始めて、歪みが少ない安定な状態になり軟らかくなっていきます。

(2) 金—白金合金の例

金—白金合金は、古くから化学繊維の紡糸口金として使用され続けています。この合金は軟らかい状態のときに深絞りや精密な孔加工を施し、その後の析出硬化により圧力や摩耗に強く、疵がつきにくい、耐食性に優れた紡糸口金とすることができます。

金に白金を25%合金すると析出硬化し始めますが、その段階ではまだ十分な強さが得られないため、白金を40～50%合金しています。しかし、この合金割合の液相線と固相線の差は250～300℃あります。この差が金—白金合金の溶解・鋳造を難しくしています。また、その後の溶体化処理時の温度により析出硬化が左右されるため、特に温度条件に留意することが重要です。金—白金合金の加工硬化と熱処理による硬さの変化を**図表6-21、6-22**に示します。

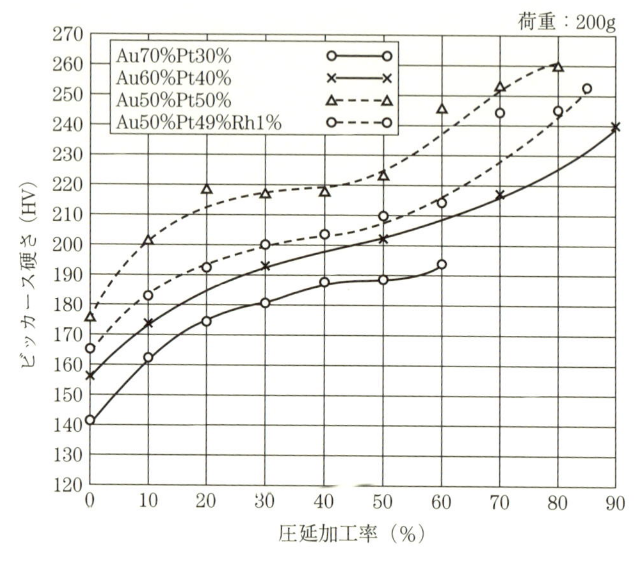

図表6-21　金ー白金合金の加工率と硬さ

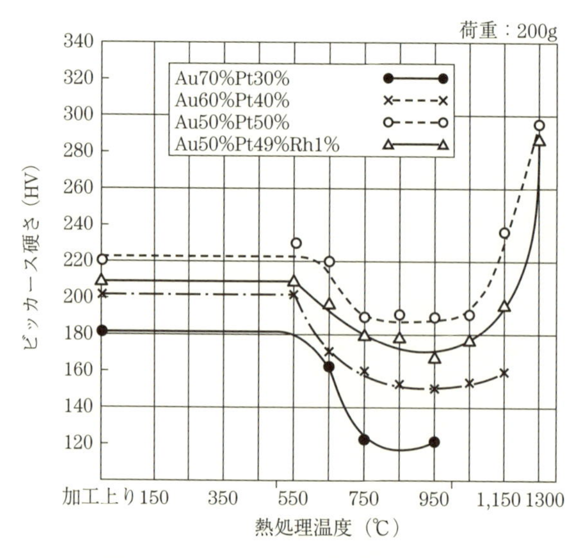

図表6-22　金ー白金合金の熱処理と硬さ

700～900℃の中間熱処理により軟化させた材料を圧延し、次いで1100℃～1250℃の溶体化処理後急冷（水冷）して、深絞り、微細孔を加工後に約600℃で析出硬化します。

溶体化および析出の適切な温度を**図表6-23**に示します。

また、溶体化処理後に析出硬化した金—白金49%-ロジウム１%の例を、**図表6-24**に示します。このように析出によって硬化しますが、２相

	熱処理温度（℃）		
合金	溶体化処理	焼なまし	析出
Au 70%-Pt 30%	1100	700	600
Au 60%-Pt 40%	1150	850	600
Au 50%-Pt 50%	1200	900	600
Au 50%-Pt 49%-Rh 1%	1200	900	600

図表6-23　白金合金の熱処理温度

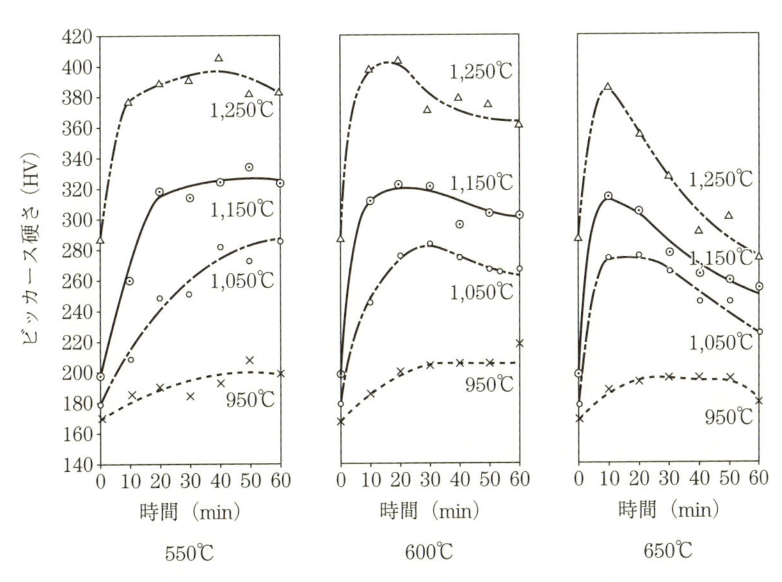

図表6-24　金—白金49%—ロジウム1%の析出硬化

が混在する組織では鋳造段階で偏析が生じやすくなっています。金—40～50%白金合金は、液相線と固相線の間が大きい代表的な合金であり、さらに固相線に近接して異質の２相が混在する領域があるので、熱処理温度の管理は重要です。その理由は、偏析により合金の割合にばらつきが生じた場合は、金の多い部分は溶体化温度より融点が低いためにその部分で選択的な溶出の生じる場合があります。そして温度が高くなるに従って、結晶粒子が肥大化し、脆化するために硬くて脆い合金になるからです。

例えば金—白金50%合金の組織は加工状態では微細な繊維状組織ですが、高温で溶体化処理すると結晶粒子が大きく成長し、それを析出硬化

金-白金50%加工後

8金-白金-ロジウム1%合金加工後

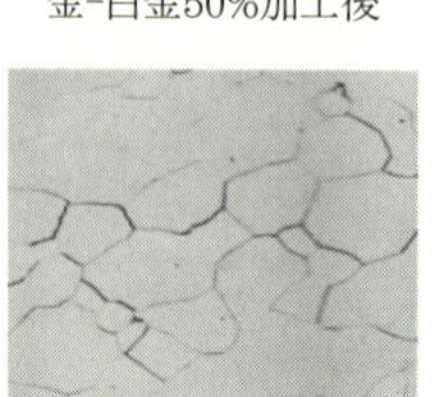

金-白金50%溶体化後

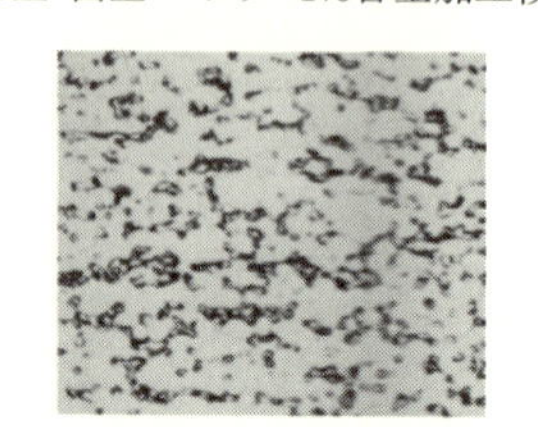

金-白金ロジウム1%溶体化後

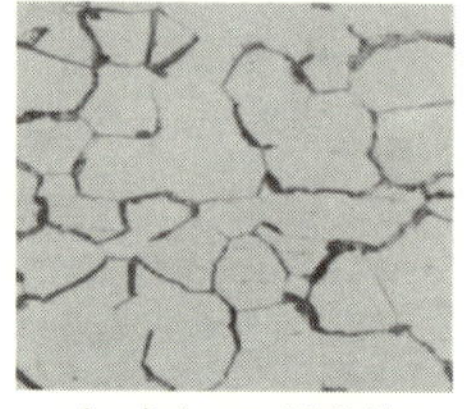

金-白金50%析出後

金-白金ロジウム1%析出後

図表6-25　溶体化処理と結晶の析出

すると硬く脆くなります。この合金にロジウムを0.5～1％添加すると結晶成長が抑制されて、微細な結晶となり硬くて靱性がある材料になります。この比較を**図表6-25**に示します。

6-4●規則配列による強化

金属の合金化は、溶媒金属（元の金属元素）の格子間に溶質金属（他の金属元素）が入り込む侵入型（**図表6-26**）と、溶媒金属の格子点を占める原子と入れ替わる置換型（**図表6-27**）で固溶体を作る場合と、金属間化合物（規則格子）を作る場合に分かれます。

金と銅は同じ銅族の面心立方格子ですが、原子半径が金は1.44Å、銅は1.28Åと少し異なります。金に銅を合金すると高温ではどの合金割合でも金の原子の間に不規則に銅が混じり合います。しかし、銅が40～95％の範囲の合金は低温域では、特定の結晶格子となり、金と銅が入れ替わって規則的な配列になります（**図表6-28**）。こうした現象は置換型固溶体の特別な場合で、ランダムに散在していた原子が規則的な配列をとります。面心立方格子を持つ金と銅の場合は、格子面の中心をすべて銅が占め、角部を金の原子が占める形になると銅対金が3：1（Cu_3Au）となり、原子の割合で銅が75％、金が25％となります。この

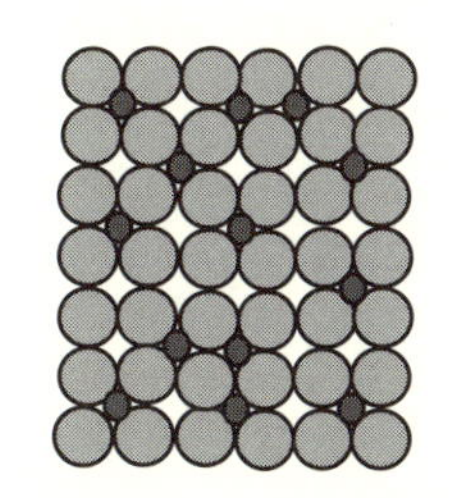

図表6-26　侵入型固溶体

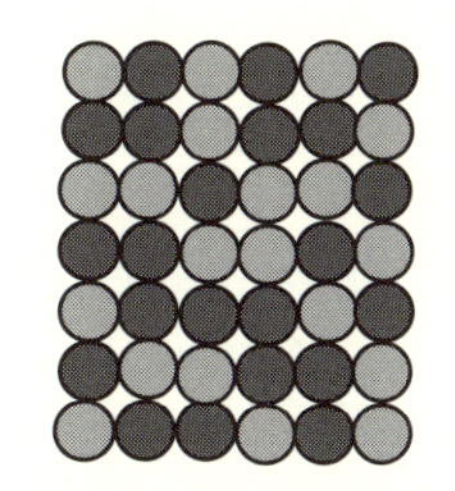

図表6-27　置換型固溶体

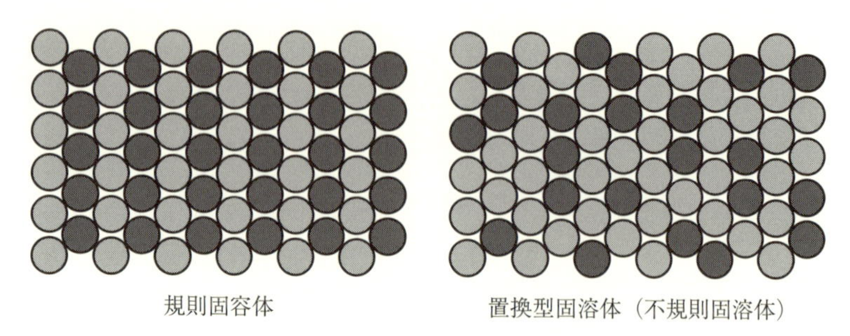

図表6-28　固溶体の分子の配列

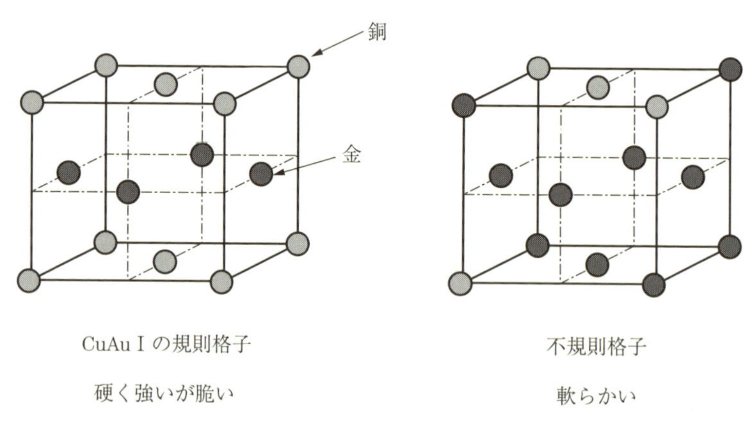

図表6-29　金属間化合物

逆の場合は銅対金が1：3（$CuAu_3$）で、銅が25%で金が75%になりますが、これ以外に4面の中心を金が占め、その他を銅が占めると金対銅は1：1（AuCu）となり、原子の割合が金50%、銅が50%になります（**図表6-29**）。

このように規則的に配列した状態を金属間化合物（規則格子）と呼んでいます（これは化学系で使われている化合物の、いわゆるイオン結晶や共有結合化合物とは異なった意味を持つ）。

金と銅を合金して、ランダムに並んだ金と銅が一定の温度と時間によって、規則正しい並び方になるのが、金属の規則・不規則変態と呼ばれるもので、金―銅合金はその代表的な例とされています。このように規則的な配列になると塑性加工性が非常に低くなり、強さ、硬さ、密度が高くなります。

金と銅がよく混ざり合い、ランダムに存在（不規則状態）しているときは軟らかくて、規則的な配列になったとき、金属間化合物（規則格子）ができて硬く脆くなります。**図表6-30**は銅対金が１：３（$CuAu_3$）の合金の析出温度と引っ張り強さ、伸びの関係です。

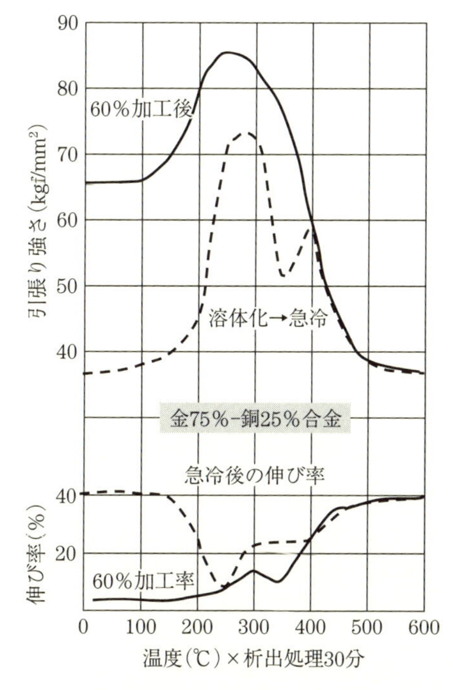

図表6-30　金―銅合金の析出温度と引張り強さと伸びの関係

6-5 ● 結晶粒の微細化による強化

結晶粒子の大きさは金属の強さに関係し、結晶粒子が小さくなると靱性が向上して強くなります。金属の変形は主にすべりによって生じます。結晶構造によってすべりやすい方向とすべり面が決まっています。多結晶体金属の内部では、結晶方位がランダムにさまざまな方向を向いています。小さな結晶粒子を持つ金属の場合、外力がかかると各結晶粒子は各々のすべりやすい方向と面で、つまりさまざまな方向にすべります。大きな結晶粒子の場合も、すべりやすい方向にすべりますが、結晶粒子の数が少ないので、変形抵抗も小さく、小さな結晶粒子の場合に比べて弱い力で変形します。

このメカニズムによる強化は鉄鋼材料を始めとする非鉄金属には多くの例がありますが、貴金属では金ボンディングワイヤーにその例が見られます。

電子部品は小型化、高集積化によって接続間隔が狭く、接続部分が多層化、立体化されています（**図表6-31**）。したがって、金ボンディング

図表6-31　多層ボンディンワイヤーの代表例

ワイヤーにはループ形状を正確に保ち、ICなどチップとリード部を精密に接合できるようにループ形状を正確に保つことが求められています。このためには金ボンディングワイヤーに機械的な強さが必要となるのですが、ASTM規格では電気伝導性を保つために純度が99.99%以上と規定されています。より高純度に制御して、例えば0.0005%（5 ppm）以下のイットリウム、ベリリウム、マグネシウムなど各種金属元素を規格値以内で微量添加し、高純度を維持して機能、特性を出しています。その後加工率と熱処理温度を最適化して結晶組織を微細化し、繊維状に調整して多様化する用途にあった機能、特性を得ています。

図表6-32は金線の特性の一例ですが、これ以外にさまざまな機械的性質を持った材料が作られています。

タイプ		破断荷重平均（mN）	伸び率（%）	再結晶長さ（μm）	用途、特徴
高ループ	Y	86	3.5	350-400	
	GHA 2	115	4.0	250-290	
中ループ	GSA	106	4.0	170-190	良好なセカンド接合性、
	M 3	119	4.0	220-260	
	FA	107	4.0	180-200	
	GMH GMG GMH 2	128 135 151	5.0 4.0 4.5	160-190 150-170 120-140	小パッドに対応性 ファインピッチ、長短ピッチ対応性 耐ワイヤー流れに優れる
低ループ	GLD GLF	128 130	5.0 5.0	1130-160 110-130	耐ネックダメージ 長低ループ対応

図表6-32　金ボンディングワイヤーの特性例

6-6 ● 微細酸化物分散による強化

金属中に添加物、介在物、ガスなどがあると、その部分は転位が通過するときの障害となります。転位が通過しにくいことが変形しにくいことにつながり、強化される機構となっています。

（1）銀／酸化ニッケルの例

前述したように、銀は非常に軟らかく、低い温度で再結晶し、自己焼鈍が起きます。自己焼鈍を防ぐ方法の例として銀とニッケルで説明します。

ニッケルは基本的に銀とは合金しにくい材料です。この金属同士は溶融時には双方が２つの相に分かれて混在しますが、凝固後は銀に合金できるニッケルは0.3%程度以下で、２つが水と油のように分離します。

銀に0.1%のニッケルを合金しただけではそれほど硬化には役に立ちません。しかし、この合金を酸素雰囲気中で加熱すると、銀中を酸素が透過してニッケルだけが酸化します。これによって銀中に微細な酸化ニッケルが均一に分散した状態になり、機械的強さがはるかに向上し硬くなります。また、再結晶温度が上がり自己焼鈍は防げます。

この銀／ニッケル酸化物の特徴は硬くなることだけではなく、微量なニッケル酸化物しか含んでいないため、電気伝導性が銀とほとんど同じ優れた良導体でありながら、銀のような自己焼鈍がなく、強さが増して低電流領域の開閉電気接点材料として使われてきました。

（2）白金／酸化物の例

白金は大気中で高温に耐え、ガラス溶解のるつぼや装置に使われていますが、機械的に弱いので合金化により強くしたいのですが、高温の大気中では耐える材料がなく、ロジウムが唯一その候補です。ただロジウムはガラスを着色するので限られた用途にしか使えません。そのため白金を強化する方法として、一般的に0.1～0.3％程度の微量の酸化ジルコニウムや酸化イットリウムなどを分散させて強さを向上させる技術が開発されました。この材料は特に高温に耐えて、クリープ破断強さが大幅に向上する優れた強化材料となっています。

こうした材料の製造法はいくつか提案され実用化されています。代表的な例を以下に紹介します。

①白金とジルコニウム（0.1～0.3％）の合金を溶解し、アトマイズ法などにより粉末にし、その粉末を酸化させて白金内部にジルコニウムの酸化物を均一に分散させ、焼結し、圧縮や鍛造を経て板、線などにする加工方法

②白金粉末と酸化ジルコニウム粉末を混合して圧縮、焼結後、鍛造成形後に板、線にする加工方法

③白金―ジルコニウム合金の板または線をガスやアークなどにより溶融、噴射して粉末にした後、酸化、焼結、鍛造、圧縮して板、線にする加工方法

④化学反応を用いた共沈法によって同時に得た白金とジルコニウムの微細で均一な混合粉末を酸化、圧縮、焼結、鍛造して板、線にする加工方法

これらの材料の高温クリープ破断強さの例を**図表6-33**に示します。強化される機構は母材の白金中に微細な酸化物粒子が均一に分散されることによって高温での転位の移動を妨げていることといわれています。

白金／酸化物系強化材料の室温における機械的性質は**図表6-34**、**図表6-35**に示すように白金と較べて、大幅に強いということではなく、また白金―ロジウム10％合金に較べてもはるかに弱いことがわかります。ところがこの材料は高温になると強化していない材料に較べ、変形に対してはるかに強い材料になります。

図表6-35に示したように白金は400℃近傍から再結晶が始まり、温度

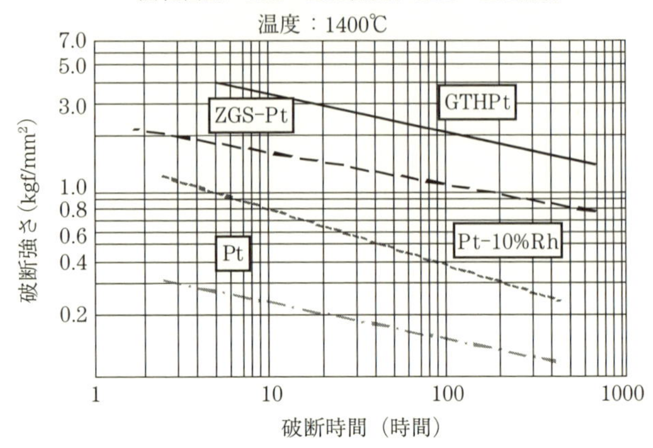

図表6-33　強化した白金のクリープ破断強さの比較

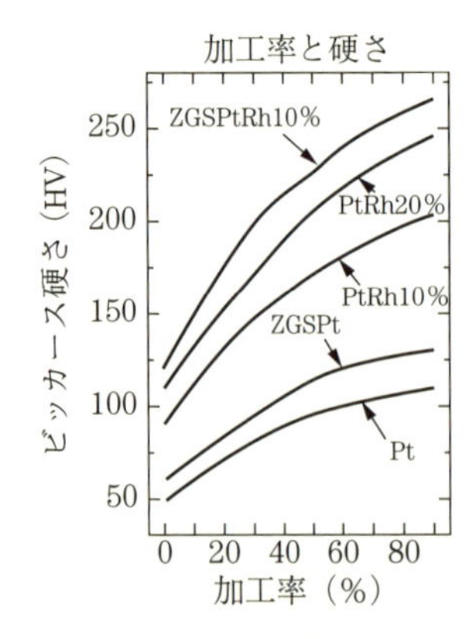

図表6-34　強化白金の加工率による硬さ

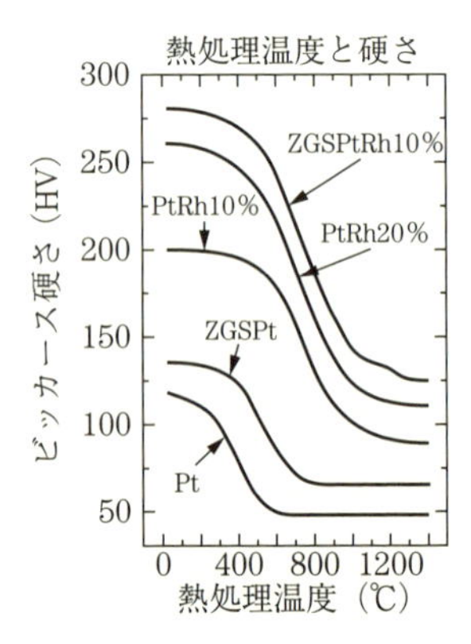

図表6-35　強化白金の熱処理温度と硬さ

が上昇するに従い、結晶が成長して軟らかくなり強度が下がります。これに比較して、強化白金では、図表6-35に示すように再結晶する温度は白金より少し高くなる程度ですが、温度が上がっても結晶の成長が抑制されて、加工組織のように細長い結晶粒を維持し、1400℃となっても白

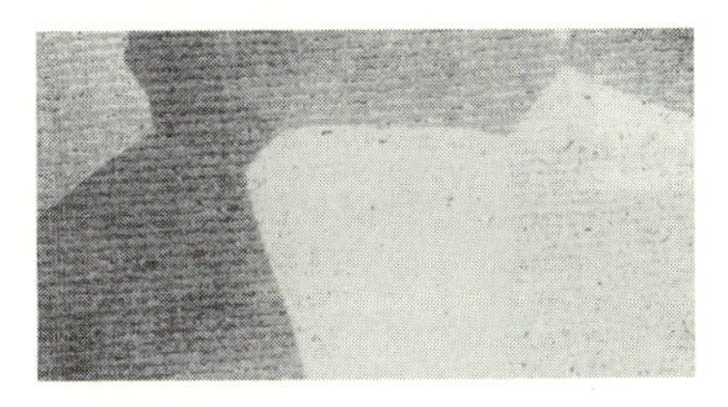

図表6-36　白金1400℃×500時間

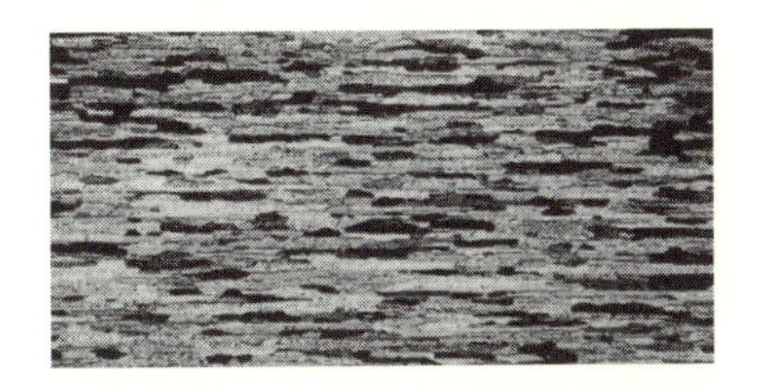

図表6-37　ZGS 白金1400℃×500時間

金の結晶粒とは大きな差異があります（**図表6-36、6-37**）。このようにジルコニウム酸化物が白金に分散していることによって、高温になっても結晶の成長が抑えられ、転位の通過を阻害して、高温時のクリープ変形が抑制され、白金や白金―ロジウム合金に較べてはるかにクリープ強さが高くなります。このクリープ強さにより、伸びを示さなくなるのですが、あまり伸びないことが長所でもあり、短所でもあります。

例えば、高温でガラスなどの溶解装置に使用する場合、白金を保護するため外周部に耐火物を使いますが、白金と耐火物との熱膨張率の差や組み立て時の寸法のずれなどによって、高温になったとき白金が伸びて（変形して）耐火物になじんでくれれば都合が良いのですが、強化白金は伸びないために破断することがあります。

しかし、ブッシングのベースプレートなどに使用する場合は変形しないことが重要な意味を持ちます。ガラス繊維を紡糸する吐出孔となるベースプレートは耐火物による保護ができないので、常に自重・ガラスの重量・熱膨張などの負荷がかかっています。ベースプレートの変形は繊維の寸法に大きな影響を与えるため変形抵抗の大きい強化白金が非常に役立っています。

この材料の強化機構は、酸化物の分散強化として説明してきましたが、粉体加工中にガス成分が内包され微細に分散して、存在することも強化の要因として考えられ、いまだ強化機構の解明は続けられています。

Column

転位について

金属の線状結晶欠陥のことを転位（dislocation）と呼んでいます。外力により転位近傍の原子の位置が移動することにより材料が塑性変形するので、理論的に原子間の結合力に較べて小さい力で変形するわけです。

転位には、刃状転位（edge dislocation）と、螺旋転位（screw dislocation）と、その2つが合わさった混合転位があります。

図表1～2に刃状転位によって金属がせん断変形する機構の例を示しました。この図の実線部C–Dで示した線状の部分が余分な原子配列になっています。図中の矢印で示すようなせん断応力が加えられると、破線で示したA–Bの原子はBからAに向かってずれます。実線CDの部分にある余分な原子面が右にずれるだけで変形が進みます。各原子は原子面全部を滑らそうとした理論的せん断応力よりも、はるかに小さな応力でずれることができます。このように刃状転位は金属を容易に塑性変形させる役目を果たしています。

私たちが扱う金属のせん断応力の実測値は、理論的せん断応力よりも1000～10000分の1程度ですむことが確かめられています。

図表1、2の破線A–Bは「すべり線」と呼ばれ、原子がすべる面を表しています。刃状転位の場合、このすべり線に沿った面のみであるこ

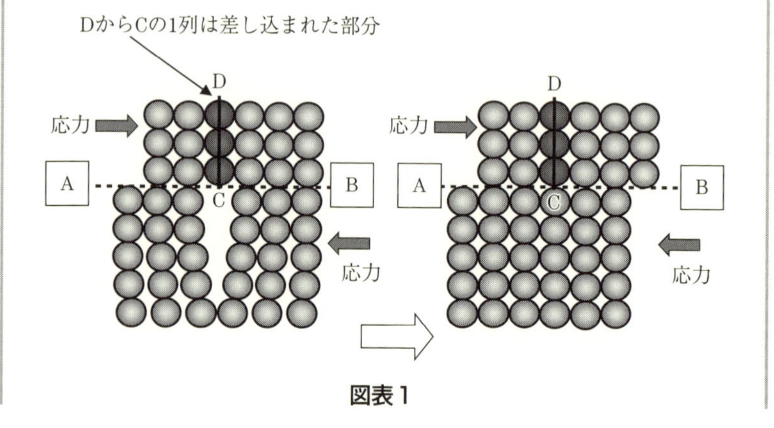

図表1

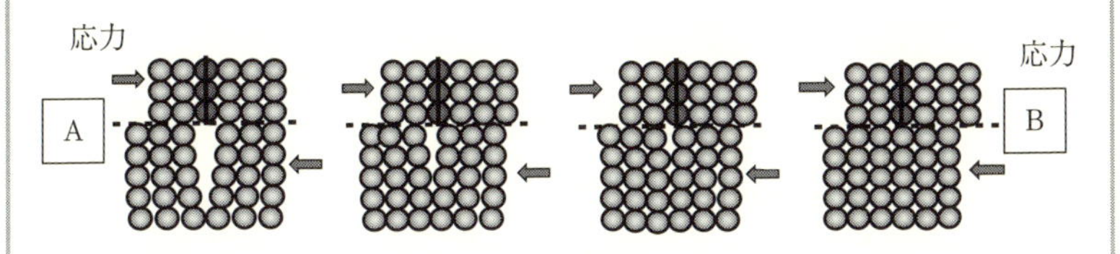

図表2

とが知られています。また、この図で示した実線C–Dで表した原子面は、ある1つの結晶面を結晶中に挿入して、表面からCの位置までナイフで切り込んだような構造をしていることから、刃状転位と呼び、Cから奥に向かって並んでいる原子は線状に整列しているため、これを仮想的に転位線と呼んでいます。実際には、転位線は金属結晶中では真っ直ぐという訳ではなく、ある場所で直角に曲がっていたり、曲線であったりもします。

絨毯を少し波打つようにして順次ずらすと簡単にずらせることや、**図表3**に示す芋虫のような動きが転位の原理による変形にたとえられます。

図表3　芋虫のような動き方で移動する

6–7 ● 非晶質化による強化

アモルファス金属は結晶相を持たない金属のことで、一般には非晶質金属と呼ばれています。この状態は金属元素が規則正しい空間格子を形成することなく集合し、固体を形作っています。こうした状態を金属で実現するのは、超急冷（10^4℃/s）によって、溶融時の状態を常温まで保持するように、熱容量の小さな薄い箔や細い線などに応用されてきました。この方法はすでに主として、鉄系材料で実用化されています。

一方でこれほどの超急冷ではない冷却速度で、直径80 mm、高さ50 mmのパラジウム系で非晶質の塊状金属ガラスが、東北大学金属材料研究所井上明久教授（現東北大学総長）によって開発されました。一般的な金属より、少し早い冷却速度（10℃/s）で鋳造できます。鉄系、ジルコニウム系、チタン系、ニッケル系合金が実用化され、高強度で低弾性、かつ高い耐食性と高透磁率を利用した高性能圧力センサーや医療機器用の小型モーターなど特殊な用途に使われています。

現在、貴金属系合金では、パラジウム―銅―ニッケル―リン系、白金―パラジウム―銅―リン系、白金―銅―リン系などが主なものです。

金属ガラスを作るための条件は、経験的に３元以上の多成分系であって、３つの元素群の原子半径が12％以上違っていること、３つの元素群は互いに負の混合熱を有していることなどといわれています。

金属に較べて金属ガラスは引張りに強く、硬く、ヤング率が小さいことで通常の金属材料とはまったく異なる特性を示します。すなわち、金属のようにＸ線回折での結晶特有なシャープな回折はなく、ガラスと同様のブロードな非晶質パターン（**図表6-38**）が認められ、結晶化温度（T_x）とガラス転移温度（T_g）の両方を持っています。この結晶化温度とガラス転移温度の間の状態は過冷却液体と呼ばれ、ガラス転移点で体積が変化します。これは金属ガラスが、金属とガラスの両方の性質を有していることから生じる大きな特徴です。

ガラスの性質を主に考えると室温では加工できないように思えますが、例えば原子％で白金48.75％―パラジウム9.75％―銅19.5％―リン22％金属ガラスは圧延が可能です。ところが圧延しても金属のように硬くなりません。この材料を室温で圧延した時の加工率と引張り強さ並びに硬さを**図表6-39**に示します。鋳造状態で硬さが400 HVを超えていますが、圧延しても加工硬化を示しません。引張り強さは加工率が40％を超えると低下します。密度は通常の金属に較べると0.45％ほど小さくな

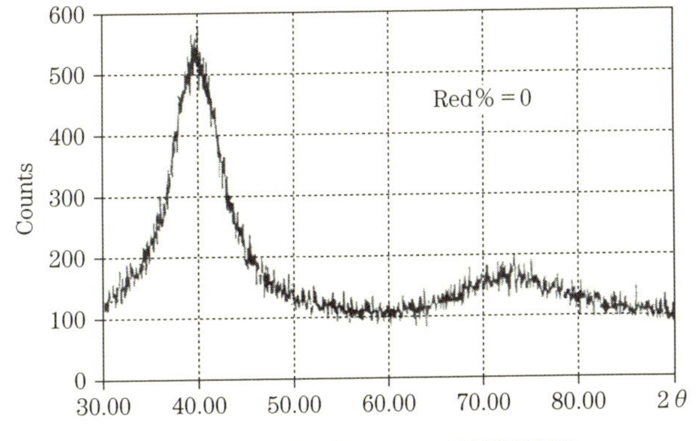

図表6-38　金属ガラスのX線回折結果

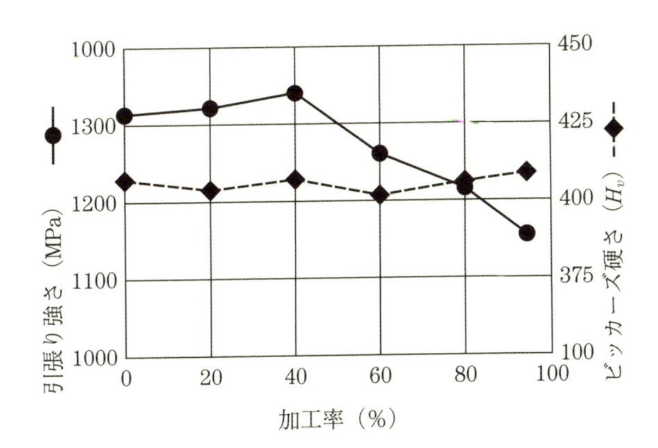

図表6-39　Pt-Pd 9.75-Cu 19.5-P 22（原子%）金属ガラスの加工率と引張り強さと硬さ

っていますが、強さと硬さは白金系の材料に較べればはるかに高くて、10倍近くもあります。この合金は結晶化すると非常に脆くなって、ガラスと同様に机の高さから床に落とすと割れるほどです。

そのため現在は、疵がつかない指輪などの装飾品や高い澄んだ音を響かせる風鈴などにしか使われていませんが、今後産業用に新しい用途の開発が望まれます。

Column

すべりについて

金属は外部から引張や圧縮の応力を受けると変形し、力を除くと元の形に戻ります。これを弾性変形といいます。しかしその応力が材料の降伏強さを超えると応力を除いても元に戻らず永久変形します。これを塑性変形と呼びます。

そして**図表１**のように塑性変形は引張り、圧縮の応力を受ける矢印斜線で示す方向に、せん断応力により特定の結晶面ですべることによります（ただし、静水圧的な圧縮応力ではせん断応力が働きません）。

図表２に示すようにＡとＡ′で示された原子の並び方向では“D”のように最稠密となり原子間隔Ｅ′は、ＢとＢ′で示す並び方向の原子間距離Ｆ′より大きく、この方向がよりすべりやすいことがわかります。すべりはある特定の結晶面で起こり、すべりやすい結晶面は他の結晶面より間隔が広くこれが応力を受けた場合、せん断方向にすべる理由です。

図表３に示すトランプのように重ねた状態で上から押しても変形しませんが、斜めに押すと簡単にずれて変形します。こうした現象が金属の結晶内でも起きて、ある面と方向にすべります。金属ではすべりやすい方向と面が結晶構造によって決まっています。

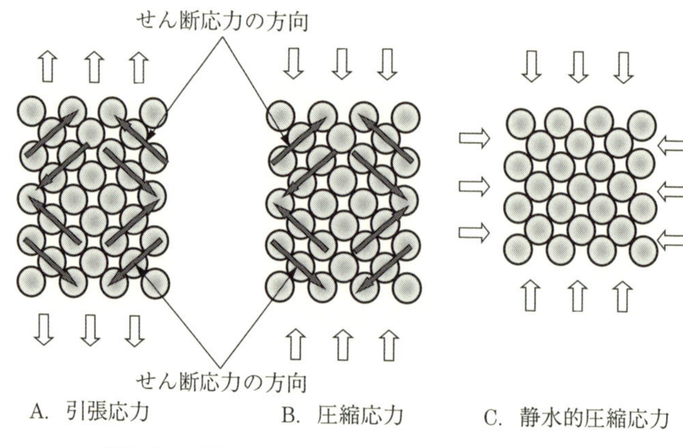

図表１　引張り、圧縮によるせん断応力の方向

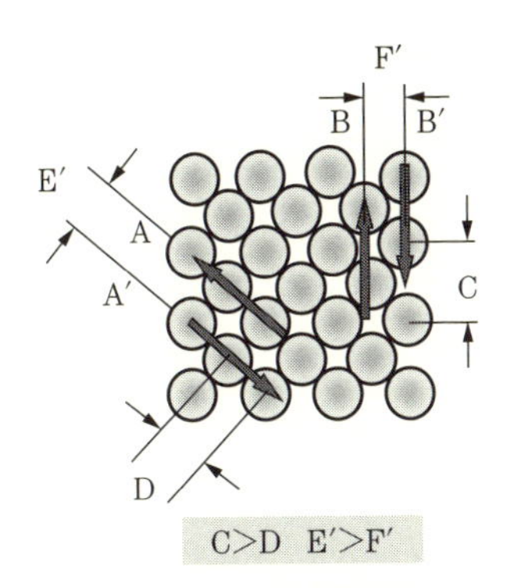

図表2　原子の構造模式図

図表3　トランプを斜めにずらした状態

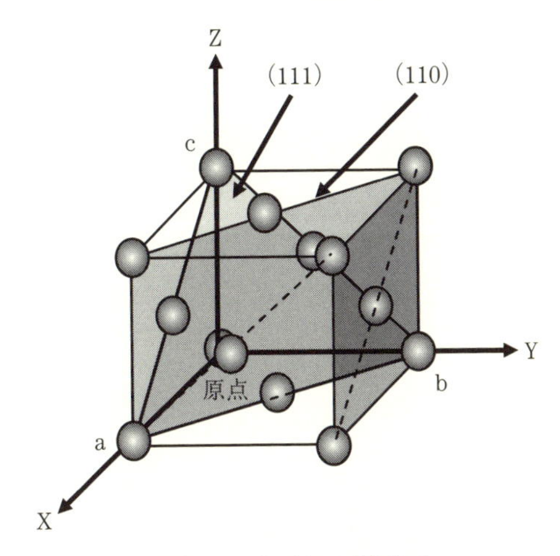

図表4　すべりの模式図

金、銀、白金、パラジウムなどは**図表4**で示すように面心立方格子で、すべりやすい面は {111} 面で、すべる方向が＜110＞方向になります。この {111} 面には4つのすべり面があり、＜110＞方向は3つのすべり方向があり、合計で12のすべり系が存在します。

結晶の面や方向を示すのは、結晶構造の原点から交点までの長さを格子の単位距離の逆数で表したミラー（Miller）の指数で表されます。

参考文献

1. 「A History of Platinum and its Allied Metals」(DONALD McDONALD & LESLIE B. HUNT) Johnson Matthey 1982.6 Hatton Garden. London. EC 1
2. Platinum 2000～2015 Johnson Matthey
3. 「貴金属の科学　基礎編」鈴木平　目黒健次郎　監修　1985. 11.　田中貴金属工業株式会社
4. 「貴金属の科学　応用編」田中清一郎監修　1985. 11.　田中貴金属工業株式会社
5. 「貴金属の科学　応用編　改定版」本郷成人監修　2001. 12.　田中貴金属工業株式会社
6. 「医療用金属材料概論」㈳日本金属学会　平成22. 2.　丸善株式会社
7. 「金属組織学」須藤一、田村今男　西沢康二共著　平成19. 10　丸善株式会社
8. 「材料強度の考え方」木村宏著　株式会社アグネ技術センター　1998. 10
9. 「硝子長繊維　改定版」景山尚義著　景山技術士事務所　昭和58. 5
10. 「白金族と工業的利用」岡田辰三　後藤良亮共著　産業図書株式会社　1956. 12.
11. 「SILVER Economics Metallurgy, and Use」Allison Butts Charles D. Coxe, 1967. SPONSORED BY HANDY & HARMAN D. VAN NOSTRAND COMPANY, Inc.
12. 「GOLD Recovery, Properties, and Applications」Edited by EDMUND M. WISE 1964. D. VAN NOSTRAND COMPANY, Inc.
13. 「PALLADIUM ALLOYS」E. M. Savitskii, V. P. Polyakova and M. A. Tylina (Translated by R. E. HAMMOND) Primary Sources 1969. /Publishers New York
14. 「PALLADIUM RECOVERY, PROPERTIES, AND USE, EDMUD」M. WISE 1968. ACADEMIC PRESS New York and London
15. 「貴金属・レアメタルのリサイクル技術集成」発行者吉田　隆　2007. 10.　株式会社エヌ. ティー. エス
16. 「貴金属のおはなし」田中貴金属工業株式会社編　1988. 12.　財団法人日本規格協会
17. 「貴金属の科学」菅野照造監修　貴金属と文化研究会編著2007. 8.　日刊工業新聞社
18. 「最新金属加工の基本と仕組み　基礎と実務」田中和明著　株式会社秀和システム　2008. 10.
19. 「図解雑学　金属の科学」徳田昌則・山田勝利・片桐望著2007. 10.　株式会社ナツメ社
20. 「よくわかる「最新金属の基本と仕組み」田中和明著　2006. 11.　株式会社秀和システム
21. 「ヴァン・ブラック　材料科学要論」L. H. Van Vlack　訳者渡辺亮治・相馬淳吉　1964. 7.　㈱アグネ
22. 「ガイ　金属学概論」Albert. G. Guy　訳者　諸住　正太郎　1964. 4.　㈱アグネ
23. 「ジュエリーキャスティングの基本と実際」諏訪小丸、藤田亮、他撮影　柏書店松原㈱　2001. 01.

索　引

◆さ◆

◆た◆

◆な◆

◆は◆

◆ま◆

◆や◆

◆ら◆

◎著者略歴◎

清水　進（しみず　すすむ）

1937年　東京都生まれ
1956年　田中貴金属工業株式会社入社
1963年　東京大学宇宙航空研究所　受託研究員
1970年～1977年　田中貴金属工業　本店工場長、伊勢原工場長
1977年　同社　工法開発部　部長
1979年　同社　神戸工場長
1993年　同社　開発企画部副部長
2011年　公益社団法人　日本技術士会　金属部会　部長　神奈川県支部副支部長
2015年　公益社団法人　日本技術士会　金属部会　部長　名誉会員　神奈川県支部　支部長
論文「交互積層構造を有する干渉発色繊維の変角反射特性」共著　2002　繊維学会誌　他多数

村岸　幸宏（むらぎし　ゆきひろ）

1947年　岐阜県生まれ
1970年　大阪大学　基礎工学部卒業
1971年　田中貴金属工業株式会社入社
主に電話交換機用接点材料の開発に従事
1977年～81年　土木工事事業に従事
1982年　田中貴金属工業株式会社再入社
主に白金族金属関係の材料開発に従事
2003年　同社取締役に就任
2008年　同社顧問
2013年　退社
著書『テストロニクスとその応用』共著、1994、日刊工業新聞社

絵とき
「貴金属利用技術」基礎のきそ　NDC 565

2016年6月28日　初版1刷発行

© 著　者　清水　進
　　　　　村岸 幸宏
発行者　井水 治博
発行所　日刊工業新聞社
〒103-8548　東京都中央区日本橋小網町14-1
電　話　書籍編集部　03（5644）7490
　　　　販売・管理部　03（5644）7410
F A X　03（5644）7400
印刷·製本　美研プリンティング㈱

落丁・乱丁本はお取り替えいたします。
2016 Printed in Japan
ISBN 978-4-526-07576-6